Peter Bachmann

VFR-Flugplanung und Flugpraxis

Peter Bachmann

VFR-Flugplanung und Flugpraxis

Motorbuch Verlag Stuttgart

Einbandgestaltung: Nicole Lechner

ISBN 3-613-02009-2

1. Auflage 2000

Produktion: Air Report Verlag, 64739 Höchst
Druck: Rung-Druck, 73033 Göppingen
Bindung: Karl Dieringer, 70839 Gerlingen
Printed in Germany

Unser Dank gilt der DFS Deutsche Flugsicherung GmbH, Frankfurt, der Jeppesen GmbH, Neu-Isenburg, dem DWD Deutscher Wetterdienst, Offenbach, und der Eisenschmidt GmbH, Egelsbach, für das uns zur Verfügung gestellte Karten- und Informationsmaterial. Ganz besonders möchten wir uns bei der Ifos GmbH, Darmstadt, bedanken, die uns mit der Flugplanungssoftware Flight Planner 4.0 die Ausarbeitung der Musterflüge ermöglicht hat. Hinweis: Alle veröffentlichten Karten und Flugverfahren dienen ausschließlich der Information und Dokumentation. Sie dürfen auf keinen Fall zur Flugnavigation verwendet werden.

Inhalt

2. Geräte und Verfahren für die Flugplanung

3. Flugplanung in der Praxis

5. Anhang

Vorwort

Vor nicht allzu langer Zeit stand vor einem Überlandflug bei den Piloten der Allgemeinen Luftfahrt noch eine mühsame und zeitraubende Planung und Vorbereitung eines Fluges mit Karte, Bleistift, Lineal und Rechenschieber.

Als die ersten elektronischen Flugrechner auf dem Markt erschienen, waren die mit manueller Rechenarbeit geplagten Flieger von dieser beschwerlichen Tätigkeit weitgehend erlöst. Parallel mit dem Siegeszug des Personal Computers und immer besserer grafik-orientierter Flugplanungssoftware brach auch für die Allgemeine Luftfahrt ein neues Zeitalter der Flugplanung an. Hinzu kam die navigatorische Revolution GPS (Global Positioning System), die alle bisherigen navigatorischen Verfahren fast vollständig entbehrlich machte und neue Standards setzte.

Heute gibt es ausgereifte Flugplanungssoftware, leistungsfähige stationäre und mobile PCs sowie GPS-Empfänger, die als Navigationssensoren in Verbindung mit PC und Software auf digitalisierten Luftfahrtkarten Flugwege, Standorte und beliebige Waypoints metergenau darstellen können.

Trotz dieses technologischen Fortschritts, der im Grunde die Planung und Durchführung eines Fluges auf die Eingabe von Start- und Zielort in den Rechner reduzieren könnte, bleibt für den Piloten immer noch genügend manuelle Arbeit vor und während des Fluges.

Dieses Handbuch beschreibt den heutigen Stand der Flugplanung - von den rechtlichen, flugsicherungstechnischen, meteorologischen und navigatorischen Flugplanungsgrundlagen bis zu elektronisch geplanten Sichtflügen, bei denen digitale Darstellungen von Flugrouten und Navigationsparametern im Vordergrund stehen.

Höchst, im April 2000

Peter Bachmann

Kapitel 1
Grundlagen

Einführung

Auch in einem Handbuch über Flugplanung und Flugpraxis sind theoretische Grundlagen, insbesondere über behördliche Strukturen und ihre Einflüsse auf fliegerische Aktivitäten, leider unvermeidlich. Die meisten dieser Aktivitäten sind durch Gesetze und Verordnungen reglementiert. Ohne zumindest befriedigende Kenntnisse dieser Grundlagen ist ein sicherer Flugbetrieb heute nicht mehr möglich.

In diesem einleitenden Kapitel werden zunächst die Behörden und Organisationen der Luftfahrtverwaltung in kurzen Beschreibungen vorgestellt, um ihre Tätigkeitsbereiche in groben Übersichten aufzuzeigen. Dazu gehören auch die entsprechenden Homepages mit Angabe der Internet-Adressen. Auf diesem Weg kann sich der Interessierte detailliert und aktuell über Neuerungen informieren und in Vergessenheit geratenes fliegerisches Know How auffrischen.

Sehr wichtig ist in diesem Zusammenhang auch das Wissen über die verschiedenen Luftfahrtdienste, die den Luftfahrtteilnehmern gerade in Beziehung zur Flugplanung und Flugdurchführung zur Verfügung stehen. Die Informationen darüber nehmen in diesem ersten Kapitel einen etwas breiteren Raum ein.

Bei der anschließenden Vorstellung der Luftfahrtorganisationen ist besonders das Thema „GPS-Navigation" berücksichtigt worden, da diese Navigationstechnik heute unumstritten an erster Stelle steht.

Zum Abschluß dieses Kapitels folgen auszugsweise die wichtigsten gesetzlichen Vorschriften, soweit diese unmittelbar mit Flugplanung und Flugpraxis in Beziehung stehen.

Behörden und Organisationen der Luftfahrtverwaltung

Lufthoheit und Luftaufsicht

Nach dem Grundgesetz hat der Bund die alleinige Gesetzgebung über den Luftverkehr (Lufthoheit). Seine Aufgaben werden grundsätzlich vom Bundesminister für Verkehr wahrgenommen. Einige Aufgaben der Luftverkehrsverwaltung können auf bestimmte Bundesbehörden (z.B. Luftfahrtbundesamt), den Luftfahrtbehörden der Länder oder bestimmten Stellen oder Personen des privaten Rechts übertragen werden.

§ 29 Abs. 1 des Luftverkehrsgesetzes regelt, daß die Aufgabe der Luftfahrtbehörden und der beauftragten Stellen u.a. darin besteht, Gefahren für die Sicherheit des Luftverkehrs sowie für die öffentliche Sicherheit oder Ordnung durch die Luftfahrt abzuwehren. Als Luftaufsicht können diese Behörden und Stellen Verfügungen erlassen.

Bundesminister für Verkehr (BMV)

In der Hierarchie der Luftfahrtbehörden steht die Abteilung Luft- und Raumfahrt des Bundesministers für Verkehr an oberster Stelle. Ihr unterstehen unmittelbar das Luftfahrt-Bundesamt und der Deutsche Wetterdienst. Die Aufgaben der Abteilung Luft- und Raumfahrt umfassen:

- Genehmigung von Flugplätzen
- Genehmigung des Linienverkehrs und des gewerblichen Gelegenheitsverkehrs deutscher und ausländischer Luftfahrtunternehmen

- Gewährleistung von Sicherheit und Ordnung am Fluggerät, im Flugbetrieb und beim Luftfahrtpersonal

- Grundsatzfragen der Flugsicherung und Luftraumplanung, Aufsicht über die Durchführung der Flugsicherungsbetriebsdienste

- Angelegenheiten der Luftsicherung (Abwehr äußerer Gefahren)

- Festsetzung der Strukturreform der Flugsicherung auf europäischer Ebene (Eurocontrol)

- Umweltschutz im Luftverkehr

- Sicherung der deutschen Luftverkehrsinteressen im Ausland in bilateralen Verträgen

- Vertretung der deutschen Luftfahrtinteressen in der Europäischen Union (EU), der Europäischen Zivilluftfahrt-Konferenz (ECAC), der Arbeitsgemeinschaft europäischer Luftfahrtbehörden (JAA), in der Internationalen Zivilluftfahrt-Organisation (ICAO) und der Weltorganisation für Meteorologie (WMO)

Die DFS Deutsche Flugsicherung GmbH nimmt im Auftrag des Bundesministers für Verkehr und im Rahmen des Luftverkehrsgesetzes die Flugsicherungsaufgaben in der Bundesrepublik Deutschland wahr (Exekutivbefugnis).

Für Rechtsverordnungen innerhalb des Luftverkehrsgesetzes sowie für die Weitergabe von Ermächtigungen hierzu ist der BMV zuständig. Das Luftfahrt-Bundesamt (LBA) beispielsweise ist ermächtigt, Flugverfahren mit Flugwegen, Flughöhen und Meldepunkte durch Rechtsverordnung festzulegen und zu veröffentlichen.

Deutscher Wetterdienst (DWD)

Der Deutsche Wetterdienst (DWD) wurde zur Durchführung des Wetterdienstes in der Bundesrepublik Deutschland durch Gesetz im November 1952 gegründet. Zu seinen Aufgaben gehört es u.a., die meteorologische Sicherheit der Luftfahrt im Rahmen des Flugwetterdienstes sicherzustellen. Dazu gehören:

- Erstellung von Beratungsunterlagen für Flüge im Europa-Mittelmeerbereich

- Schriftliche und mündliche Wetterberatung des Luftfahrtpersonals inkl. Versorgung des Luftfahrtpersonals mit allen für die Planung und Durchführung von Flügen erforderlichen meteorologischen Meldungen und Vorhersagen

- Versorgung der Flugverkehrskontrollstellen mit allen Wettermeldungen und Vorhersagen für die Luftverkehrssicherheit und die Übermittlung an Luftfahrzeuge im Flug

- Durchführung eines Luftfahrt-orientierten Wetterbeobachtungs- und Meldedienstes

Flugwetterdienst

Alle Wetterinformationen für die Luftfahrt sind standardisiert. Dies ist die Voraussetzung für ein weltweit einheitliches System für die Sicherung der Luftfahrt, das Weltgebietsvorhersagesystem (WAFS). Es besteht aus den drei Ebenen World Area Forecast Centres (WAFCs), Regional Area Forecast Centres (RAFCs) und National Meteorological Centres (NMCs).

Die WAFCs London und Washington erarbeiten und verbreiten globale Wind- und Temperaturvorhersagen für die Höhenbereiche bis FL 390 sowie Vorhersagen signifikanter Wettererscheinungen (SWCs). Weltweit verteilte RAFCs wie Offenbach, Paris, Neu Delhi u.a. versorgen ihre Regionen.

Für die nationale meteorologische Sicherung der Luftfahrt sind die NMCs verantwortlich. In Deutschland ist dies der Deutsche Wetterdienst (DWD) in Offenbach.

Flugwetterberatung in Deutschland

Der Deutsche Wetterdienst (DWD) hat die gesetzliche Aufgabe der meteorologischen Sicherung der zivilen Luftfahrt in der Bundesrepublik Deutschland.

Die flugmeteorologische Betreuung übernehmen die 7 Regionalzentralen (RZ) Hamburg, Potsdam/Berlin, Essen/Düsseldorf, Offenbach, Leipzig, Stuttgart und München mit integrierten Luftfahrtberatungszentralen (LBZ) und den Flugwetterwarten (FWW) Hamburg, Bremen, Hannover, Berlin-Schönefeld, -Tegel, -Tempelhof, Düsseldorf, Köln/Bonn, Münster/Osnabrück, Frankfurt, Saarbrücken, Leipzig, Dresden, Erfurt, Stuttgart, München und Nürnberg.

Die Regionalzentralen erarbeiten Berichte und Warnungen, die Luftfahrtberatungszentralen sind für die individuelle Beratung zuständig. Sie verfassen Berichte für die Allgemeine Luftfahrt, üben den Warndienst für den angeschlossenen Bereich aus und erstellen Flugwettervorhersagen (TAF, Trend) für die angeschlossenen Flughäfen.

Die Flugwetterwarten stellen Flugdokumentationen für die Luftfahrt zusammen und geben Informationen und einfache Auskünfte.

Abb. 1.1: Webpage des „Geschäftsfeldes Luftfahrt" des Deutschen Wetterdienstes (Quelle: http://www.dwd.de).

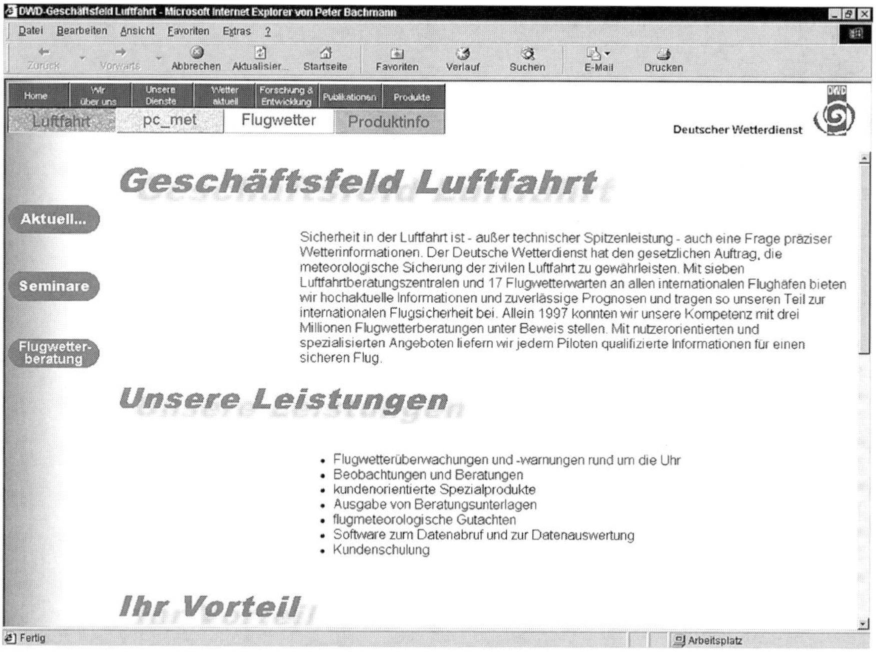

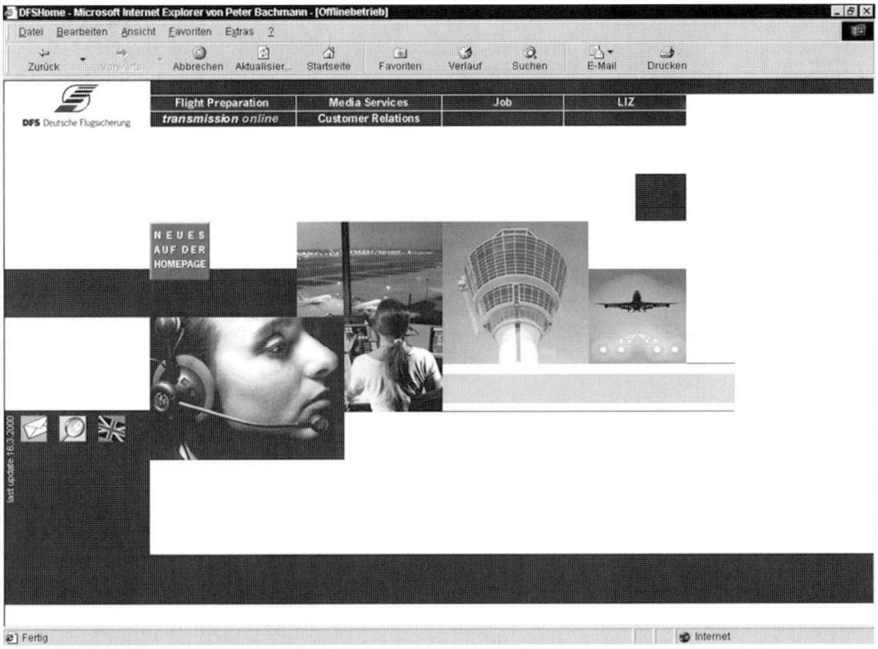

Abb. 1.2: Homepage der DFS Deutsche Flugsicherung GmbH (Quelle: http://www.dfs.de).

Flugwetterinformationen können über Anrufbeantworter, Mailbox, T-Online, Telefax, Telefonansagedienst sowie von Luftfahrtberatungszentralen und festgelegten Flugwetterwarten telefonisch abgerufen werden.

Detailliert wird die Flugwetterberatung in Kapitel 2 vorgestellt.

DFS Deutsche Flugsicherung GmbH

Die DFS wurde als Nachfolgeorganisation der Bundesanstalt für Flugsicherung mit der Wahrnehmung der Aufgaben der Flugsicherung ab Januar 1993 vom BMV beauftragt. Im Außenverhältnis hat die DFS Behördencharakter im Sinne des Verwaltungsverfahrensgesetzes.

Sämtliche Anteile der GmbH hält der Bund. Die Aufgabe der Flugsicherung besteht darin, einen sicheren, geordneten und flüssigen Luftverkehr zu gewährleisten und abzuwickeln. Dazu gehören insbesondere:

- Flugsicherungsbetriebsdienste
- Flugsicherungstechnische Dienste
- Planung und Erprobung von Verfahren und Einrichtungen für die Flugsicherung
- Sammlung und Bekanntgabe von Nachrichten für die Luftfahrt, Herstellung und Herausgabe von Luftfahrtkarten und Veröffentlichung von Verfahrensvorschriften für die Luftfahrt

Luftfahrt-Bundesamt (LBA)

Für Aufgaben in der Zivilluftfahrt wurde 1954 das Luftfahrt-Bundesamt durch Gesetz errichtet. Es hat seinen Sitz in Braunschweig. Als Unterbehörde des Bundesministers für Verkehr hat es folgende Hauptaufgaben:

- Feststellung der Verkehrssicherheit des Luftfahrtgeräts (Lufttüchtigkeitsprüfung)
- Musterzulassung des Luftfahrtgeräts
- Verkehrszulassung des Luftfahrtgeräts
- Führung der Luftfahrzeugrolle und Verzeichnis für Luftfahrtgerät
- Erteilung von Erlaubnissen für Berufsflugzeugführer 1. Klasse, Linienflugzeugführer, Führer von Drehflüglern, Flugnavigatoren, Flugingenieuren etc.
- Fachliche Untersuchung von Störungen beim Betrieb von Luftfahrzeugen
- Mitwirkung bei der Durchführung des Such- und Rettungsdienstes
- Sammlung von Nachrichten über Luftfahrer und Luftfahrtgerät und Auskunftserteilung über diese Nachrichten
- Herausgabe von Rechtsverordnungen über Flugverfahren, Flugwege, Flughöhen und Meldepunkte

Abb. 1.3: Homepage des Luftfahrt-Bundesamtes (Quelle: http://www.dfs.de).

Länderbehörden und andere Beauftragte

Die Luftfahrtbehörden der Länder haben im Rahmen der Bundesauftragsverwaltung folgende wichtige Aufgaben:

- Erteilen der Erlaubnis für Privatflugzeugführer, Berufsflugzeugführer 2. Klasse, nichtberufsmäßige Führer von Drehflüglern, Führer von Motorseglern, Segelflugzeugführer, Freiballonführer usw.
- Erteilen der Erlaubnis für die Ausbildung des im letzten Punkt genannten Luftfahrtpersonals
- Genehmigung von Luftfahrtveranstaltungen
- Erlaubnis von Außenstarts und Außenlandungen
- Erteilung der Erlaubnis zur besonderen Benutzung des Luftraumes für Kunstflüge, Schleppflüge, Reklameflüge, Aufstiege von Frei- und Fesselballons, Abweichung von Sicherheitsmindesthöhen und Sicherheitsmindestabständen etc.
- Luftaufsicht, sofern nicht bereits von der DFS oder dem LBA ausgeübt

Der BMV hat im Rahmen der ihm erteilten Ermächtigungen verschiedene Aufgaben an einzelne Institutionen und Einzelpersonen übertragen, zum Beispiel:

- Wahrnehmung der Aufgaben der Flugplankoordinierung > Flugplankoordinator der Bundesrepublik Deutschland
- Wahrnehmung von Aufgaben im Zusammenhang mit der Benutzung des Luftraums durch Luftsportgeräte > Deutscher Aero Club e.V., Deutscher Hängegleiterverband e.V., Deutscher Ultraleichtflugverband e.V.

Diese Institutionen unterliegen der Fach- und Rechtsaufsicht des BMV und sind an Richtlinien gebunden.

Internationale Zivilluftfahrt-organisation (ICAO)

Die Internationale Zivilluftfahrtorganisation ICAO (International Civil Aviation Organisation) entstand 1947 durch das Abkommen von Chicago. Zu den Aufgaben gehören alle Maßnahmen zur Förderung der internationalen Zivilluftfahrt, ohne in die Souveränitätsrechte der einzelnen Mitglieder einzugreifen.

Die ICAO ist eine Sonderorganisation der UNO (Vereinte Nationen) und hat ihren Sitz in Montreal (Kanada). Zur besseren Regelung regionaler Probleme im Luftverkehr hat die ICAO weltweit Regionen eingerichtet und jeder Region ein Regionalbüro zugeordnet. Das Europäische Regionalbüro befindet sich in Paris. Die meisten Staaten der Welt sind Mitglied der ICAO und arbeiten aktiv an ihren Zielen mit:

- Gewährleistung eines weltweiten sicheren und geordneten Wachstums der internationalen Zivilluftfahrt
- Förderung des Baus und des Betriebs von Luftfahrzeugen zu friedlichen Zwekken
- Förderung der Entwicklung von Flugstrecken, Flughäfen und Luftfahrteinrichtungen für die internationale Zivilluftfahrt
- Den Bedürfnissen der Völker nach einem sicheren, regelmäßigen, leistungs-

fähigen und wirtschaftlichen Luftverkehr zu entsprechen

- Förderung der Flugsicherheit in der internationalen Zivilluftfahrt durch Einführung weltweit einheitlicher Richtlinien

In sogenannten *Annexes* (Anhängen) zum ICAO-Abkommen hat die ICAO Richtlinien und Empfehlungen zu verschiedenen Bereichen der Luftfahrt veröffentlicht. Zusammen mit den Mitgliedsstaaten werden sie entsprechend der Entwicklung des Luftverkehrs ständig überarbeitet.

Neben den Anhängen gibt die ICAO *Documents* (Dokumente) und *Manuals* (Manuale, Handbücher) heraus, in denen weitere Details geregelt werden.

Die ICAO-Mitgliedsstaaten haben sich verpflichtet, ihren Luftverkehr nach den Richtlinien und Empfehlungen der ICAO einzurichten und durchzuführen - Abweichungen müssen der ICAO mitgeteilt werden.

Bis auf wenige Ausnahmen richtet sich Deutschland genau nach den Richtlinien und Empfehlungen der ICAO. In vielen Fällen sind diese in nationale Luftfahrtgesetze und -vorschriften bereits übernommen worden.

Die besondere Leistung der ICAO ist die weltweite Vereinheitlichung der Luftverkehrsregeln und die Schaffung der Grundlagen für einen reibungslosen internationalen Luftverkehr. So werden z.B. weltweit die gleichen Sprechfunkverfahren verwendet, die Piloten nach einheitlichen Richtlinien ausgebildet und Funknavigationsanlagen nach einem festgelegten technischen Standard errichtet und betrieben.

Abb. 1.4: Homepage der ICAO (Quelle: http://www.icao.org).

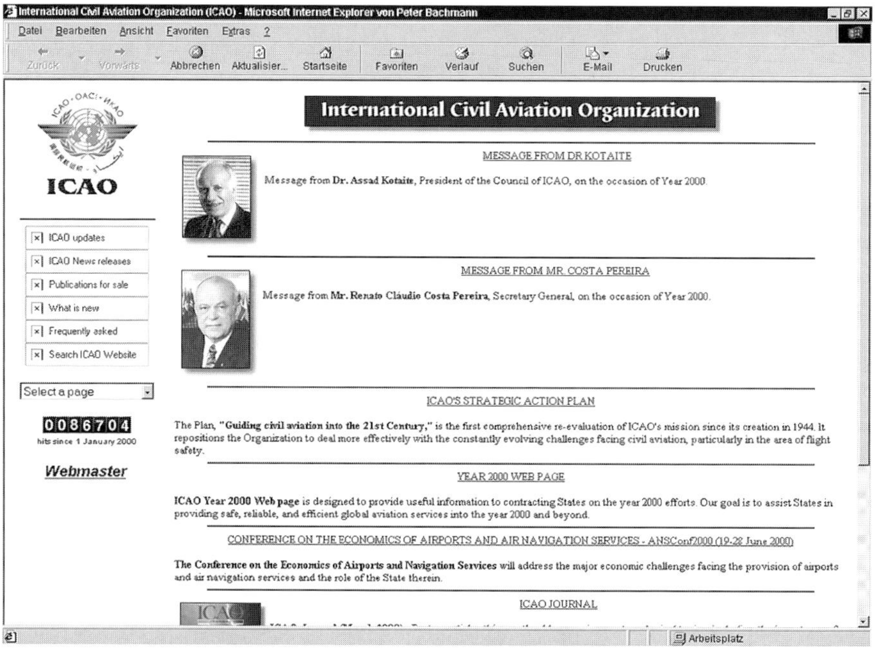

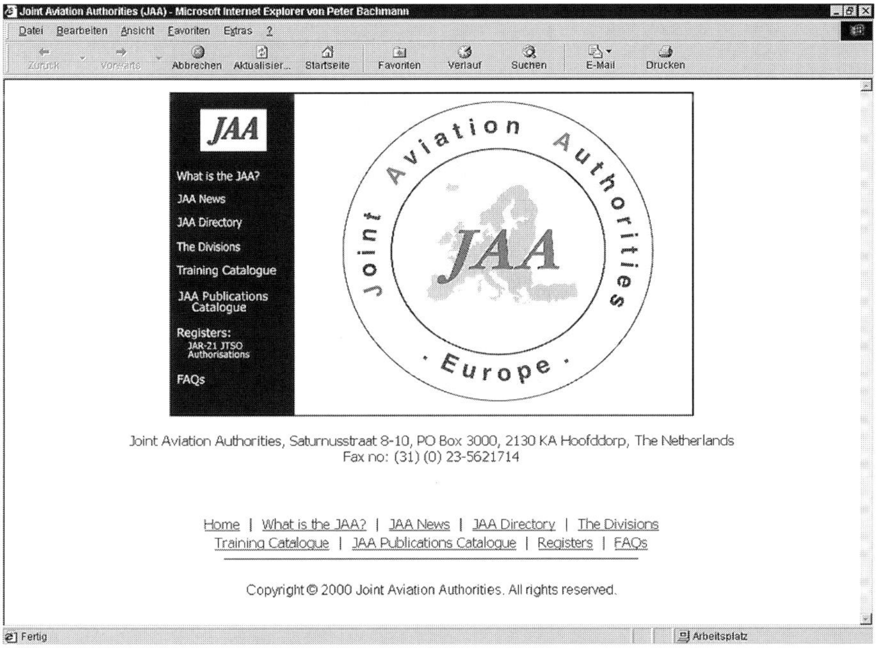

Abb. 1.5: Homepage der JAA (Quelle: http://www.jaa.nl).

Joint Aviation Authorities (JAA)

Die Joint Aviation Authorities sind ein Zusammenschluß verschiedener europäischer Luftfahrtbehörden mit dem Ziel, nationale Vorschriften zu vereinheitlichen und europäischer Standards und Luftfahrtvorschriften zu erarbeiten und einzuführen.

Die Standards werden als sogenannte *Joint Aviation Requirements* (JARs) herausgegeben und im Wege der Anerkennung in nationales Recht überführt. Ausgenommen sind europäische Vorschriften, sofern sie nicht unmittelbar national gültig sein können.

Da die JAA erst Anfang der 70er Jahre die Arbeit aufgenommen haben, konnte bisher nur ein Teil der geplanten JARs entwickelt werden (z.B. JARs zur einheitlichen Anwendung von Bau- und Zulassungsvorschriften). Standards für den Flugbetrieb, die Pilotenlizensierung und andere Luftfahrtbereiche sollen folgen.

Allerdings ist die Realisierung dieser Standards eine extrem zeitaufwendige Angelegenheit, da alleine schon die Übersetzungs- und Anpassungsprozeduren in den einzelnen Ländern mehrere Jahre benötigen.

So ist z.B. das sogenannte „Medical“ (JAA-Richtlinien bei der Flugtauglichkeit, JAR FCL 3 Medical) leider immer noch nicht veröffentlicht, da diese Richtlinien erst in nationales (deutsches) Recht umgesetzt werden müssen.

Eurocontrol

Eurocontrol (Europäische Organisation zur Sicherung der Luftfahrt) wurde durch das internationale Übereinkommen über Zusammenarbeit zur Sicherung der Luftfahrt zwischen 7 europäischen Staaten 1960 gegründet. Die Bundesrepublik hat diesem Übereinkommen durch Gesetz 1962 zugestimmt. Sitz der Organisation ist Brüssel.

Die Aufgabe von *Eurocontrol* ist die Intensivierung der Zusammenarbeit zwischen den Vertragsstaaten auf dem Gebiet der Luftfahrt u.a. durch gegenseitige Anpassung der europäischen Flugsicherung, Entwicklung und Steigerung der europäischen Flugsicherungskapazität und Aufbau einer einheitlichen europäischen Verkehrsflußsteuerung.

Durch Beschluß der Mitgliedsstaaten Belgien, Bundesrepublik Deutschland, Luxemburg und der Niederlande wurde Eurocontrol beauftragt, die Flugsicherungsdienste im oberen Luftraum über diesen Staaten in den oberen Fluginformationsgebieten Amsterdam, Brüssel und Hannover, ausgehend von der Bezirkskontrollzentrale Maastricht (Niederlande), durchzuführen.

Daneben verwaltet *Eurocontrol* die von den Luftraumnutzern zu zahlenden Flugsicherungsgebühren für die angeschlossenen Staaten.

Abb. 1.6: Homepage von Eurocontrol (Quelle: http://www.eurocontrol.be).

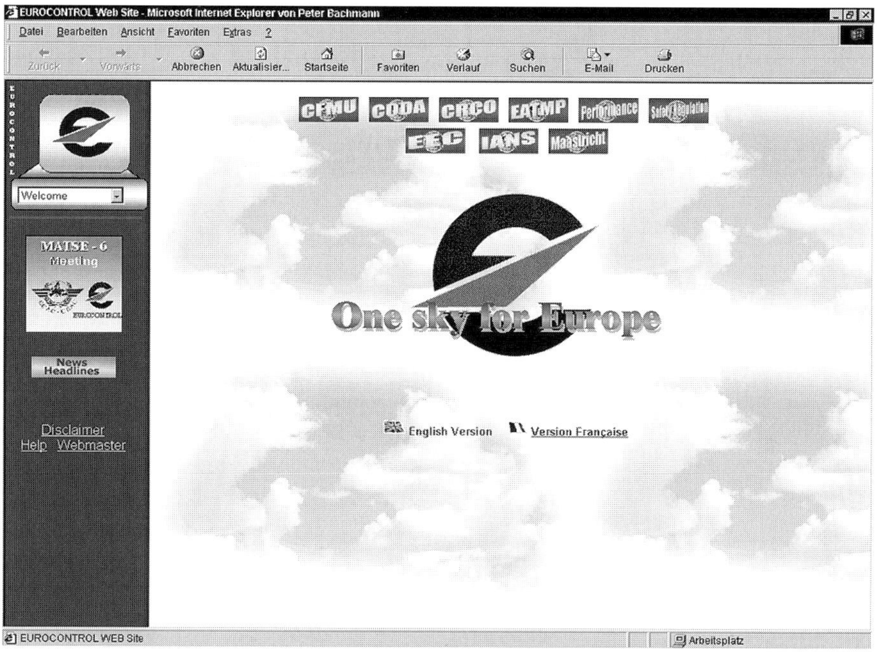

Luftfahrtdienste

Flugsicherungsdienste

Flugsicherungsdienste in der Bundesrepublik Deutschland werden von der DFS und der Agentur für Luftverkehr-Sicherungsdienste der Europäischen Organisation zur Sicherung der Luftfahrt (Eurocontrol) durchgeführt.

DFS Deutsche Flugsicherung GmbH

Die DFS ist verpflichtet, Flugsicherungsbetriebsdienste und flugsicherungstechnische Einrichtungen anzubieten, wenn der BMV einen entsprechenden Bedarf anerkannt hat. Zur Wahrnehmung ihrer Aufgaben hat die DFS folgende Stellen eingerichtet (s. Anschriften im Anhang):

- Hauptverwaltung in Offenbach/Main
- 5 Flugsicherungsregionen in Berlin, Bremen, Düsseldorf, Frankfurt/Main und München
- 11 Niederlassungen in Dresden, Erfurt, Hamburg, Hannover, Karlsruhe, Köln/Bonn, Leipzig, Münster/Osnabrück, Nürnberg, Saarbrücken und Stuttgart
- Flugsicherungsakademie in Langen

Flugsicherungsbetriebsdienste

Die Flugsicherungsbetriebsdienste haben als Hauptaufgabe die Abwehr von Gefahren für die Sicherheit des Luftverkehrs und für die öffentliche Sicherheit oder Ordnung durch die Luftfahrt. Zu diesen Aufgaben gehört auch eine geordnete und flüssige Abwicklung des Luftverkehrs. Flugsicherungsbetriebsdienste sind u.a.:

- Flugverkehrskontrolldienst (ATC)
- Fluginformationsdienst (FIS)
- Flugalarmdienst (Alerting Service)
- Flugberatungsdienst (AIS)
- Flugfernmeldedienst (ATS)

Flugverkehrskontrolle (ATC)

Zentrale Aufgabe der Flugsicherung ist die Flugverkehrskontrolle, d.h. die Überwachung und Lenkung des Luftverkehrs im Luftraum mit dem Ziel der sicheren und flüssigen Abwicklung der Flüge. Vorrangiges Ziel der Flugverkehrskontrolle ist es, Zusammenstöße zwischen Luftfahrzeugen in der Luft und auf den Rollfeldern der Flughäfen und anderen Fahrzeugen sowie sonstigen Hindernissen auf den Rollfeldern der Flughäfen zu verhindern. Die Flugverkehrskontrolle erfaßt folgende Flüge:

- Sämtliche IFR-Füge in den Lufträumen der Klasse C, D und E
- Sämtliche VFR-Flüge im Luftraum C oberhalb der Flugfläche 100
- Sämtliche VFR-Flüge im Luftraum C in und unterhalb der Flugfläche 100
- Sämtliche VFR-Flüge inkl. Sonder-VFR-Flüge im Luftraum D.

Die durch Flugpläne, Sprechfunkverkehr und Radarbeobachtungen gelieferten Informationen werden von der jeweils zuständigen Flugverkehrskontrollstelle ausgewertet und in Flugverkehrsfreigaben und Anweisungen umgesetzt, um allen Luftfahrzeugen ausreichende und sichere Abstände (Staffelung) zuzuweisen.

Diese Staffelungsabstände sind in jedem Fall vorgeschrieben und werden durch die Flugverkehrskontrolle ständig überwacht und vor Verlassen des Zuständigkeitsbereichs einer Flugverkehrskontrollstelle mit der anschließend für den Flug verantwortlichen Flugverkehrskontrollstelle abgestimmt.

Arten von Staffelungsabständen:

- Höhenstaffelung durch unterschiedliche Flughöhen
- Seitenstaffelung durch seitlich getrennte Flugwege
- Längenstaffelung durch zeitliche Abstände auf den gleichen Flugwegen
- Radarstaffelung durch seitlich getrennte Flugwege

Die Flugverkehrskontrolle bei den Flügen wird in zeitlicher Reihenfolge durchgeführt. Ausgenommen davon sind folgende Flüge (Priorität beachten):

1. Flüge, bei denen der Luftfahrzeugführer eine Notlage erklärt hat oder bei denen eine Notlage erkennbar ist, einschließlich der von einem rechtswidrigem Eingriff betroffenen oder bedrohten Flüge
2. Schutzflüge der Luftverteidigung
3. Flüge im Such- und Rettungsdienst
4. Flüge mit kranken und verletzten Personen, bei denen sofortige ärztliche Hilfe nötig ist
5. Regierungsflüge einschließlich Flüge mit Staatsoberhäuptern nach den Bestimmungen des BMV

Für die Flugverkehrskontrolle sind Flugverkehrskontrollstellen mit verschiedenen Aufgabenbereichen eingerichtet. Dazu zählen:

- Bezirkskontrollstellen (ACC und UAC) an den Flugsicherungsregionalstandorten Berlin, Bremen, Düsseldorf, Frankfurt und München sowie bei der Niederlassung Karlsruhe und der Eurocontol Außenstelle Maastricht
- Anflugkontrollstellen (APP) an allen Flugsicherungsregionalstandorten und allen Niederlassungen, ausgenommen Karlsruhe, Münster/Osnabrück und Saarbrücken
- Flugplatzkontrollstellen (TWR) an allen Flugsicherungsregionalstandorten und allen Niederlassungen, ausgenommen Karlsruhe

Die Zuständigkeiten sind zwischen den Flugverkehrskontrollstellen abgesprochen und festgelegt. Sie können den Veröffentlichungen des Luftfahrthandbuches entnommen werden.

Fluginformationsdienst (FIS)

Aufgabe des Fluginformationsdienstes ist es, Informationen und Hinweise für Luftfahrzeugführer während des Fluges zur Verfügung zu halten, sofern diese für die sichere, geordnete und flüssige Durchführung von Flügen erforderlich sind.

Der Fluginformationsdienst ergänzt also den Flugberatungsdienst, der die Flugvorbereitung unterstützt. Ein Ersatz für eine ordnungsgemäße Flugvorbereitung ist FIS nicht. FIS steht allen IFR- und VFR-Flügen im kontrollierten und im unkontrollierten Luftraum auf bestimmten Sprechfunkfrequenzen zur Verfügung und wird von den Regionalstellen Berlin, Bremen, Düsseldorf, Frankfurt und München in den gleichnamigen Fluginformationsgebieten durchgeführt. Zu den Aufgaben dieses Dienstes zählen:

- Ausstrahlen von Informationen über Luftnotfälle, Treibstoffschnellablaß, Katastropheneinsätze, intensiver SAR-Flugbetrieb

- Gezielte Antworten und Informationen auf Anfragen von Luftfahrzeugführern über besondere Nutzung des Luftraumes, Einschränkungen in der Nutzbarkeit von Flugsicherungseinrichtungen und Flugplätzen sowie Wetterereignisse

- Entgegennahme und Weiterleitung von Flugplänen (AFIL), Start- und Landemeldungen, andere Meldungen von Lfz-Führern über die Sicherheit der Luftfahrt

- Verkehrsinformationen, sofern an FIS-Arbeitsplätzen möglich

Luftfahrzeugführer sollten beim Funkkontakt mit FIS immer berücksichtigen, daß FIS kein Flugverkehrskontrolldienst ist und keine Staffelung zu anderen Luftfahrzeugen herstellen kann, auch wenn ihnen Transponder-Codes zugewiesen und Verkehrshinweise gegeben werden. FIS gibt keine Freigaben oder Anweisungen, sondern nur Informationen.

Die Frequenzen der Fluginformationsdienste (Funkrufzeichen INFORMATION) sind im Luftfahrthandbuch Deutschland und auf den Sichtanflugkarten der einzelnen Flughäfen in der AIP VFR zu finden.

Auch der Flugrundfunkdienst zählt zum Fluginformationsdienst. Auf besonderen Frequenzen werden hier z.B. SIGMET, VOLMET und ATIS ausgestrahlt.

ATIS

Die Ausstrahlung von ATIS-Meldungen (Automatische Ausstrahlung von Start- und Landeinformationen) auf bestimmten VHF-Frequenzen gehört ebenfalls zu den Flugrundfunkdiensten. Vorrangig sind sie für Luftfahrzeugführer von Flügen von und zu kontrollierten Flugplätzen gedacht. Sie werden deshalb nur in englischer Sprache gesendet und enthalten diese Informationen:

a) Name des Flugplatzes

b) Kennbuchstabe aus dem ICAO-Alphabet

c) Betriebsstart-/Landebahnen

d) Übergangsfläche

e) Zeit der Beobachtung

f) Aktuelles Flugplatzwetter mit Landewettervorhersage

g) Wichtige Wettererscheinungen im An- und Abflugbereich des Flugplatzes

h) Start-/Landebahnzustand, ggf. Bremswirkung

i) Eingeschränkte Benutzbarkeit der Start-/Landebahnen

j) Eingeschränkte Benutzbarkeit von Anflughilfen

k) An- und Abflugverzögerungen von 20 Minuten und darüber

Sendezeiten für die einzelnen Flugplätze und die Frequenzen des ATIS sind im Luftfahrthandbuch, als Aufdruck auf den ICAO-Luftfahrtkarten 1:500.000.

Flugalarmdienst

Der Flugalarmdienst steht allen Flügen, für die ein Flugplan abgegeben wurde, oder die den Flugverkehrskontrollstellen anderweitig bekannt geworden sind, zur Verfügung. Er ist zuständig für die Benachrichtigung der Stellen, die für den Such- und Rettungsdienst für Luftfahrzeuge zuständig sind, und unterstützt sie bei ihren Aufgaben.

Innerhalb des Flugalarmdienstes gibt es drei Alarmstufen:

1. Ungewißheitsstufe (INCERFA)
2. Bereitschaftsstufe (ALERFA)
3. Notstufe (DETRESFA)

Flugberatungsdienst

Der Flugberatungsdienst als Teil des Flugsicherungsbetriebsdienstes hat folgende Aufgaben:

- Sammlung, Auswertung und Bekanntmachung von Nachrichten, die für eine sichere, geordnete und flüssige Durchführung von Flügen notwendig sind
- Entgegennahme, Prüfung und Weiterleitung von Flugplänen und Flugplanfolgemeldungen
- Beratung der Luftfahrzeugführer bei der Flugvorbereitung
- Herstellung und Veröffentlichung von Luftfahrtkarten
- Mitwirkung beim Such- und Rettungsdienst (SAR)
- Überwachung von Landungen an Flugplätzen ohne Flugverkehrskontrollstelle
- Bearbeitung und Weiterleitung von örtlich herauszugebenden NOTAM
- Zusammenarbeit mit externen Stellen
- Unterstützung der Luftfahrzeugführer bei der Flugvorbereitung durch Bereitstellung geeigneter Unterlagen
- Entgegennahme von Flugberichten der Luftfahrzeugführer

Stellen des Flugberatungsdienstes:

1. Büro der Nachrichten für Luftfahrer (Büro NfL)
2. Flugberatungsstellen an den internationalen Verkehrsflughäfen der Bundesrepublik Deutschland (Einzelheiten: Luftfahrthandbuch Deutschland)

Flugfernmeldedienst

Für die zur sicheren, geordneten und flüssigen Abwicklung des Luftverkehrs erforderliche Nachrichtenübermittlung sorgt der Flugfernmeldedienst. Dazu sind im Rahmen des Festen Flugfernmeldedienstes auf den deutschen Flughäfen Flugfernmeldestellen eingerichtet, die Bestandteil des internationalen Festen Flugfernmeldenetzes (AFTN) sind. Dieses Netz besteht aus Fernschreib- und Fernsprechverbindungen.

Flugsicherungstechnik

Beschaffung, Einbau, Abnahme und der Betrieb von flugsicherungstechnischen Anlagen gehören zu den flugsicherungstechnischen Diensten. Zu diesen Anlagen zählen insbesondere Funknavigationseinrichtungen zur exakten Standort- und Richtungsbestimmung:

- UKW Drehfunkfeuer (VOR)
- Ungerichtete Mittelwellenfunkfeuer (NDB)
- UKW-Fächerfunkfeuer (FM und ZM)
- Elektronische Entfernungsmeßanlagen (DME)
- UKW-Peilanlagen (VDF)
- Instrumenten-Landesysteme (ILS)
- Primär- und Sekundär-Radaranlagen (PR und SSR)

Luftfahrt-Publikationen

Der Luftverkehr ist durch viele Gesetze, Vorschriften und Verfahren sowie durch technische Einrichtungen (z.B. Flugplätze, Sendeanlagen) und Dienste (z.B. Flugsicherung, Flugwetterdienst) geregelt.

Vom Piloten wird erwartet, daß er sich mit allen für ihn relevanten Luftverkehrsregeln und Einrichtungen auskennt. Er muß sich ständig über Änderungen informieren und vor jedem Flug mit allen für die Flugdurchführung notwendigen aktuellen Informationen vertraut machen. Entsprechende Unterlagen (z.B. Luftfahrtkarten) während des Fluges gehören dazu.

Dies ist nur möglich, wenn ihm alle notwendigen Informationen zur Verfügung gestellt werden. Zuständig dafür ist die Flugsicherung mit dem Büro der Nachrichten für Luftfahrer (Büro NfL), der NOTAM-Zentrale und den Flugberatungsstellen (AIS) an den internationalen Verkehrsflughäfen.

Diese Stellen sammeln alle für eine sichere, geordnete und flüssige Durchführung von Flügen notwendigen Nachrichten, werten diese aus und geben sie schließlich in geeigneter Form bekannt. Bei den Flugberatungsstellen stehen alle diese Nachrichten auch für das Ausland zur Verfügung.

Mit den Luftfahrtveröffentlichungen und der Beratung bei den Flugberatungsstellen kann sich der Pilot umfassend auf seinen Flug vorbereiten.

Die Luftfahrtveröffentlichungen der Flugsicherung sind vor allem:

- Luftfahrthandbuch (AIP)
- Nachrichten für Luftfahrer (NfL)
- Luftfahrtinformationsrundschreiben (AIC)
- NOTAM
- VFR-Bulletin
- Luftfahrtkarten

Daneben veröffentlicht die DFS weitere Luftfahrtinformationen wie z.B. PPL-Fragenkataloge, Richtlinien zur Ausbildung und Prüfung von Luftfahrtpersonal, Gesetzes- und Vorschriftentexte, ICAO-Anhänge und verschiedene Formblätter (z.B. Flugpläne).

Detailliert werden die für Flugplanung und Flugpraxis benötigten Veröffentlichungen im Kapitel *2* vorgestellt. Die auch von der DFS herausgegebenen Gesetze und Verordnungen für die Luftfahrt werden am Ende dieses Kapitels besprochen.

Flugplatzinformationsdienst

Der Flugplatzinformationsdienst unterstützt den Luftfahrzeugführer durch Informationen und klare Anweisungen bei der Führung seines Flugzeuges zur Erhöhung der Sicherheit des Luftverkehrs und der Reduzierung des Fluglärms. Die Pflichten der Teilnehmer am Luftverkehr bestehen jedoch nach wie vor.

Der Flugplatzinformationsdienst ist für den Flugverkehr auf einem unkontrollierten Flugplatz oder in dessen Umgebung sowie für den Rollverkehr und den Fahrzeugverkehr auf den Betriebsflächen des Flugplatzes zuständig. Auf Anfrage des Luftfahrzeugführers werden Fluginformationen auch an außerhalb der Platzrunde fliegende Luftfahrzeuge gegeben.

An Flugplätzen ohne Flugplatzkontrollstelle sind für den Flugplatzinformationsdienst die von den Landes-Luftfahrtbehörden eingerichteten Luftaufsichtsstellen oder die in ihrem Auftrag betriebenen Flugleitungen des Flugplatzunternehmens zuständig.

Der Flugplatzinformationsdienst hat im wesentlichen folgende Aufgaben:

- Erteilung von Verkehrshinweisen für Flüge an einem unkontrollierten Flugplatz oder in dessen Umgebung, um die Luftfahrzeugführer bei der sicheren Durchführung des Fluges, insbesondere bei Start und Landung zu unterstützen

- Erteilung von Verkehrshinweisen und anderen Informationen für auf den Betriebsflächen des Flugplatzes verkehrende Luftfahrzeuge zur Unterstützung der Luftfahrzeugführer bei der Vermeidung von Zusammenstößen mit anderen Luftfahrzeugen, Fahrzeugen oder Bodenhindernissen

- Erteilung von Informationen über die für den Flugverkehr geltenden Betriebsregelungen sowie über mögliche Gefahrenquellen für den Flugbetrieb. Bei der Erteilung von Informationen zur Abwehr von Gefahren für den Flugbetrieb handelt es sich besonders um Hinweise auf folgende Gefahren:

  1. Gesperrte Teile oder Unebenheiten der Betriebsfläche des Flugplatzes

  2. Ausfälle oder Störungen im Befeuerungssystem des Flugplatzes

  3. Abgestellte Luftfahrzeuge, Fahrzeuge oder Hindernisse in unmittelbarer Nähe der Start-, Lande- oder Rollbahnen sowie sonstiger zum Rollen bestimmter Teile des Flugplatzes

  4. Eis, Schnee, Schneematsch oder stehendes Wasser auf Start-, Lande- oder Rollbahnen

  5. Nässe oder Feuchtigkeit von Grasstart- oder -landebahnen

  6. Vogelschwärme auf oder über Start- und Landebahnen sowie im An- oder Abflugsektor

  7. Alarmierung von Rettungsdiensten bei Notfällen

  8. Benachrichtigung der zuständigen Flugsicherungsstelle bei überfälligen Luftfahrzeugen

Beim Flugplatzinformationsdienst werden die veröffentlichten Sprechfunkverfahren angewendet. Das Rufzeichen INFO für die Bodenfunkstelle soll die Luftfahrzeugführer auf die Art des Dienstes aufmerksam machen. Da INFO mehrsprachig verwendbar ist, wird es auch von ausländischen Luftfahrzeugführern verstanden.

Such- und Rettungsdienst (SAR)

Für den Such- und Rettungsdienst über dem Gebiet der Bundesrepublik Deutschland sind Dienststellen des BMVg und des BMV unter Mitwirkung weiterer Einrichtungen des Bundes, der Länder und der Gemeinden sowie privater Hilfs-Organisationen zuständig.

Die Organisation des Such- und Rettungsdienstes, die Koordinierung der Einsatzstellen und die Weiterentwicklung des Dienstes liegen bei dem SAR-Koordinierungsausschuß. Zu ihm gehören Vertreter des LBA, die DFS und das Luftwaffenamt.

SAR-Bereiche und -Einrichtungen

Die Bundesrepublik Deutschland ist in die beiden SAR-Bereiche Goch und Glücksburg eingeteilt. Für die Durchführung des Such- und Rettungsdienstes stehen SAR-Leitstellen und -Rettungseinrichtungen zur Verfügung.

Die folgenden SAR-Leitstellen sind für die Einleitung, Koordinierung und Überwachung von Such- und Rettungsmaßnahmen zuständig:

- SAR-Leitstelle Goch im SAR-Bereich Goch
- SAR-Leitstelle Glücksburg im SAR-Bereich Glücksburg

Bei den Rettungseinrichtungen unterscheidet man je nach ihrer Aufgabenstellung in Rettungseinrichtungen 1. und 2. Grades.

- **Rettungseinrichtungen 1. Grades:**

  Besonders ausgebildete und ausgerüstete Rettungseinheiten der Bundeswehr in ständiger Bereitschaft

- **Rettungseinrichtungen 2. Grades:**

  Sonstige Einheiten der Streitkräfte, des Bundesgrenzschutzes und der Polizei sowie Einrichtungen der Deutschen Gesellschaft zur Rettung Schiffbrüchiger, des DRK, der Bergwacht, der Wasserwacht, des Technischen Hilfswerkes, der Feuerwehren u.a. Rettungseinrichtungen 2. Grades (ausgenommen: Verbände der Streitkräfte) werden über die von den Länderbehörden eingerichteten Bereichssuchstellen eingesetzt.

Zusammenarbeit mit den Flugsicherungsbetriebsdiensten

Der Such- und Rettungsdienst wird normalerweise durch die SAR-Leitstellen aktiviert, die ihrerseits durch die Bezirkskontrollstellen der DFS alarmiert werden. Dabei werden die jeweiligen Alarmstufen und weitere fallbezogene Angaben übermittelt.

Die Alarmstufen werden von den Flugverkehrskontrollstellen nach folgenden Kriterien festgelegt:

Ungewißheitsstufe (INCERFA), wenn

a) innerhalb von 30 Minuten nach einer fälligen Meldung keine Nachricht über das Luftfahrzeug eingegangen ist oder

b) ein Luftfahrzeug innerhalb von 30 Minuten nach der vom Luftfahrzeugführer angegebenen oder von der zuständigen Flugverkehrskontrollstelle errechneten voraussichtlichen Ankunftszeit (ETA) noch nicht angekommen ist.

Bereitschaftsstufe (ALERFA), wenn

a) die bei der Ungewißheitsstufe eingeleiteten Nachforschungen ergebnislos verlaufen sind oder

b) ein Luftfahrzeug die Landefreigabe erhalten hat und nicht innerhalb von 5 Minuten nach der voraussichtlichen Landezeit gelandet ist und keine Sprechfunkverbindung mehr besteht oder

c) eine Meldung über eine Beeinträchtigung der Betriebssicherheit des Luftfahrzeugs eingegangen ist, ohne daß eine Notlandung erforderlich wird oder

d) ein Luftfahrzeug von einem widerrechtlichen Eingriff betroffen oder bedroht ist.

Notstufe (DETRESFA), wenn

a) die bei der Bereitschaftsstufe wiederholten Versuche, die Sprechfunkverbindung mit dem Luftfahrzeug wiederherzustellen, ergebnislos verlaufen sind und weitere Nachforschungen auf die Wahrscheinlichkeit hinweisen, daß das Luftfahrzeug sich in einer Notlage befindet oder

b) der mitgeführte Treibstoffvorrat als verbraucht oder für die sichere Beendigung des Fluges als unzureichend angesehen werden muß oder

c) eine Meldung vorliegt, daß die Betriebssicherheit des Luftfahrzeugs derart beeinträchtigt ist, daß eine Notlandung wahrscheinlich ist oder

d) eine Meldung vorliegt oder die Wahrscheinlichkeit besteht, daß das Luftfahrzeug eine Notlandung durchführt oder durchgeführt hat.

Die Maßnahmen werden beendet, wenn sicher ist, daß das Luftfahrzeug weder von schwerer unmittelbarer Gefahr bedroht ist noch sofortige Hilfeleistung nötig sind.

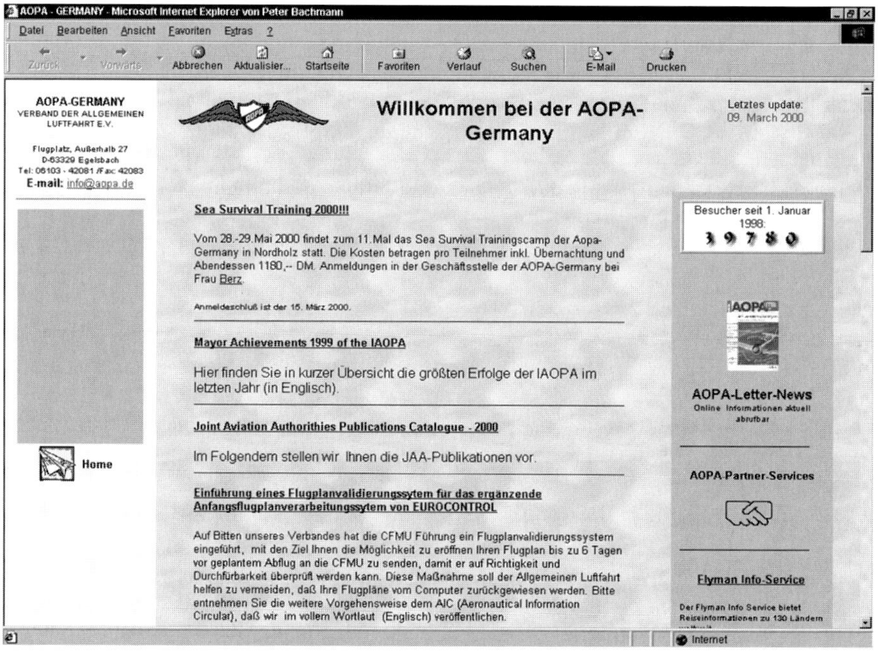

Luftfahrtorganisationen

AOPA

Die AOPA-Germany ist die politische Interessenvertretung für ca. 10.000 Privat- und Berufspiloten sowie für Firmen der Allgemeinen Luftfahrt. Sie wendet sich gegen den schleppenden Fortgang beim Aufbau einer gemeinsamen europäischen Infrastruktur für die Luftfahrtdienste, die unzureichende Freiheit des Luftverkehrs innerhalb der europäischen Gemeinschaft, das Fehlen gemeinsamer europäischer Regelungen für die Zulassung von Luftfahrtgerät, die Anerkennung von Pilotenlizenzen sowie das Fehlen von Einrichtungen für die Flugvorbereitung. Die AOPA-Germany setzt sich national und im Verbund mit den anderen AOPA-Organisationen für den offenen Luftraum ein.

Hauptaufgabe der AOPA-Germany ist die Wahrnehmung der Interessen der Piloten und Luftfahrzeughalter der Allgemeinen Luftfahrt. Das schließt alle Aktivitäten ein, die geeignet sind, die private Fliegerei zu erhalten, zu erleichtern und sicherer zu machen.

Dazu zählen neben ständigen Kontakten zu den Parlamenten und Ministerien (Bereiche Umweltschutz, Verkehr und Finanzen, Verteidigung, Bildung und Inneres) u.a. Verhandlungen mit Verkehrsflughäfen, der Verkehrsluftfahrt, Luftfahrtbehörden, militärischen Stellen und Flugplatzgegnern.

Für die politische Arbeit der IAOPA Europa (EU) setzt sich die AOPA-Germany mit der europäischen Luftfahrtpolitik und ihren Auswirkungen auf die Mitglieder in Europa ein.

Abb. 1.7 (links): Homepage der AOPA Germany (Quelle: http://www.aopa.de).

Partner der AOPA sind unter anderem das Europäische Parlament, die Europäische Komission, Eurocontrol und die JAA.

Die Aktivitäten der AOPA umfassen daneben die Bereiche Mitgliederservice, Technik, Flughäfen und Flugplätze, Gebühren, Luftraumstruktur sowie internationale Beiträge beim Europäischen Parlament, der Europäischen Kommission, Eurocontrol, der Joint Airworthiness Authority und der FAA.

Im Zusammenhang mit Flugplanung ist der AOPA-Mitgliederservice Reiseberatung, Versicherungen, Ausbildung, Lizenzen, Recht, Steuer, Luftfahrtmedizin, Technik, Notausrüstung und Zoll interessant.

Zu dem Themenkreis Weiterbildung gehören die Fluglehrerfortbildung, das Trainingscamp Eggenfelden, der Sea Survival Lehrgang und ein Sprechfunkrefresher.

Deutscher Aero Club

Organisation und Mitglieder

Der Deutsche Aero Club e.V. ist als Spitzensportverband oberste nationale Vertretung für den Luftsport in Deutschland und im Ausland. Er engagiert sich für die Interessen der Mitglieder und die Erhaltung des Luftraums für den Luftsport.

Zur Zeit zählt der DAeC rund 100.000 Mitglieder in ca. 2.000 Vereinen, die sich mit Segelfliegen, Motorsegeln, Motorflug, Modellflug, Fallschirmspringen, Ballonfahren, Ultraleichtfliegen sowie Hängegleiten und Drachenfliegen befassen.

Aufgaben des DAeC

Zentrale Aufgabe des Spitzensportverbandes ist die Abwicklung und Organisation des Luftsports sowie die Vertretung des Luftsports gegenüber Behörden, politischen und gesellschaftlichen Organisationen und die Flugsicherheit. Zentrale des DAeC ist die Bundesgeschäftsstelle am Flughafen Braunschweig.

Auf nationaler Ebene hält der DAeC Verbindung zum Deutschen Bundestag und dessen für die Luftfahrt berufenen Ausschüssen. Enger und ständiger Kontakt besteht zum Bundesministerium des Inneren (Sport), Bundesministerium für Verkehr, Bauen und Wohnen (Luftfahrtgesetzgebung), Bundesministerium für Jugend und Familie (Jugendarbeit), in immer größerem Maße zum Umweltministerium sowie zum Bundesministerium für Verteidigung (Luftsportgruppen, militärischer Flugverkehr).

Ständige Gesprächspartner sind das Luftfahrt-Bundesamt (LBA), die DFS Deutsche Flugsicherung GmbH und - für die Landesverbände - die Luftfahrtbehörden der Bundesländer.

Auf internationaler Ebene vertritt der DAeC die Interessen des Luftsports und seiner Mitglieder beim Weltluftsportverband Fédération Aéronautique Internationale (FAI), bei internationalen Sportveranstaltungen durch Anmeldung der Nationalmannschaften sowie durch die Mitarbeit in Europe Airsports (EA) und in den Ausschüssen für Lizenzfragen, Harmonisierung von technischen Fragen und Wahrung der Rechte als Luftraumnutzer.

Deutsche Gesellschaft für Ortung und Navigation e. V. (DGON)

Die DGON ist das neutrale Fachforum auf den Gebieten der Ortung und Navigation in allen Bereichen des Verkehrs: Schiffahrt, Luftfahrt, Raumfahrt, Landverkehr. Die Gesellschaft ist gemeinnützig. Sie wird im wesentlichen von Korporativen und Persönlichen Mitgliedern getragen.

Korporative Mitglieder

- Firmen
- Behörden
- Verbände
- Vereinigungen aus Wissenschaft und Technik
- Forschungsinstitute

Persönliche Mitglieder

- Wissenschaftler
- Ingenieure
- Personen, die an den Aufgaben der Gesellschaft interessiert sind.

Zu korrespondierenden Mitgliedern gehören Forschungseinrichtungen und Verbände im In- und Ausland, die ähnliche Ziele verfolgen und den Aufgaben der Gesellschaft positiv gegenüberstehen.

International hat sich die DGON mit einigen Schwesterinstituten aus europäischen und außereuropäischen Staaten in der „International Association of Institutes of Navigation“ (IAIN) zusammengeschlossen; auch auf europäischer Ebene ist dies bereits geschehen (EUGIN).

Zweck und Aufgaben

Die Aufgaben der DGON bestehen u.a. darin, praxisorientierte Beiträge zur Verbesserung der Sicherheit und Wirtschaftlichkeit aller Verkehrsarten an die Europäische Union, Ministerien, Behörden und andere interessierte Kreise zu liefern.

Abb. 1.8 (rechts oben): Homepage des DAeC (Quelle: http://www.daec.de).

Abb. 1.9 (rechts unten): Homepage der DGON (Quelle: http://www.dgon.de).

Deutscher Aero Club - Microsoft Internet Explorer von Peter Bachmann
Datei Bearbeiten Ansicht Favoriten Extras ?
Zurück Vorwärts Abbrechen Aktualisier... Startseite Favoriten Verlauf Suchen E-Mail Drucken
DAeC
Deutscher Aero Club
STARTSEITE
INDEX
WETTBEWERBE
WER SIND WIR
MITGLIEDER
SPORTREFERATE
PRESSE
UMWELT
Büro Flugsicherheit
LSG-BÜRO
SERVICE
AEROCLUBSHOP
LINKS
DOWNLOAD
This Site is powered by
NETCONSULT
EDV MARKETING GMBH
DIE GANZE WELT DES FLIEGENS
++ Deutscher Sportbund erkennt Modellflug im Deutschen Aero Cl
Willkommen auf dem "Virtuellen Flugplatz" des Deutschen Aero Club e.V.
Bitte wählen Sie im Navigator links den Bereich, zu dem Sie weitere Informationen wünschen.
Eine Übersicht über unser Web-Angebot finden in unserem Inhaltsverzeichnis
Informationen zu allen Luftsportarten im DAeC - Segelflug, Motorflug, Modellflug, Fallschirmspringen, Freiballonfahren, Ultraleichtflug, Drachen-/ Gleitschirmfliegen - sowie der Luftsportjugend gibt es in den Sportreferaten.
(Fast) alle Mitarbeiter der Bundesgeschäftsstelle erreichen Sie auch nach dem Umzug von Heusenstamm nach Braunschweig per E-Mail. Wenn Sie Informationen zu Luftsportvereinen vor Ort wünschen, können Sie sich gerne an info@daec.de oder
Fertig
Internet

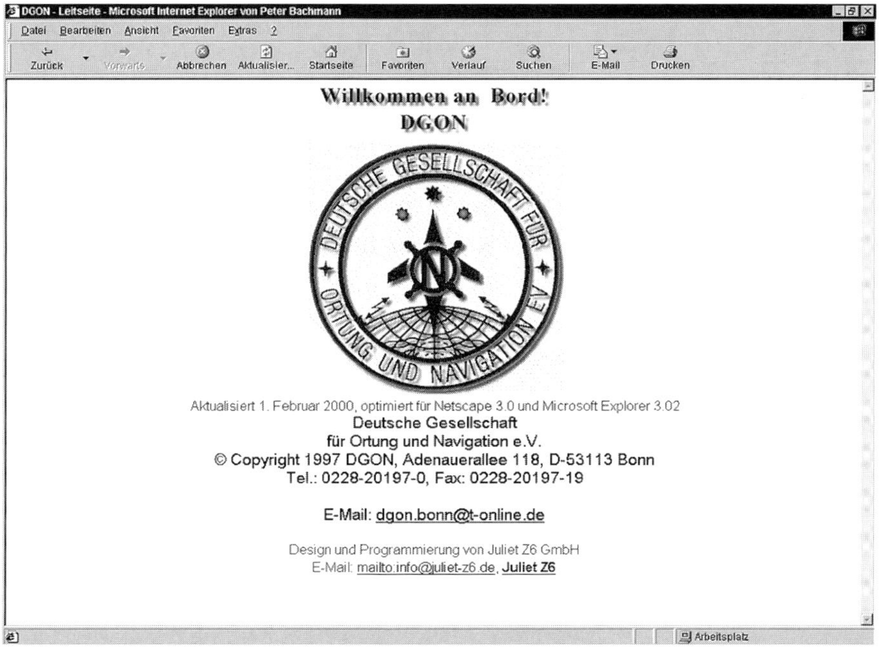
DGON - Leitseite - Microsoft Internet Explorer von Peter Bachmann
Datei Bearbeiten Ansicht Favoriten Extras ?
Zurück Vorwärts Abbrechen Aktualisier... Startseite Favoriten Verlauf Suchen E-Mail Drucken
Willkommen an Bord!
DGON
DEUTSCHE GESELLSCHAFT FÜR ORTUNG UND NAVIGATION E.V.
Aktualisiert 1. Februar 2000, optimiert für Netscape 3.0 und Microsoft Explorer 3.02
Deutsche Gesellschaft
für Ortung und Navigation e.V.
© Copyright 1997 DGON, Adenauerallee 118, D-53113 Bonn
Tel.: 0228-20197-0, Fax: 0228-20197-19
E-Mail: dgon.bonn@t-online.de
Design und Programmierung von Juliet Z6 GmbH
E-Mail: mailto:info@juliet-z6.de, Juliet Z6
Arbeitsplatz

Gremien der Gesellschaft

Der Wissenschaftliche Beirat steuert die wissenschaftlich-technische Arbeit und koordiniert Planungs- und Entwicklungsvorhaben auch im internationalen Bereich. Die Aufgabenlösung überträgt er den Kommissionen und Fachausschüssen Schiffahrt, Landverkehr, Radar- und Kreiseltechnik sowie Luftfahrt- und Weltraumtechnik.

Luftfahrtkommission

- Planung und Entwicklung bestehender und neuer Navigations- und Flugsicherungssysteme
- Konzepte für die Fortschreibung von Systemen
- Wirtschaftliche Nutzung des Luftraums
- Verbesserung der Verkehrsflußsteuerung
- Künftige Kommunikations- und Überwachungssysteme

Fachausschuß Weltraumtechnik

- GPS - Global Positioning System
- GLONASS - Global Orbit Navigation Satellite System
- Standardisierung
- Sicherheit und Zuverlässigkeit
- Verfügbarkeit und Nutzbarkeit

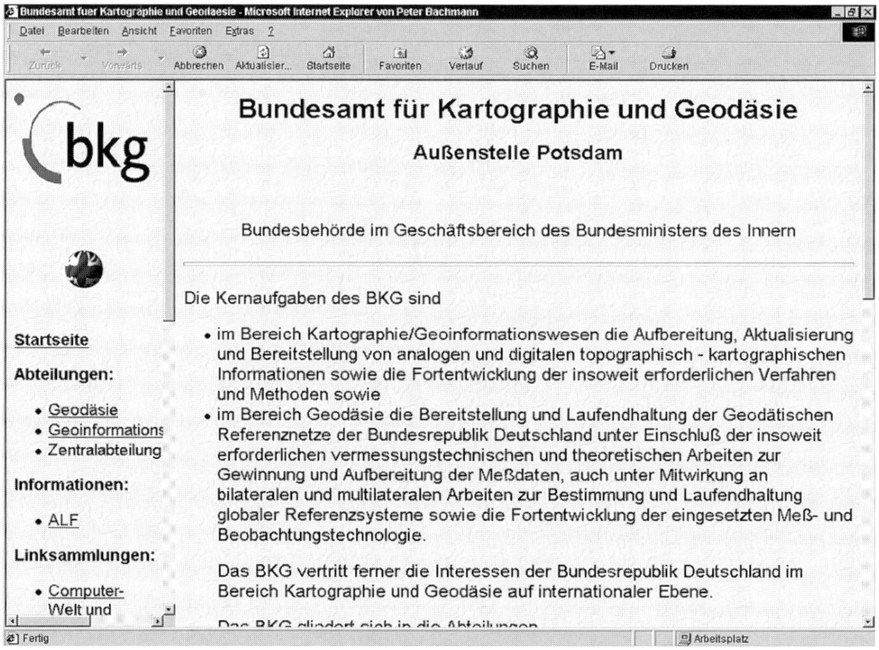

Abb. 1.10: Homepage des Bundesamtes für Kartographie und Geodäsie (Quelle: http://www.potsdam.ifag.de/).

Bundesamt für Kartographie und Geodäsie (früher IFAG)

Das Bundesamt für Kartographie und Geodäsie gehört zu den Forschungseinrichtungen der Bundesverwaltung. Seine Aufgaben sind die Forschung auf allen Gebieten der Geodäsie, Kartographie, Photogrammetrie und Fernerkundung und die Aufbereitung der Forschungsergebnisse für die Praxis.

Das Bundesamt hat folgende Abteilungen:

- Geodätische Forschung
- Photogrammetrisch-kartographische Forschung
- Kartographie
- Zentralabteilung

Folgende elektronische Informationssysteme werden angeboten:

- GIBS, GPS-Informations- und Beobachtungssystem
- Bibliographischer Dienst
- Publikationen
- Karten
- Digitale kartographische Datenbanken

Daneben werden zentrale wissenschaftlich-technische Dienste bereitgestellt und weitere Aufgaben wahrgenommen.

Zum Bundesamt gehören die Zentrale Dienststelle Frankfurt am Main, die geodätische Fundamentalstation Wettzell sowie die Außenstelle Leipzig, die Außenstelle Potsdam und die Außenstelle Berlin.

GPS Informations- und Beobachtungssystem (GIBS)

Das Bundesamt für Kartographie und Geodäsie hat schon vor einigen Jahren einen nationalen Informations- und Beobachtungsdienst für GPS (GPS Informations- und Beobachtungssystem, GIBS) eingerichtet. Dabei werden u.a. über ein sogenanntes „Bulletin Board System“ (BBS) sowohl im Mailbox-Betrieb (PC mit Modem) als auch über das Internet (World Wide Web, PC mit Modem) interessierten GPS-Anwendern wichtige Daten und Informationen über das Thema GPS sowie zusätzlich über GLONASS übermittelt.

Zum GIBS-Informationsangebot gehört auch eine umfangreiche GPS/GLONASS-Literaturdokumentation.

Interessant (und wichtig) für den VFR- und IFR-Piloten ist der aktuelle Tracking- oder Ephemeridenstatus der GPS-Satelliten über Deutschland, der die Satellitenkonstellation zum Abfragezeitpunkt aus der Sicht des GIBS-Referenz-GPS-Empfängers in Leipzig anzeigt. Diese Informationen können über das Internet abgerufen werden. Auch Trimble (US-GPS-Gerätehersteller) bietet dort u.a. GPS-Informationen in grafischen Aufbereitungen an.
(http://www.trimble.com/satview/)

In einer weiteren Abfrage kann man sich über den aktuellen Stand des GPS-Systems (GPS-Systemstatus) informieren und auch Startdaten der Satelliten mit genauen Zustandsbeschreibungen sowie voraussichtlicher Lebensdauer einsehen und gegebenenfalls ausdrucken.

Der GPS-Systemstatus und weitere GPS-Informationen sind auch als EMail-Abonnement (kostenlos) bei der US Coast-Gard erhältlich. Pünktlich findet man in seiner Mailbox, sofern man über eine EMail-Adresse samt PC und Modem verfügt, den täglichen Systemstatus. Das Beispiel auf der folgenden Seite (Abb. 1.12) zeigt eine an die Abonnenten verschickte GPS-Statusmeldung.

Die GIBS-Dienste sind zur Zeit gebührenfrei. Die Informationen des GIBS werden allerdings ohne Gewähr für die Richtigkeit der Angaben abgegeben.

Zur Zeit werden folgende Informationen zur Satellitennavigation mit GPS und GLONASS angeboten:

- Aktuelle Satellitenkonstellation (Satellite Health Data)
- Systemzustand und Entwicklung, Nutzbarkeit der Satelliten, geplante Starts
- GPS-Satellitenalmanach des U.S. Navigation Information Center (NIS)
- Differentielles GPS (DGPS) in der Bundesrepublik Deutschland
- Geodätische GPS-Permanentstationen in Deutschland und Europa
- Aktuelle Empfangssituation über Deutschland (Local Integrity Monitoring)
- GLONASS-Satellitenalmanach der DLR, Fernerkundungsstelle Neustrelitz und GLONASS Status-Informationen des ISN und des Coordinational Scientific Information Center (CSIC), Moskau
- Vorläufige Ephemeriden (IGR) des International GPS Geodynamic Service (IGS)
- Präzise Ephemeriden des National Geodetic Survey (NGS) der USA
- Präzise Ephemeriden des Center of Orbit Determination for Europe (CODE), Astronomisches Institut der Universität Bern
- Präzise Ephemeriden des International GPS Geodynamic Service (IGS)
- Erdrotationsparameter des International Earth Rotation Service (IERS), des Center of Orbit Determination for Europe (CODE) und des International GPS Geodynamic Service (IGS)
- Zugriff auf Programme für Sichtbarkeitsberechnungen, Geoidhöhen und Koordinatentransformationen
- GPS-Veranstaltungskalender, GIBS-Newsletter
- GPS/GLONASS Literaturdokumentation

Abb. 1.11 (rechts oben): Homepage des GIBS GPS-Informations- und Beobachtungssystems (Quelle: http://gibs.leipzig.ifag.de).

Abb. 1.12 (rechts unten): Auszug aus dem kostenlosen EMail-Abonnement (Quelle: GIBS).

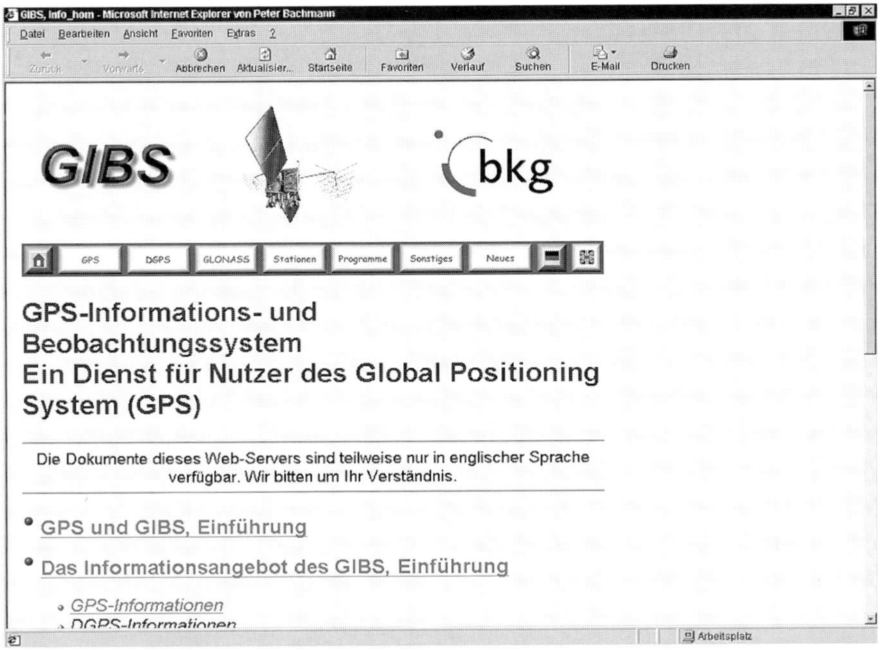


```
From: nisws@smtp.navcen.uscg.mil (NIS)
To: 'GPS STATUS' <gpsstatus@nislist.navcen.uscg.mil>
Subject: General Message to All GPS Users.
Date: Thu, 28 Aug 1997 09:02:38 -0400

GENERAL MESSAGE TO ALL GPS USERS
SUBJ:  SVN28 DELETED FROM BROADCAST ALMANAC
1.  ON 15 AUG 97, SVN28 (PRN28) WAS PERMANANTLY
DELETED FROM THE BROADCAST ALMANAC OF ALL GLOBAL
POSITIONING SYSTEM (GPS) SATELLITES.
2.  GPS USERS ARE REMINDED TO UPDATE THEIR GPS
RECEIVERS IF NECESSARY.
3.  POC:  LT BRIAN BARKER, 2 SOPS NAVIGATION ANALYST,
DSN 560-6378, 719-567-6378.
```

In dieser allgemeinen Meldung (im Rahmen des kostenlosen EMail-Abonnement) wurden die GPS-Nutzer darüber informiert, daß der Satellit mit der Nummer 28 am 15. August 1997 auf Dauer von der Abstrahlung des Almanach aller GPS-Satelliten herausgenommen wurde. Gleichzeitig werden die GPS-Nutzer gebeten, ihre GPS-Empfänger entsprechend neu zu konfigurieren (falls nicht automatisch durch Empfänger-Software).

Gesetzliche Vorschriften

Für die Planung und Durchführung von Flügen sind neben den grundlegenden Reglements eine Reihe von gesetzlichen Vorschriften zu beachten, die vor allem in der Luftverkehrs-Ordnung verankert sind. Die aktuelle Version der Luftverkehrs-Ordnung hat die offizielle Bezeichnung:

Luftverkehrs-Ordnung (LuftVO)
Vom 10. August 1963 (BGBl. I S. 652) in der Fassung der Bekanntmachung vom 27. März 1999 (BGBl. I S. 580)

Die LuftVO ist in folgende Gruppen eingeteilt:

- **§§ 1-5a -** Pflichten der Teilnehmer am Luftverkehr
- **§§ 6-17** - Allgemeine Regeln I
- **§§ 18-27a** - Allgemeine Regeln II
- **§§ 28-34** - Sichtflugregeln
- **§§ 35-42** - Instrumentenflugregeln
- **§§ 43-45** - Bußgeld und Schlußvorschriften

Dazu gehören folgende Anlagen:

- **Anlage 1** - Vorschriften über die von Luftfahrzeugen zu führenden Lichter
- **Anlage 2** - Signale und Zeichen
- **Anlage 3** - Halbkreis-Flughöhen
- **Anlage 4** - Luftraumklassifizierung und Flugsicherungsbetriebsdienste
- **Anlage 5** - Bedingungen für Flüge nach Instrumenten- und Sichtflugregeln
- **Anlage 6** - Ausnahmeberechtigte Flugzeuge

Da in diesem Handbuch ausschließlich Flüge nach Sichtflugregeln beschrieben werden, sind nach der folgenden Übersicht nur die entsprechenden Gesetze im Wortlaut aufgeführt, die in direktem Zusammenhang mit der Flugplanung von Sichtflügen stehen. In dieser Übersicht sind diese Gesetze **fett unterstrichen**. Auf die gesetzlichen Vorschriften zu den Instrumentflugregeln (§§ 35 bis 42) und die Bußgeld- und Schlußvorschriften (§§ 43 bis 45) wird hier nicht eingegangen. Die Gesetze der LuftVO:

§ 1	Grundregeln für das Verhalten im Luftverkehr
§ 2	Verantwortlicher Luftfahrzeugführer
§ 3	Rechte und Pflichten des Luftfahrzeugführers
§ 3a	**Flugvorbereitung**
§ 3b	**Mitführung von Urkunden und Ausweisen**
§ 4	Anwendung der Flugregeln
§ 4a	Luftsportgerät und unbemanntes Luftfahrtgerät
§ 5	Anzeige von Flugunfällen und Störungen
§ 5a	Startverbot
§ 6	Sicherheitsmindesthöhe, Mindesthöhe bei Überlandflügen nach Sichtflugregeln
§ 7	Abwerfen von Gegenständen
§ 8	Kunstflug
§ 9	Schlepp- und Reklameflüge
§ 9a	Uhrzeit und Maßeinheiten
§ 10	Luftraumordnung
§ 11	Luftsperrgebiete und Flugbeschränkungen
§ 11a	Flüge mit Überschallgeschwindigkeit
§ 11b	Zugelassene Ausnahmen
§ 11c	Beschränkungen der Starts und Landungen von Flugzeugen mit Strahltriebwerken
§ 12	Vermeidung von Zusammenstößen

§ 13 Ausweichregeln
§ 14 Wolkenflüge mit Segelflugzeugen und Luftsportgeräten
§ 15 Außenstarts und Außenlandungen von Flugzeugen, Drehflüglern, Luftschiffen, Motorseglern und Segelflugzeugen
§ 16 Aufstiege von Ballonen, Drachen, Flugmodellen und Flugkörpern mit Eigenantrieb, Starts und Landungen von Hängegleitern und Gleitsegeln, Außenlandungen mit Sprungfallschirmen
§ 16a Besondere Benutzung des kontrollierten Luftraums
§ 17 Von Luftfahrzeugen zu führende Lichter
§ 18 Übungsflüge unter angenommenen Instrumentenflug-Bedingungen
§ 19 Luftfahrzeuge auf dem Wasser
§ 20 Gefahrenmeldung
§ 21 Signale und Zeichen
§ 21a Regelung des Flugplatzverkehrs
§ 22 Flugbetrieb auf einem Flugplatz und in dessen Umgebung
§ 22a Flugbetrieb mit Flugzeugen zur gewerbsmäßigen Beförderung von Personen oder Sachen
§ 23 Flugbetrieb auf einem Flugplatz mit Flugverkehrskontrollstelle
§ 24 Prüfung der Flugvorbereitung und der vorgeschriebenen Ausweise
§ 25 Flugplanabgabe
§ 26 Flugverkehrskontrollfreigabe
§ 26a Funkverkehr
§ 26b Standortmeldungen
§ 26c (weggefallen)
§ 26d Startmeldung
§ 27 Landemeldung
§ 27a Flugverfahren
§ 28 Flüge nach Sichtflugregeln in den Lufträumen mit der Klassifizierung B bis G
§ 29 (weggefallen)
§ 30 (weggefallen)
§ 31 Höhenmessereinstellung und Reiseflughöhen bei Flügen nach Sichtflugregeln
§ 32 Flüge nach Sichtflugregeln über Wolkendecken
§ 33 Flüge nach Sichtflugregeln bei Nacht
§ 34 Such- und Rettungsflüge

LuftVO § 3a
Flugvorbereitung

(1) Bei der Vorbereitung des Flugs hat der Luftfahrzeugführer sich mit allen Unterlagen und Informationen, die für die sichere Durchführung des Flugs von Bedeutung sind, vertraut zu machen und sich davon zu überzeugen, daß das Luftfahrzeug und die Ladung sich in verkehrssicherem Zustand befinden, die zulässige Flugmasse nicht überschritten wird, die vorgeschriebenen Ausweise vorhanden sind und die erforderlichen Angaben über den Flug im Bordbuch, soweit es zu führen ist, eingetragen werden.

(2) Für einen Flug, der über die Umgebung des Startflugplatzes hinausführt (Überlandflug), und vor einem Flug nach Instrumentenflugregeln hat sich der Luftfahrzeugführer über die verfügbaren Flugwettermeldungen und -vorhersagen ausreichend zu unterrichten. Vor einem Flug, für den ein Flugplan zu übermitteln ist, ist eine Flugberatung bei einer Flugberatungsstelle einzuholen. Absatz 1 bleibt unberührt.

(3) Ein Flug führt über die Umgebung eines Flugplatzes hinaus, wenn der Luftfahrzeugführer den Verkehr in der Platzrunde nicht mehr beobachten kann.

LuftVO § 3b
Mitführung von Urkunden und Ausweisen

Die Verpflichtung, die für den Betrieb erforderlichen Urkunden und Ausweise an Bord eines Luftfahrzeugs mitzuführen, bestimmt sich nach verbindlichen internationalen Vorschriften, nach deutschem Recht und nach dem Recht des Eintragungsstaates des Luftfahrzeugs sowie bei Besatzungsmitgliedern nach dem Recht des diese Papiere ausstellenden Staates. In jedem Falle sind diese Unterlagen auch in englischer Sprache mitzuführen.

LuftVO § 24
Prüfung der Flugvorbereitung und der vorgeschriebenen Ausweise

Auf Verlangen der für die Wahrnehmung der Luftaufsicht zuständigen Personen oder Stellen hat

1. der Luftfahrzeugführer nachzuweisen, daß er den Flug ordnungsgemäß vorbereitet hat;

2. das Luftfahrtpersonal die vorgeschriebenen Ausweise, insbesondere die Scheine und Zeugnisse für die Besatzung und das Luftfahrzeug, zur Prüfung auszuhändigen.

LuftVO § 25
Flugplanabgabe

(1) Der Luftfahrzeugführer hat der zuständigen Flugverkehrskontrollstelle einen Flugplan zu übermitteln für

1. Flüge, die nach Instrumentenflugregeln durchgeführt werden;

2. Flüge nach Sichtflugregeln bei Nacht im kontrollierten Luftraum;

3. Kunstflüge im kontrollierten Luftraum und über Flugplätzen mit Flugverkehrskontrollstelle;

4. Wolkenflüge mit Segelflugzeugen;

5. Flüge in Gebieten mit Flugbeschränkungen, soweit dies ausdrücklich bei der Festlegung der Gebiete angeordnet ist;

6. Flüge nach Sichtflugregeln aus der Bundesrepublik oder in die Bundesrepublik.

Das Bundesministerium für Verkehr kann Ausnahmen zulassen, soweit die öffentliche Sicherheit oder Ordnung, insbesondere die Sicherheit des Luftverkehrs, dadurch nicht beeinträchtigt werden.

(2) Der Luftfahrzeugführer kann auch für andere Flüge der zuständigen Flugverkehrskontrollstelle einen Flugplan übermitteln, um die Durchführung des Such- und Rettungsdienstes für Luftfahrzeuge zu erleichtern.

(3) Einzelheiten über Arten, Form, Abgabe, Annahme, Aufhebung, Änderung und zulässige Abweichungen von Flugplänen werden von dem Flugsicherungsunternehmen festgelegt und im Verkehrsblatt - Amtsblatt des Bundesministeriums für Verkehr der Bundesrepublik Deutschland - oder in den Nachrichten für Luftfahrer bekanntgemacht.

LuftVO § 26d
Startmeldung

(1) Der Luftfahrzeugführer hat für Flüge, für die ein Flugplan abgegeben wurde, der zuständigen Flugverkehrskontrollstelle die tatsächliche Startzeit unver-

züglich zu übermitteln. Dies gilt nicht für Flüge von Flugplätzen mit Flugverkehrskontrollstelle. Das Flugsicherungsunternehmen kann Ausnahmen von Satz 1 zulassen.

(2) Einzelheiten über Inhalt, Form, zulässige zeitliche Abweichungen und Übermittlungsart der Startmeldungen werden von dem Flugsicherungsunternehmen festgelegt und im Verkehrsblatt - Amtsblatt des Bundesministeriums für Verkehr der Bundesrepublik Deutschland - oder in den Nachrichten für Luftfahrer bekanntgemacht.

LuftVO § 27
Landemeldung

(1) Der Luftfahrzeugführer hat bei Flügen, für die ein Flugplan abgegeben wurde, der zuständigen Flugverkehrskontrollstelle unverzüglich eine Landemeldung zu übermitteln. Dies gilt nicht für Flüge zu Flugplätzen mit Flugverkehrskontrollstelle. Das Flugsicherungsunternehmen kann Ausnahmen zulassen.

(2) Einzelheiten über Inhalt, Form und Übermittlungsart der Landemeldungen werden von dem Flugsicherungsunternehmen festgelegt und im Verkehrsblatt - Amtsblatt des Bundesministeriums für Verkehr der Bundesrepublik Deutschland - oder in den Nachrichten für Luftfahrer bekanntgemacht.

Gesetze und Verordnungen für die Luftfahrt

Über das World Wide Web erhältlich sind Gesetze und Verordnungen unter dem Thema *Luftrecht-Online* in ihrer jeweils gültigen Fassung sowohl bei der DFS Deutsche Flugsicherung GmbH als auch bei Dieter von Elm (http://www.luftrecht-online.de). Die als Help-Datei aufgebaute Sammlung ist ausgesprochen benutzerfreundlich und kann im Abonnement per Download bezogen werden. Die Vorteile dieser Sammlung sind u.a.:

- Zahlreiche Hypertextverknüpfungen in der Datei erlauben eine schnelle und bequeme Navigation durch den aufgenommenen Bestand an luftverkehrsrechtlichen Vorschriften.
- Mit der Windows-eigenen Volltextrecherche kann darüber hinaus in Bruchteilen von Sekunden gezielt nach bestimmten Begriffen und Regelungen im Luftrecht gesucht werden.
- Per E-Mail werden automatisch aktuelle Informationen über *Luftrecht-Online* geliefert.

Als gedruckte Version ist der Luftverkehrsrecht-Ordner bei der DFS Deutsche Flugsicherung GmbH erhältlich. Diese Loseblattsammlung im Ringordner enthält die wesentlichen Gesetze und Verordnungen zur Luftfahrt, so z.B.:

- Luftverkehrsgesetz (LuftVG)
- Verordnung zur Beauftragung eines Flugsicherungsunternehmens (FS-AuftragsV)
- Verordnung über die Betriebsdienste der Flugsicherung (FSBetrV)
- Luftverkehrs-Ordnung (LuftVO)
- Verordnung über das erlaubnispflichtige Personal für die Flugsicherung und seine Ausbildung (FSPAV)

- Verordnung über die Flugsicherungsausrüstung von Luftfahrzeugen (FSAV)
- Verordnung über Flugfunkzeugnisse (FlugfunkV)
- Gesetz zum Schutz gegen Fluglärm (Fluglärm-Gesetz)
- Gesetz über das Luftfahrt-Bundesamt (LBA-Gesetz)
- Luftverkehrs-Zulassungs-Ordnung (LuftVZO)
- Luftsicherheitsverordnung (LuftSiV)
- Betriebsordnung für Luftfahrtgerät (LuftBO)
- Kostenverordnung der Luftfahrtverwaltung (LuftKostV)
- Verordnung über Luftfahrtpersonal (LuftPersV)
- Prüfordnung für Luftfahrtgerät (LuftGerPO).

Abb. 1.13 (unten): Homepage von Luftrecht-Online (Quelle: http://www.luftrecht-online.de).

Abb. 1.14 (rechts oben): Eröffnungsbildschirm der Help-Datei von Luftrecht-Online (Quelle: http://www.luftrecht-online.de).

Abb. 1.15 (rechts unten): Bezug von Luftrecht-Online über die DFS (Quelle: http://www.dfs-service.de).

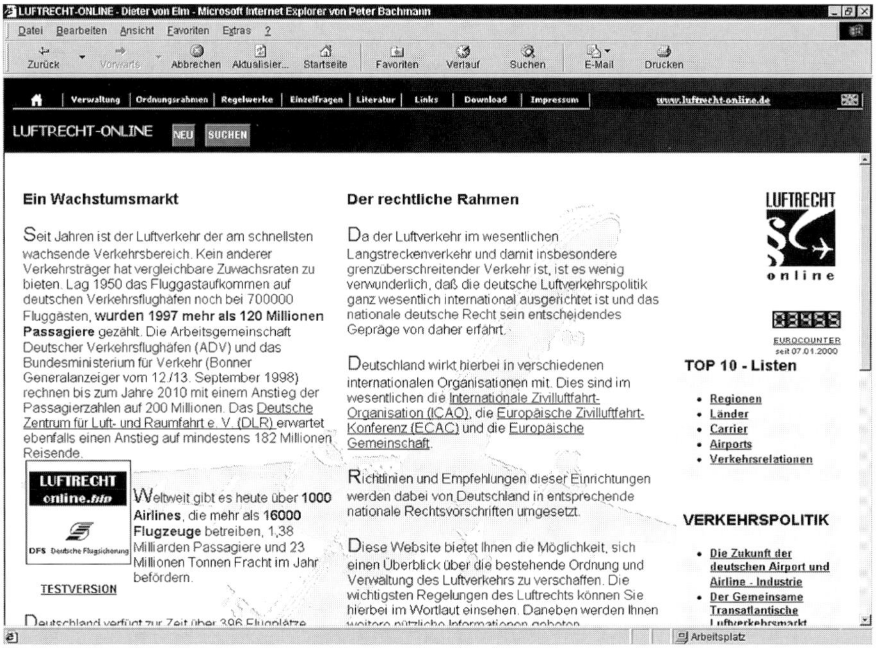

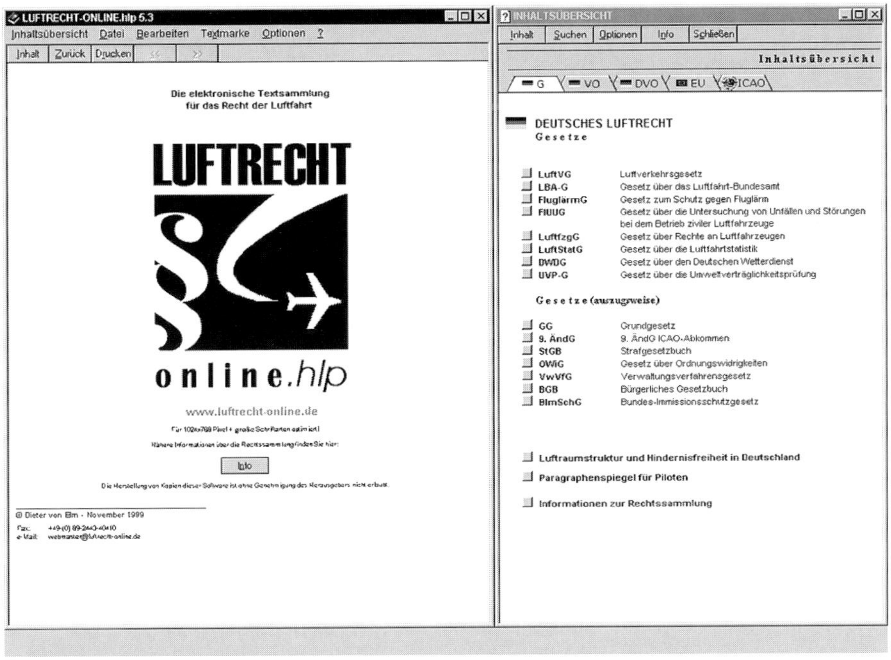
LUFTRECHT-ONLINE.hlp 5.3
Inhaltsübersicht Datei Bearbeiten Textmarke Optionen ?
Inhalt Zurück Drucken
Die elektronische Textsammlung
für das Recht der Luftfahrt
LUFTRECHT
online.hlp
www.luftrecht-online.de
Info
© Dieter von Elm - November 1999
INHALTSÜBERSICHT
Inhalt Suchen Optionen Info Schließen
Inhaltsübersicht
G VO DVO EU ICAO
DEUTSCHES LUFTRECHT
Gesetze
LuftVG Luftverkehrsgesetz
LBA-G Gesetz über das Luftfahrt-Bundesamt
FluglärmG Gesetz zum Schutz gegen Fluglärm
FIUUG Gesetz über die Untersuchung von Unfällen und Störungen bei dem Betrieb ziviler Luftfahrzeuge
LuftfzgG Gesetz über Rechte an Luftfahrzeugen
LuftStatG Gesetz über die Luftfahrtstatistik
DWDG Gesetz über den Deutschen Wetterdienst
UVP-G Gesetz über die Umweltverträglichkeitsprüfung
Gesetze (auszugsweise)
GG Grundgesetz
9. ÄndG 9. ÄndG ICAO-Abkommen
StGB Strafgesetzbuch
OWiG Gesetz über Ordnungswidrigkeiten
VwVfG Verwaltungsverfahrensgesetz
BGB Bürgerliches Gesetzbuch
BImSchG Bundes-Immissionsschutzgesetz
Luftraumstruktur und Hindernisfreiheit in Deutschland
Paragraphenspiegel für Piloten
Informationen zur Rechtssammlung

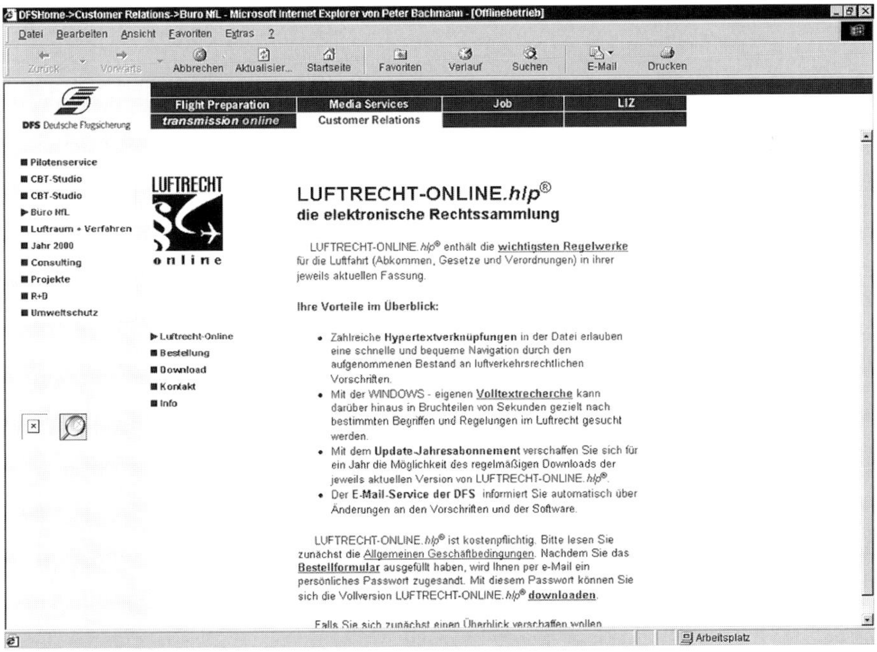
DFSHome->Customer Relations->Büro NfL - Microsoft Internet Explorer von Peter Bachmann - [Offlinebetrieb]
Datei Bearbeiten Ansicht Favoriten Extras ?
Zurück Vorwärts Abbrechen Aktualisier... Startseite Favoriten Verlauf Suchen E-Mail Drucken
DFS Deutsche Flugsicherung
Flight Preparation Media Services Job LIZ
transmission online Customer Relations
Pilotenservice
CBT-Studio
CBT-Studio
Büro NfL
Luftraum + Verfahren
Jahr 2000
Consulting
Projekte
R+D
Umweltschutz
LUFTRECHT online
Luftrecht-Online
Bestellung
Download
Kontakt
Info
LUFTRECHT-ONLINE.hlp®
die elektronische Rechtssammlung
LUFTRECHT-ONLINE.hlp® enthält die wichtigsten Regelwerke für die Luftfahrt (Abkommen, Gesetze und Verordnungen) in ihrer jeweils aktuellen Fassung.
Ihre Vorteile im Überblick:
Zahlreiche Hypertextverknüpfungen in der Datei erlauben eine schnelle und bequeme Navigation durch den aufgenommenen Bestand an luftverkehrsrechtlichen Vorschriften.
Mit der WINDOWS - eigenen Volltextrecherche kann darüber hinaus in Bruchteilen von Sekunden gezielt nach bestimmten Begriffen und Regelungen im Luftrecht gesucht werden.
Mit dem Update-Jahresabonnement verschaffen Sie sich für ein Jahr die Möglichkeit des regelmäßigen Downloads der jeweils aktuellen Version von LUFTRECHT-ONLINE.hlp®.
Der E-Mail-Service der DFS informiert Sie automatisch über Änderungen an den Vorschriften und der Software.
LUFTRECHT-ONLINE.hlp® ist kostenpflichtig. Bitte lesen Sie zunächst die Allgemeinen Geschäftbedingungen. Nachdem Sie das Bestellformular ausgefüllt haben, wird Ihnen per e-Mail ein persönliches Passwort zugesandt. Mit diesem Passwort können Sie sich die Vollversion LUFTRECHT-ONLINE.hlp® downloaden.
Arbeitsplatz

Kapitel 2

Geräte und Verfahren für die Flugplanung

Einführung

Bereits während des ersten Überlandflugs ohne Fluglehrer wird jeder Pilot z.B. bei Orientierungsproblemen schnell feststellen, wie wichtig eine gute Flugplanung für eine sichere Flugdurchführung ist.

Zur Flugplanung gehört aber nicht nur die Navigation, sondern auch die Berechnung des Kraftstoffs, der Beladung (Gewicht und Schwerpunktlage) sowie der Start- und Landestrecke und - ganz entscheidend - eine gründliche Wetterberatung. Gerade bei VFR-Flügen entscheidet die Wetterlage z.B. über die Flughöhe und damit darüber, ob im kontrollierten oder unkontrollierten Luftraum geflogen werden darf. Auch die Wahl der Flugstrecke ist wetterabhängig.

Es gib heute viele Möglichkeiten, sich vor dem Flug gründlich über die aktuellen und kurzfristigen Wetterentwicklungen zu informieren. Darüber wird in diesem Kapitel ausführlich berichtet. Eine persönliche, telefonische Wetterberatung bei der nächsten Flugwetterwarte sollte aber trotz aller Wetter-Recherchen vor dem Flug das Thema Flugplanung und Wetter abschließen.

Für die navigatorische Flugplanung werden folgende Unterlagen und Hilfsmittel benötigt (mit X markierte Hilfsmittel sind optional):

- Luftfahrtkarte ICAO 1:500.000
- Luftfahrthandbuch AIP VFR
- VFR-Bulletin
- Navigationsgeräte (Navigationsrechner, Kursdreieck, Lineal)
- X Elektronischer Navigationsrechner
- X Flugplanungssoftware
- X GPS-Empfänger mit Datenbank
- VFR-Flugdurchführungsplan
- X Flugplan

Da sich die Luftraumstruktur häufig ändert, darf nur eine aktuelle ICAO-Karte verwendet werden. Der Einsatz älterer Karten kann zu Luftraumverletzungen und auch zu fatalen navigatorischen Entscheidungen führen (z.B. fehlende Hindernisse in alten Karten).

Das Luftfahrthandbuch AIP VFR enthält die für die Navigation in Flugplatznähe wichtigen Sichtan- und -abflugkarten sowie die Flugplatzkarten. Außerdem sind in der AIP VFR alle für die VFR-Luftfahrt wichtigen Bestimmungen veröffentlicht. Zur AIP VFR gehören die AIP-Nachträge (AIP AMD) und die AIP-Ergänzungen (AIP SUP).

Das VFR-Bulletin informiert über Änderungen (z.B. neue Kontrollzonen, neue Frequenzen für Funknavigationsanlagen, militärische Übungen usw.). Alle für die VFR-Luftfahrt wichtigen NOTAMs und Supplements sind im VFR-Bulletin enthalten.

Eine ausführliche Beschreibung nahezu aller Luftfahrtpublikationen ist in diesem Kapitel enthalten.

In der Prüfung u.a. für den Erwerb der Erlaubnis für Privatflugzeugführer (PPLA) wird das Beherrschen konventioneller Navigationshilfsmittel vorausgesetzt, auch wenn navigatorische Aufgaben heute viel schneller, besser und zuverlässiger mit elektronischen Geräten und Flugplanungssoftware gelöst werden können. Trotzdem sollen zunächst auch die konventionellen Navigationsgeräte kurz vorgestellt werden.

Mehr Raum wird den elektronischen Verfahren vor allem bei der software-gestützten Flugplanung gewidmet, bei der die Planungs- und die Flugdurchführungsphase bei Navigation, Beladung, Treibstoffverbrauch usw. zu jedem Zeitpunkt übersichtlich darstellbar sind und komfortabel gesteuert werden können.

Auch ein VFR-Flugdurchführungsplan mit allen für den Flug wichtigen Daten (Strecken, Kurse, Entfernungen, Zeiten usw.) gehört zur Flugplanung. Ein solcher Flugdurchführungsplan ist zwar nicht vorgeschrieben, er wird jedoch u.a. vom Luftfahrt-Bundesamt dringend empfohlen. Man kann diesen VFR-Durchführungsplan manuell ausfüllen oder aber mit Flugplanungssoftware erstellen lassen. Bei der elektronischen Lösung entfallen sämtliche manuellen Rechenschritte, die wegen ihrer Komplexität und ihres Umfangs von vielen (vor allem erfahrenen) Piloten meistens vernachlässigt werden.

Das wichtigste Thema bei der VFR-Fliegerei bleibt das Wetter. Darum gibt es in diesem Kapitel umfassende Informationen sowohl über die Grundlagen als auch die neuesten elektronischen Verfahren (BTX, Mail-Boxen, Internet pc_met, pc_met-Software).

Obwohl amtliche Flugpläne zwar nur für bestimmte VFR-Flüge und für Flüge ins Ausland vorgeschrieben sind, werden sie in diesem Kapitel im Zusammenhang mit der Flugberatung ausführlich behandelt. Auch hier werden die Möglichkeiten der Flugplanaufgabe via Internet ausführlich besprochen.

Abgeschlossen wird das Kapitel mit der Vorstellung des neuen DFS-Service *Advanced AIS (AAIS)*. Mit diesem Service bietet die DFS die Möglichkeit, sämtliche bei Flugplanung und Flugdurchführung (VFR, IFR) anfallenden Arbeiten nach professionellen Standards erstellen zu lassen.

Abschließend noch einige Anmerkungen zu den Dokumenten, die sowohl das Flugzeug als auch den Piloten und die Passagiere bei jedem Flug betreffen. Man sollte sich nicht erst am Abflugtag unter Streß und Zeitdruck um diese Unterlagen kümmern, sondern sie mindestens einen Tag vorher auf Vollständigkeit und Aktualität geprüft haben.

Zu den persönlichen Dokumenten gehören das Flugbuch, die Lizenzen (z.B. PPLA, Beiblätter, Ratings, Sprechfunkzeugnisse usw.) und mindestens der Personalausweis. Ein Reisepaß zusätzlich ist empfehlenswert.

Das Flugbuch dokumentiert die fliegerischen Aktivitäten des Piloten und gilt neben dem Nachweis der insgesamt durchgeführten Flüge u.a. auch als Beleg für die Zahl der durchgeführten Starts und Landungen sowie für die Zahl und Dauer von Musterberechtigungsflügen und Überlandflügen z.B. bei Erneuerung des Flugscheins. Da das Flugbuch folglich ein sehr wichtiges Dokument ist, sollte man sich alle durchgeführten Flüge von den Luftaufsichten abstempeln lassen. Nur so kann ein anerkannter Nachweis der Flugaktivitäten geführt werden.

Im Bordbuch des Flugzeuges werden die Betriebsdaten des Flugzeuges, besondere Vorkommnisse sowie technische Vermerke über Wartungsarbeiten etc. festgehalten.

Das Flugzeug-Flughandbuch gibt über das Flugzeugmuster im allgemeinen und im besonderen in allen technischen Fragen und Betriebsparametern detailliert Auskunft. Es muß sich grundsätzlich an Bord des Flugzeuges befinden.

Zu den Flugzeug-Dokumenten gehören auch die Nachweise der regelmäßigen Wartungsarbeiten und technischen Kontrollen (u.a. Luftfahrttechnische Anweisungen, LTA) sowie Belege der Jahresnachprüfungen für Zelle, Triebwerk und Avionic. Nur wenn alle Belege lückenlos vorhanden sind und keine Beanstandungen bei der Vorflugkontrolle und dem vor jedem Start unerläßlichen Checklauf bestehen, darf gestartet werden.

Konventionelle Navigationsgeräte

Zu den konventionellen Navigationsgeräten gehören vor allem Lineale, Kursdreiecke und Rechenscheiben. Auch wenn die Funktionen dieser Geräte zunehmend durch elektronische Geräte und Software ersetzt werden, sollte man darauf nicht verzichten.

Jede Flugplanung beginnt schließlich immer noch mit dem Blick auf die ICAO-Karten und dem Einzeichnen der geplanten Kurse mit Bleistift und Lineal. Die Flugkarte in der „Hardware"-Version - das bedruckte Blatt Papier - ermöglicht eine bessere Übersicht als ein Bildschirm - gleich welcher Bauart und Auflösung.

Mit den konventionellen Navigationsgeräten kann man zunächst eine grobe Flugplanung durchführen und nach Eingabe der so ermittelten Werte (entweder in einen elektronischen Flugrechner oder via Flugplanungssoftware) die Detailplanung festlegen. Als Backup-Instrumentarium gehören Kurslineale, Rechenscheibe & Co. auf alle Fälle in den Pilotenkoffer, wo sie während des Fluges trotz aller High-Tech-Ausrüstung immer griffbereit aufbewahrt werden sollten.

Lineale, Kursdreiecke

Das rechts abgebildete Navigationslineal hat eine drehbare Kursrose zur schnellen Entnahme von Kursen und zum Einzeichnen von Wegpunkten. Es bietet mit verschiedenen Symbolen auch die Möglichkeit, wichtige Flugpunkte grafisch auf den Flugkarten festzulegen.

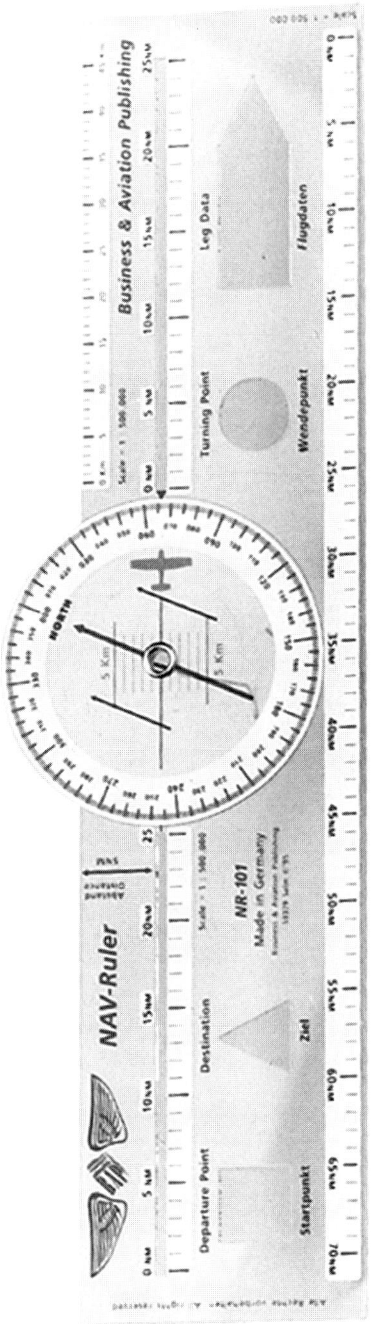

Abb. 2.1: Multifunktionelles Navigationslineal NavRuler (Quelle: Eisenschmidt GmbH).

Unerläßlich ist auch ein präzises Kursdreieck, mit dem neben dem Einzeichnen von Entfernungen schnell Kurse ermittelt werden können. Es sollte wegen des besseren Handlings einen Griff haben. Eine weiß unterlegte Winkeleinteilung erleichtert das Ablesen der Kurse von der Karte. Die gängigsten Maßstäbe bei Luftfahrtkarten sollten ebenfalls vorhanden sein (1:500.000 und 1:1.000.000).

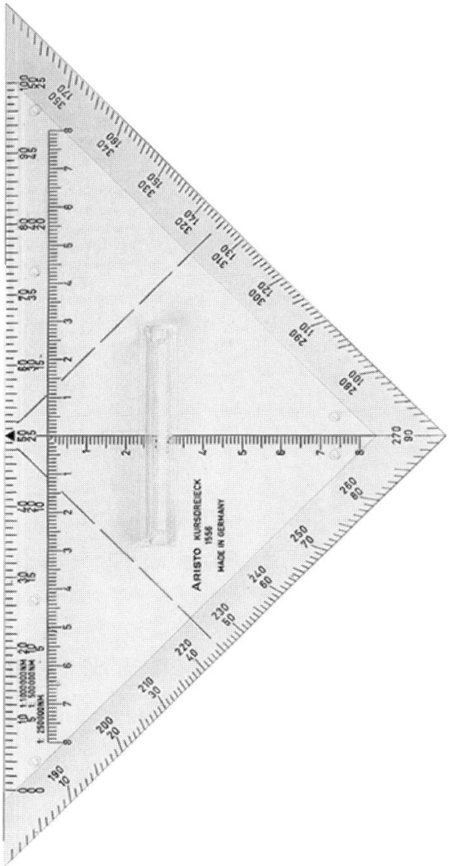

Abb. 2.2: Aristo Kursdreieck mit Griff und weiß unterlegter Winkeleinteilung (Quelle: Eisenschmidt GmbH).

Rechenscheiben

Eine der bekanntesten Rechenscheiben ist der *Aristo Aviat 617*, mit dem nahezu alle fliegerischen Berechnungen manuell durchgeführt werden können. Diese Rechenscheibe mit Diagrammschieber ist sogar bei der Deutschen Lufthansa, der Deutschen Flugsicherung, der Air France und anderen Fluggesellschaften eingeführt.

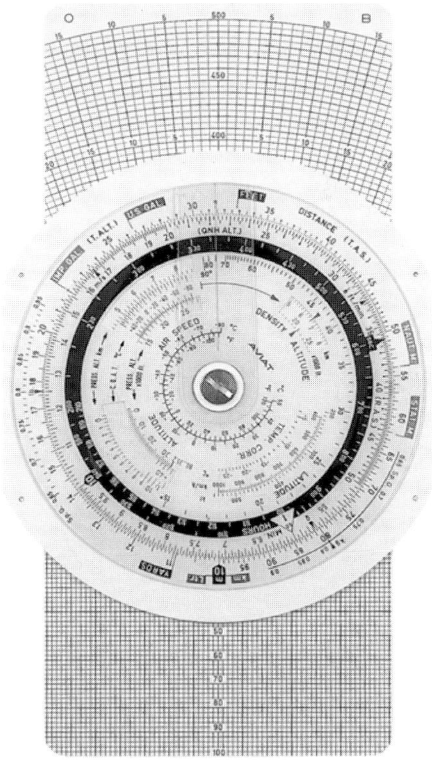

Abb. 2.3: Aristo Rechenscheibe Aviat 617 (Quelle: Eisenschmidt GmbH).

Folgende Berechnungen lassen sich mit dem Aviat 617 durchführen: Multiplikation, Division, Lösung von Geschwindigkeits-, Weg-, Zeit- und Brennstoffverbrauchsaufgaben,

Bestimmung der wahren Eigengeschwindigkeit, der wahren Höhe und Dichte-Höhe, der Schallgeschwindigkeit, der Machzahl, Lösung barometrischer Navigationsaufgaben.

Die Umrechnung von metrischen in angelsächsische Maßeinheiten, von Flüssigkeits- in Gewichtseinheiten sowie von °C in °F (und umgekehrt) ermöglichen Marken und Sonderskalen. Alle Winddreiecksaufgaben werden nach dem Sinussatz in einem rechnerischen Verfahren gelöst. Die Ergebnisse von Winddreiecksaufgaben werden grafisch mit dem Diagrammschieber gefunden.

Nicht unmittelbar zu den Navigationsgeräten gehört ein Kniebrett, das hier aber dennoch als praktisches Hilfsmittel während des Fluges erwähnt werden muß. Das unten abgebildete Kniebrett besteht aus Aluminium, ist aufklappbar und kann am Oberschenkel befestigt werden.

Abb. 2.4: Kniebrett Aerodina 874 A (Quelle: Eisenschmidt GmbH).

Elektronische Navigationsgeräte

Zu den elektronischen Navigationsgeräten für die Flugplanung zählen vor allem Flugrechner und Handheld-GPS-Empfänger, die neben einem mobilen Einsatz auch am Steuerhorn oder am Panel des Flugzeuges mit besonderen Einbausätzen befestigt werden können.

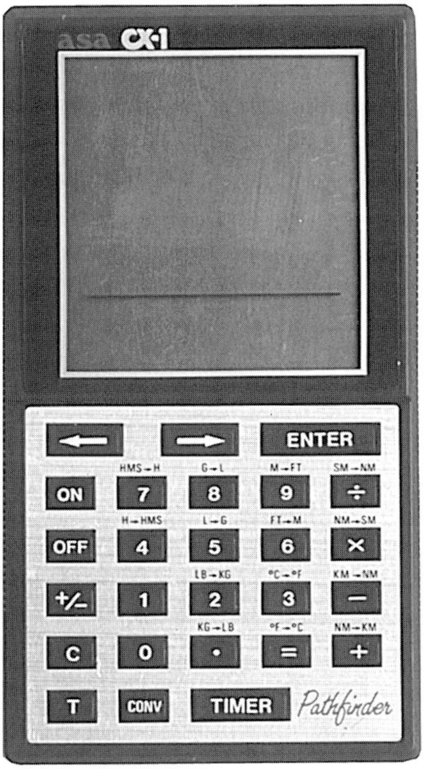

Abb. 2.5: CX-1 Pathfinder von asa (Quelle: Eisenschmidt GmbH).

Fest eingebaute GPS-Empfänger (meist in Verbindung mit Flugmanagementsystemen) gehören nicht unmittelbar zu den elektronischen Flugplanungshilfen im Sinne dieses Handbuchs. Trotzdem soll anhand eines Beispiels nach den Informationen über Flugrechner und mobile GPS-Empfänger das Prinzip der Datenbanken und ihrer Inhalte vorgestellt werden.

Elektronische Flugrechner

Für viele General-Aviation-Piloten in den USA ist der *Pathfinder* (Abb. 2.5) wegen seiner überragenden Möglichkeiten und Ausstattungsmerkmale seit vielen Jahren einer der technologisch fortschrittlichsten Flugrechner.

Das Leistungsspektrum des Rechners umfaßt alle fliegerischen Parameter für Flugvorbereitung, Flugdurchführung und Flugdatenberechnungen, 18 programmierte Berechnungsformeln, wahlweise metrische oder angelsächsische Arbeitsmodi sowie Funktionen als Taschenrechner, Countdown-Timer und Stoppuhr.

Ein aktuelles Flugrechner-Modell mit PC-Anbindung und Organizerfunktionen ist der *Techstar Pro* von Jeppesen. Neben typischen Berechnungen fliegerischer Daten sind bei diesem Modell Organizerfunktionen wie Adressen, Zeitplanung, Kalendarien und Flugkostenkontrollen gleichrangig implementiert. In den USA ist dieser Rechner bei FAA-Prüfungen zugelassen. Leider gibt es nur eine englische Bedienungsanleitung.

Abb. 2.6: Techstar Pro von Jeppesen mit fliegerischen Berechnungen und Organizer-Funktionen (Quelle: Eisenschmidt GmbH).

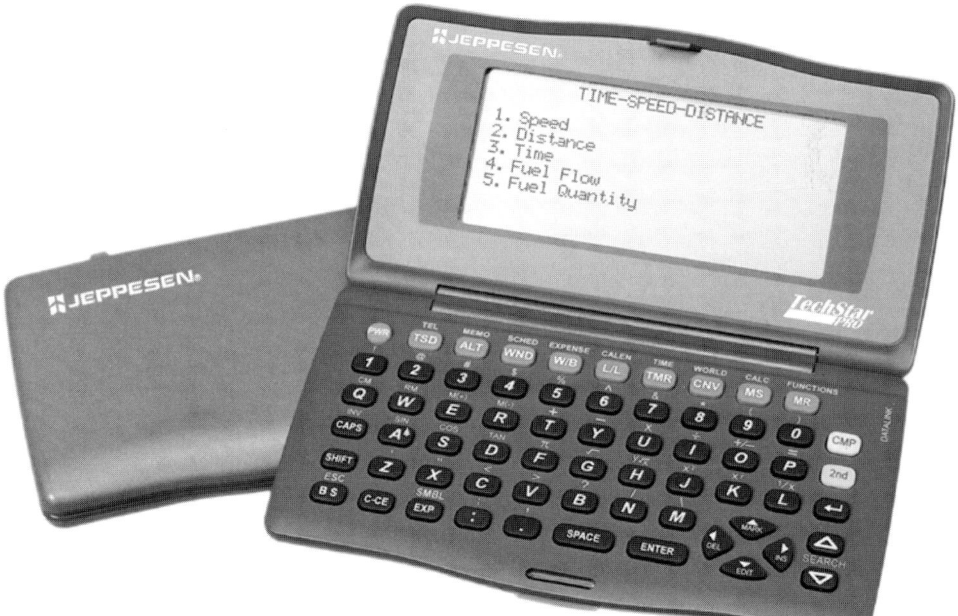

GPS-Empfänger

Garmins *GPSMap 195* ist ein 12-Kanal-Parallelempfänger mit integrierter Jeppesen Datenbank, die Daten über Flugplätze, VORs, NDBs, Intersections, Lufträume, Landebahnen, Frequenzen und Anflugpunkten enthält.

Abb. 2.7: Garmin GPS-Handheld-Empfänger GPSMap 195 (Quelle: Eisenschmidt GmbH).

Zusätzlich ist eine topographische Datenbank mit vielen Details wie z.B. Seen, Flüssen, Bahnstrecken, Küstenlinien und Hauptstraßen verfügbar. Bedient wird das Gerät über Pfeil- und Funktionstasten.

Mit 250 Wegpunkten und 20 Routen mit bis zu 30 Wegpunkten sind selbst komplexe Flugrouten problemlos speicherbar. Neben einer Ledertasche und einem Zigarettensteckdosenadapter gehören eine Steuerhornhalterung, eine abnehmbare Antenne und ein Saugnapf zum Lieferumfang.

Der farbige GPS Empfänger *Skyforce Skymap III C* (Abb. 2.8) kann portabel oder eingebaut verwendet werden. Der 8-Kanal-Parallelempfänger hat einen hochauflösenden TFT-Bildschirm. Integriert sind eine Jeppesen EUR Datenbank (Europa) und eine zusätzliche topografische Datenbank mit Küstenlinien, Städten, Stadtgrenzen, Hauptstraßen, Bahnstrecken, Flüssen, Seen.

Abb. 2.8: Sykforce Skymap III C (Quelle: Eisenschmidt GmbH).

Die Menüführung ist Deutsch, Englisch oder Französisch. 500 Wegpunkte und 99 Routen mit bis zu 99 Punkten können gespeichert werden, 25 eigene Flugplätze sind programmierbar. Betrieben wird das GPS-Gerät über Strom-Datenkabel oder Zigarettenanzünder-Adapter.

GPS-Datenbanken

GPS Navigation - Database

Wer vorwiegend Sonderlandeplätze anfliegt, braucht nicht unbedingt eine Database. Allerdings muß der Pilot alle Waypoints mit den zugehörigen Koordinaten manuell eingeben. Eine Eingabe während des Fluges ist umständlich und schwierig.

Es gibt festprogrammierte Databases und vom Benutzer zu wechselnde Datacards. Hauptanbieter bei per Abonnement aktualisierbaren Datacards ist Jeppesen. Eine festprogrammierte Database muß durch eine Fachwerkstatt gewechselt werden.

Jeppesen NavData Services für GPS-Empfänger

Jeder, der mit Luftfahrt zu tun hat, kennt die weltweit in der Verkehrsluftfahrt, Geschäfts- und Privatfliegerei verwendeten Jeppesen Airway Manuals, in denen Luftfahrtinformationen über nahezu alle Flughäfen, Flugstrecken, Funkfeuer usw. veröffentlicht und regelmäßig aktualisiert werden. Die gleichen Daten im einheitlichen Datenformat nach ARINC 424 (weltweiter Standard für Navigations-Datenbanken) sind seit einigen Jahren auch auf Speicherkarten erhältlich, den *Jeppesen NavData-Cards*, die auf bestimmte GPS-Empfänger-Typen einiger GPS-Hersteller abgestimmt sind und alle 28 Tage aktualisiert werden.

Die Speicherkarten werden in die GPS-Empfänger eingeschoben und aktiviert. Nun kann sich der Anwender die Daten, die er für die Planung oder Durchführung seines Fluges benötigt, auf sein GPS-Display holen. NavData-Cards sind für bestimmte GPS-Empfänger von Garmin, Trimble, ARNAV und Magellan für verschiedene Gebiete der Welt erhältlich. Beispiele:

- **America Service**
  USA, Canada, Alaska, Hawaii, Mittel-Amerika, Süd-Amerika und die Karibik.
- **International Service**
  Hier sind alle Gebiete der Welt enthalten, die nicht im America Service gespeichert sind.
- **Worldwide Service**
  Der weltweite Service besteht aus dem America- und dem International Service.

Inhalte der NavData-Services

Die NavData-Services können folgende Luftfahrtinformationen (alphabetische Reihenfolge) enthalten:

- An- und Abflugverfahren (SID/STAR, Waypoint Sequenz)
- Beschränkter Luftraum
- Flughäfen
- IFR-Anflüge inkl. GPS-gestützte Anflugverfahren
- ILS Einrichtungen
- Kontrollierter Luftraum
- NDB Navigationsanlagen

- Sprechfunkfrequenzen Enroute
- Sprechfunkfrequenzen Flughäfen
- Start-/Landebahnen
- VHF Navigationsanlagen
- Warteschleifen
- Waypoints/Intersections

Die tatsächliche Datentypen-Auswahl und Zusammenstellung der Daten-Inhalte werden von den jeweiligen GPS-Empfänger-Herstellern in Absprache mit Jeppesen festgelegt und können je nach Herstellersystem unterschiedlich sein.

Datenaktualisierung

NavData-Cards werden alle 28 Tage aktualisiert (ICAO AIRAC-Cycle). Auf den Cards ist die 28-Tage-Periode (Gültigkeitsdauer) aufgedruckt. Zusätzlich zeigen die GPS-Systeme ein Überschreiten des Datenkarten-Gültigkeitsdatums auf ihrem Display bei Aktivierung der Karten an (Database expired). Im Interesse der Flugsicherheit empfiehlt Jeppesen, ein Update-Abonnement abzuschließen, um regelmäßig die aktuellen Daten zur Verfügung zu haben.

Abb. 2.9: Bendix/King Datacard (von Jeppesen) für das Bendix/King GPS-NAV-System KLN 900. Die Database kann vom Piloten über Datacards aktualisiert werden (Quelle: Bendix/King).

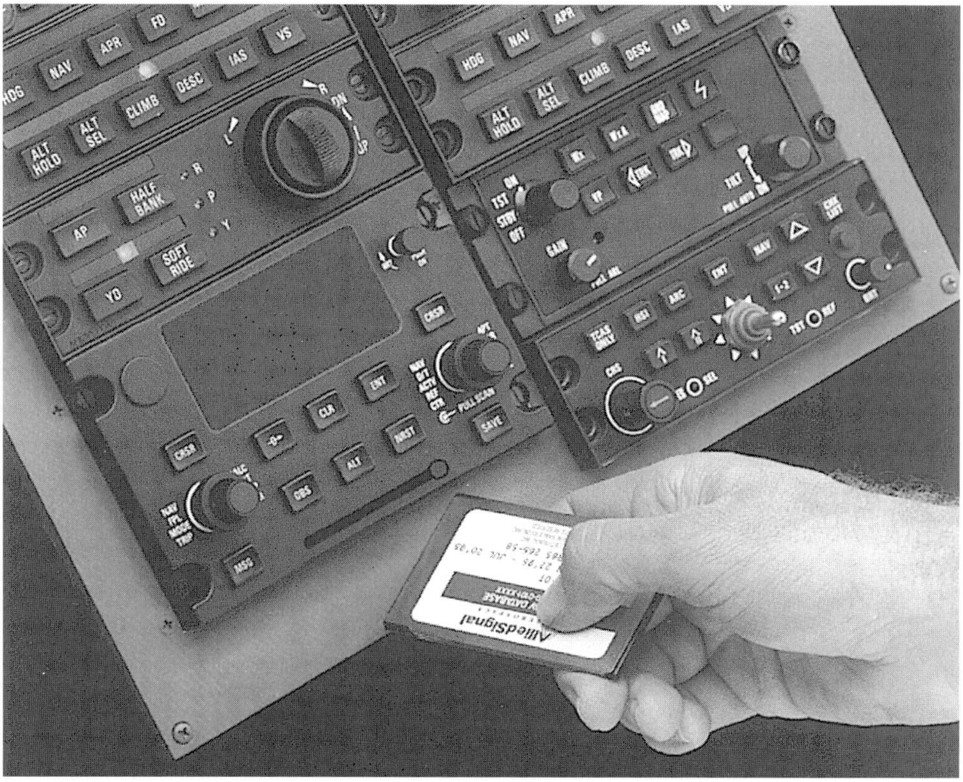

Flugplanungssoftware

Vor etwa 15 Jahren waren Flugplanung und Flugvorbereitung noch mühsame und zeitaufwendige Prozeduren, die jeder durchstehen mußte, der einen größeren Überlandflug machen wollte. Eine ordentliche Flugplanung setzt akribische Detailarbeit und vor allem fliegerisches Wissen voraus. Das präzise Planen und Berechnen von Strekken war wegen der Mühsal zumindest in früheren Zeiten nicht jedermanns Sache.

So traf man relativ oft Piloten, die allenfalls mit einer AIP-Anflugkarte für den Zielflugplatz und hoffnungslos veralteten ICAO-Karten 1:500.000 ausgerüstet enroute gingen.

Nachdem aber die ersten elektronischen Flugrechner auf dem Markt erschienen, der PC seinen Siegeszug antrat und sukzessive auch fliegerische Software verfügbar war, konnte sich keiner der saloppen Flieger mehr mit unzureichenden Flugvorbereitungen mangels Zeit herausreden.

Heute ist das Angebot an elektronischen Flugrechnern und an Flugplanungssoftware so groß, daß alle individuellen Wünsche nach einer optimalen Lösung flugplanerischer Aufgaben befriedigt werden können.

In den folgenden Portraits werden einige der heute erhältlichen Softwarepakete für Flugplanung und Flugdurchführung in kurzen Texten und beispielhaften Abbildungen (Screenshots) der wichtigsten Leistungsdaten vorgestellt.

Abb. 2.10: Kartenausschnitt der ICAO-Karte Frankfurt mit aktiviertem Flugplatz auf der Wasserkuppe und eingeblendetem Positionsfeld (Quelle: Flight Planner, Ifos).

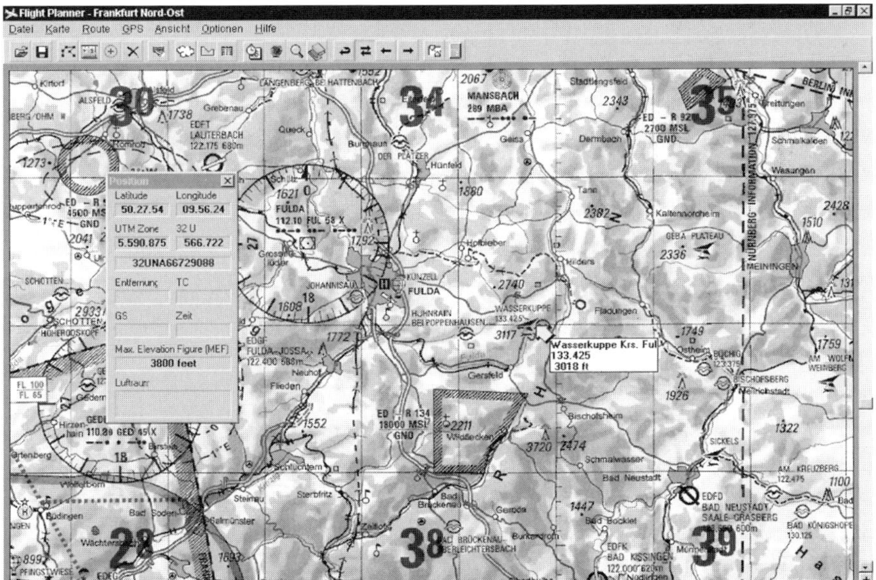

Flight Planner

Der *Flight Planner 4.0* des Darmstädter Softwarehauses Ifos wurde von uns für die Flugplanung der in Kapitel 3 vorgestellten beiden Flüge ausgewählt, da uns die schnörkellose Konzeption, die auch per Internet erhältlichen Karten- und Daten-Updates sowie die problemlose GPS-Anbindung überzeugten.

Der Flight Planner ist eine elektronische Form der bekannten ICAO-Karte. Er nimmt die mühsame Arbeit der Entnahme von Koordinaten und Entfernungen aus der gedruckten Karte ab. Durch einfaches Anklicken mit der Maus kann man Entfernungen und Kurse bestimmen, Routen planen sowie Winddreiecke und Weight-and-Balance-Daten berechnen.

Durch die einfache und schnelle Bedieneroberfläche ist es möglich, schnelle „Was-wäre-wenn“-Alternativen auszuprobieren: Wie ändern sich Kurse und Geschwindigkeiten, wenn der Wind nicht aus Nordost sondern aus Südwest kommt? Wie lange dauert ein Umweg um eine Kontrollzone? Reicht der Treibstoff noch für einen Abstecher zu einem interessanten Ziel?

Solche Probleme können mit dem Flight Planner, im Gegensatz zu manuellen Berechnungen mit der ICAO-Karte und dem Taschenrechner, in Echtzeit schnell gelöst werden.

Programmbasis ist eine gescannte ICAO-Karte. Es kann aber auch jede beliebige Karte in jedem anderen Maßstab verwendet werden. Eine Datenbank mit Daten über Flugplätze, VORs, NDBs und sonstige topographische Punkte ergänzt die Karte.

Da der Flight Planner in Kapitel 3 ausführlich bei der Planung und Durchführung eines Inland- und eines Auslandsfluges vorgestellt wird, können hier weitere Details vernachlässigt werden.

Abb. 2.11: Luftfahrtkarte 1:500.000, hier mit Darstellung mehrerer Trackaufzeichnungen (Quelle: Pilot´s Workshop VFR, Riedel).

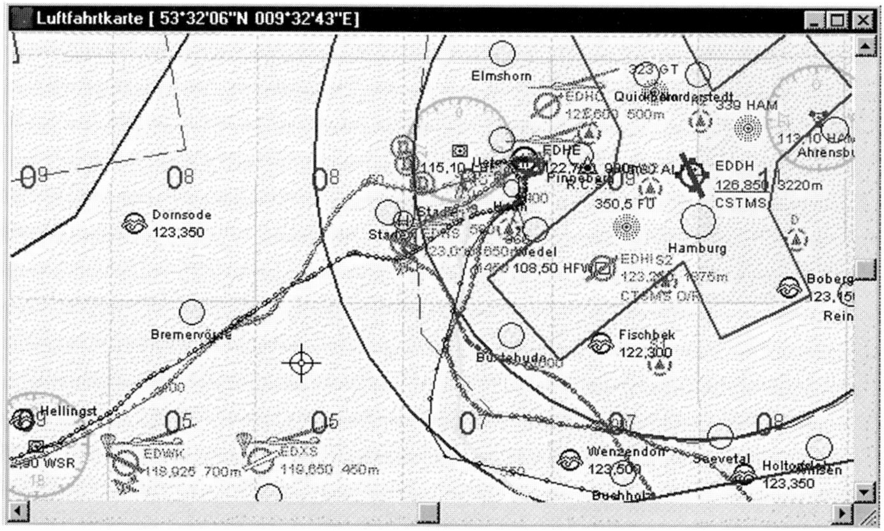

Pilot´s Workshop VFR

Auch *Pilot's Workshop VFR* bietet eine schnelle und sichere Flugplanung mit dem Komfort der graphischen Oberfläche von MS Windows. Das Programm ist gedacht zur professionellen Vorbereitung und Planung von Flügen nach Sichtflugregeln. Der Erfolg dieser Software basiert auf dem Funktionsumfang, der hohen Flexibilität und der sehr gut strukturierten deutschsprachigen Bedienerführung.

Zu den Anwendern von Pilot's Workshop VFR gehören Privatpiloten, Berufspiloten im Werksverkehr sowie Luftfahrtunternehmen und Executive-Services, die einmotorige und zweimotorige Flugzeuge mit bis zu 5 Sitzreihen sowie Hubschrauber einsetzen. Die Berechnung der erforderlichen Start- und Landestrecke ist ein oft vernachlässigter Bestandteil der Flugplanung. Bei der Berechnung mit Pilot´s Workshop VFR wird berücksichtigt, daß gerade in den Handbüchern für Leichtflugzeuge nur knappe Angaben vorhanden sind. Die Berechnung stützt sich hier auf eine Empfehlung des Luftfahrt-Bundesamtes, um die verschiedenen erforderlichen Zuschläge für Temperatur, Bahnneigung und Bahnbeschaffenheit einzubeziehen.

Die Abbildung 2.12 zeigt das Dialogfenster zur Startstreckenberechnung (Landestreckenberechnung in einem separaten Dialogfenster).

Abb. 2.12: Startstreckenberechnung (Quelle: Pilot´s Workshop VFR, Riedel).

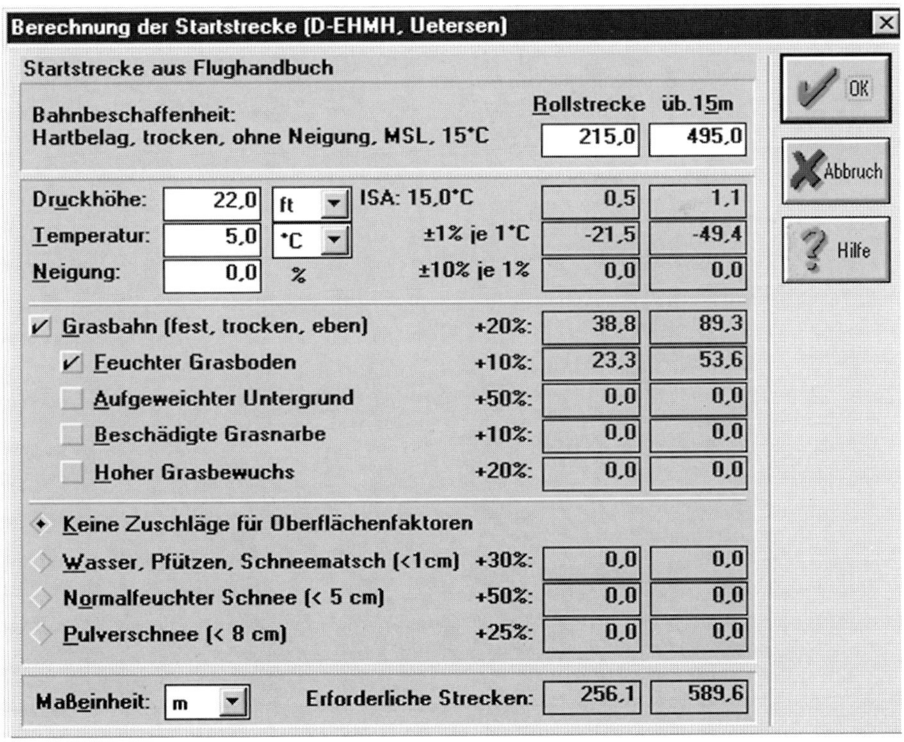

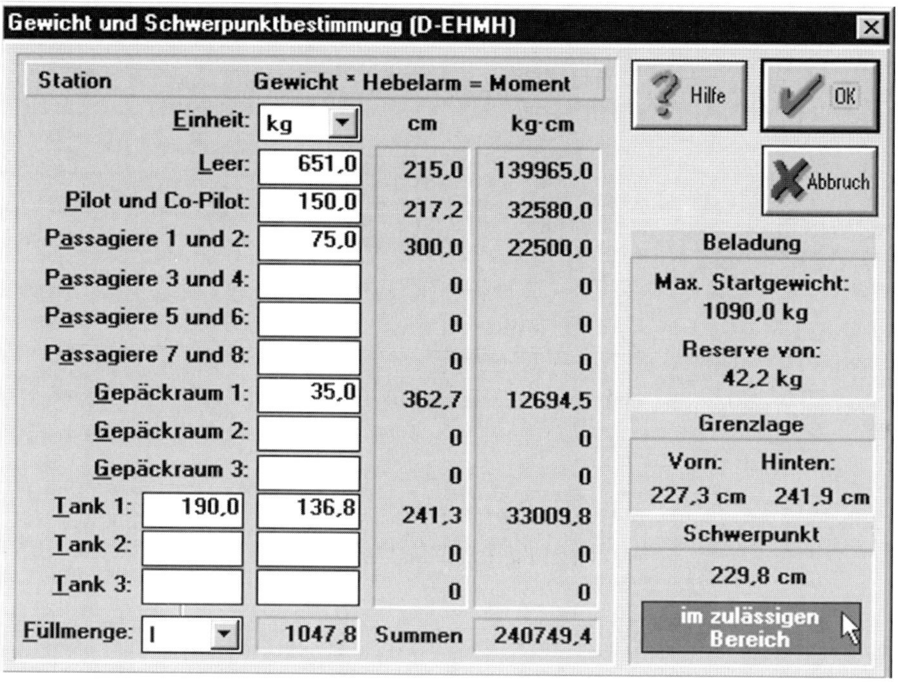

Abb. 2.13: Gewicht und Schwerpunktbestimmung (Quelle: Pilot´s Workshop VFR, Riedel).

Eine Besonderheit von Pilot's Workshop VFR ist die Luftfahrtkarte, in der die geplanten Flugstrecken und GPS-Flugwegaufzeichnungen dargestellt werden können. Über Drag & Drop können auf einfachste Weise Wegpunkte gewählt und in einen Flugdurchführungsplan eingefügt werden. Als Wegpunkt kann eines der vorhandenen Objekte (Flugplatz, NAV-Anlage, etc.) definiert werden.

Man kann einen RNav-Vektor bestimmen oder sogar irgendwo in der Landschaft einen Wegpunkt erzeugen. Die Karte kann auch ausgedruckt werden. So hat man eine Übersichtskarte zur Verfügung, auf der wahlweise die gesamte Flugstrecke oder ein Streckenabschnitt sichtbar ist.

Über die Wegpunktliste wird die gesamte Flugstrecke vom Start- bis zum Zielflugplatz und wahlweise weiter bis zum Ausweichflugplatz definiert.

Die Abbildung 2.14 zeigt die zweizeilige Ansicht der Wegpunktliste. Welche der verfügbaren Felder in die Wegpunktliste aufgenommen werden sollen, können per Drag & Drop festgelegt werden. Darüber hinaus kann jeder Flugdurchführungsplan individuell gestaltet werden.

Flugvorbereitungsprogramm von K.D. Redeker

Das Programm von Dipl. Ing. Klaus-Dieter Redeker ist eine Weiterentwicklung einer seit 1993 verbreiteten DOS-Version. Mit dem Programm können Flüge grafisch oder interaktiv geplant werden.

WAYPOINT ICAO	QNH COAT	MSA ELEV	FL ALT	CONS R.FUEL	TAS TC	WS WD	WCA VAR	DEV CH	LEG R.DIST	GS EET	R.ETE ETO
Uetersen	1013,25			8					0		01:25
EDHE	15,0	22	22	179			-1		141	00:00	00:00
R096 Elbe	1013,25	550		2	86	16	-6	0	4	92	01:23
LBE	12,5	50	1292	177	276	155	0	270	138	00:02	00:02
Steigflug beenden	1013,25			6	86	19	-6	0	7	68	01:16
	6,1		4500	170	187	159	0	181	130	00:06	00:08
R007 Nienburg	1013,25			22	113	24	-5	0	55	91	00:40
NIE	6,1		4500	148	187	164	0	183	75	00:36	00:45
Rheine-Bentlage GAM	1013,25	632		25	110	16	-8	0	75	112	00:00
ETHE	14,8	132	132	123	255	155	-1	247	0	00:40	01:25

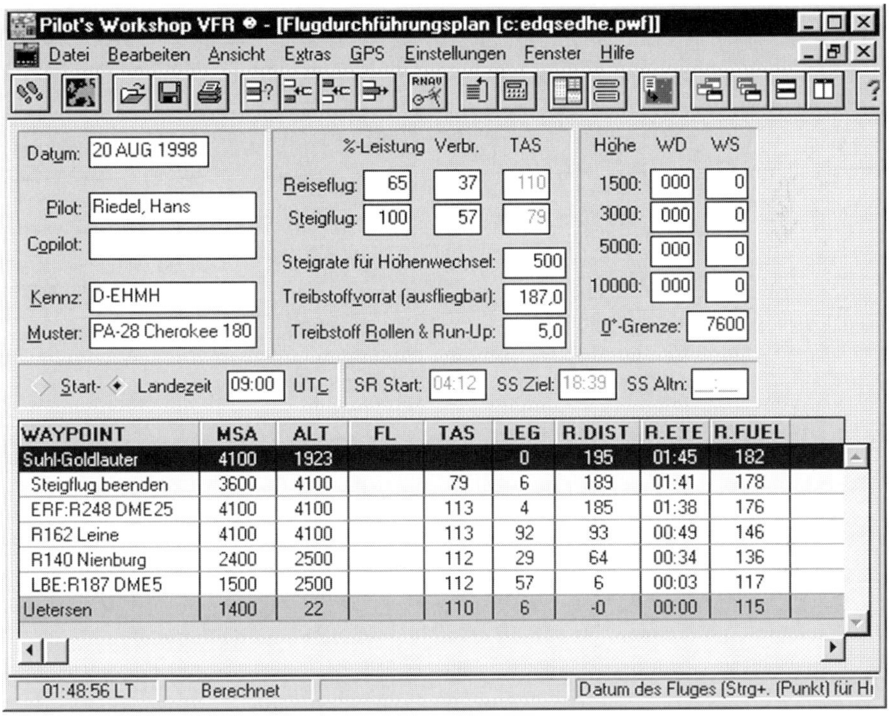

Abb. 2.14 (oben): Zweizeilige Waypointliste (Quelle: Pilot´s Workshop VFR, Riedel).

Abb. 2.15 (unten): Flugdurchführungsplan (Quelle: Pilot´s Workshop VFR, Riedel).

Während der grafischen Kurseingabe zieht man die Kursstriche einfach mit der Maus in eine Karte auf dem Bildschirm. Wer sofortige Ergebnisse bevorzugt, wählt die Eingabe in Form einer interaktiven Tabelle. Hierbei erstellt das Programm eine Grafik. Vorteilhaft bei dieser Software ist der sehr schnelle Bildaufbau durch die Verwendung von Vektorgrafik. Dadurch läuft das Programm auch auf älteren PCs problemlos.

Leistungsfähige Funktionen helfen bei der schnellen Auswahl von Kartenausschnitten. Ein- und ausblendbare Navigationspunkte

(Landeplätze, Funkfeuer, Intersections, Meldepunkte usw.) sorgen dafür, daß die Planung immer übersichtlich bleibt. Die Navigations-Datenbank kann selbst aktualisiert werden. So ist man unabhängig von regelmäßigen Updates.

Einmal erstellte Flugdurchführungspläne können beliebig oft geändert, erweitert und automatisch berechnet werden. Je Streckenabschnitt werden der Kartenkurs, der Kompaßkurs, die Entfernung, die Geschwindigkeit über Grund, die voraussichtliche Flugdauer und der voraussichtliche Benzinverbrauch unter Berücksichtigung von Steigflügen, Anlassen und Rollen separat berechnet. Optional können Flughöhen unter Berücksichtigung der Halbkreisflugregeln vorgegeben und geprüft werden.

Bei der Weight-and-Balance-Berechnung werden das Start- und Landegewicht sowie die zugehörige Schwerpunktlage interaktiv berechnet und grafisch dargestellt.

Der Flugplanausdruck ist in drei verschiedenen Formaten mit Voransicht möglich, darunter auch als kompakte A5-Liste.

Weitere Softwaremerkmale:

- Konvertierung des Flugdurchführungsplanes für die Übertragung in einem GPS-Empfänger (Garmin)
- Alle Eingaben und Ergebnisse wahlweise in angelsächsischen oder metrischen Maßeinheiten (km-NM-MI, m/s-ft/min, Liter-Gallons)
- Datenbanken mit Navigationspunkten (Airports, Landeplätze, Sonderlandeplätze, VORs, NDBs, Meldepunkte, Intersections) sowie Zonen und Ländergrenzen für Deutschland

Abb. 2.16: Gewicht und Schwerpunktbestimmung (Quelle: Flugvorbereitungsprogramm, Redeker).

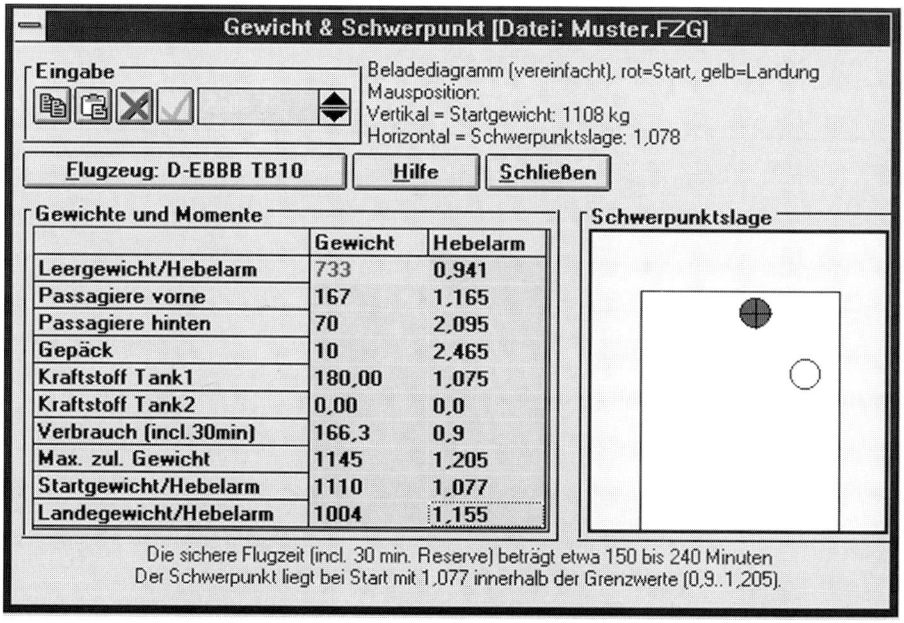

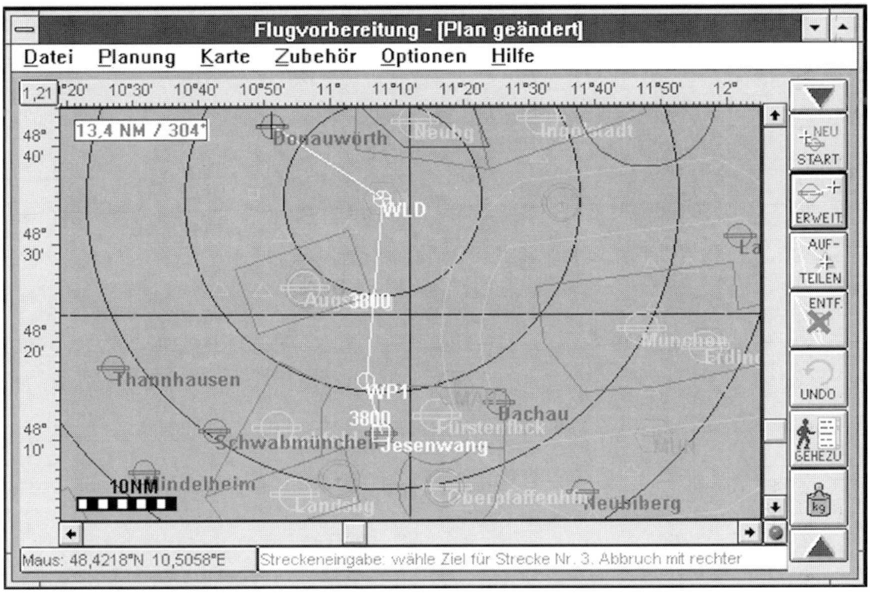

Abb. 2.17: Flugvorbereitungsfenster (Quelle: Flugvorbereitungsprogramm, Redeker).

- Datenbanken für alle wichtigen Länder Europas verfügbar, individuell und gebietsweise ladbar
- Alle Daten können mit den im Programm enthaltenen Hilfsmitteln (z.B. grafischer Zonen-Editor) selbständig aktualisiert und erweitert werden
- Ausführliches Hypertext-Hilfesystem

Eine Testversion mit Freischaltung bei Kauf ist erhältlich über die Webpage http://home.t-online.de/home/K-D.Redeker/descrip.htm.

PreFlight 3.0

Bei der Software *PreFlight 3.0* kann man die geplante Flugstrecke per Mausklick auf eingescannten Karten (weltweit), in der europaweiten Vektorgrafik und per Tastatur eingeben. Nach Eingabe des Start- und des Zielflugplatzes wechselt man zur Kartendarstellung in Vektorgrafik und sieht sofort den vollständigen Flugweg mit allen umliegenden Flugplätzen, Funkfeuern und Pflichtmeldepunkten.

Reicht die Genauigkeit der Vektorgrafik nicht aus, dann legt man für die abschließende Detailplanung eine eingescannte Karte hinter die Vektorgrafik. Man kann fertig eingescannte ICAO-Karten kaufen oder die Karten selbst einscannen.

In Verbindung mit einem Garmin GPS III, GPS 55 AVD, 95XL, GPS 100 oder dem GPS Map 195 macht PreFlight die Navigation besonders einfach. Ohne weitere Software in Anspruch nehmen zu müssen, werden die Flugstrecken von der PreFlight-Software direkt in den GPS-Empfänger übertragen. GPS-Daten können natürlich auch in das Programm übernommen werden.

Über die NMEA-Schnittstelle können praktisch alle entsprechend ausgerüsteten GPS-Empfänger mit PreFlight verbunden werden, um während des Fluges Daten über Position, Zeit und Geschwindigkeit aufzuzeichnen. Bei Garmin-Geräten wird außerdem noch die Flughöhe gespeichert.

Bei Bedarf liefert PreFlight einen automatisch ausgefüllten Flugplan, der nachträglich noch manuell geändert werden kann (Abb. 2.19). Mit einem Fax-Druckertreiber kann man das Formular auch direkt zur Flugsicherung übertragen, wenn die erforderliche Unterschrift vorher in den PC eingescannt worden ist.

Gespeicherte Orts- und Flugzeugdaten in Datenbanken können modifiziert und erweitert werden. Die Ortsdaten für die Regionen Deutschland, Schweiz, Österreich und BeNeLux sind bereits mit allen Pflichtmeldepunkten ausgestattet.

Bei den Updates kann man die Häufigkeit (1-12 mal pro Jahr oder einmaliges Update) und die Regionen, für die man eine Aktualisierung wünscht, frei wählen.

Die wichtigsten Funktionen in Kurzform:

- Flugdurchführungsplan
- Direkte Schnittstelle zu Garmin-GPS
- Direkte NMEA-Schnittstelle zur Erfassung von Flugdaten
- Automatisch erstellter Flugplan
- Konfigurierbares Autorouting
- Start- und Landestreckenberechnung
- Treibstoffverbrauchsberechnungen
- Weight-and-Balance-Berechnungen
- Erweiterbare Flugzeug- und Ortsdatenbank
- Wählbare Updatemöglichkeiten

Abb. 2.18: Flugstreckenverlauf mit GPS-Kursaufzeichnung (Quelle: PreFlight, Lüdert).

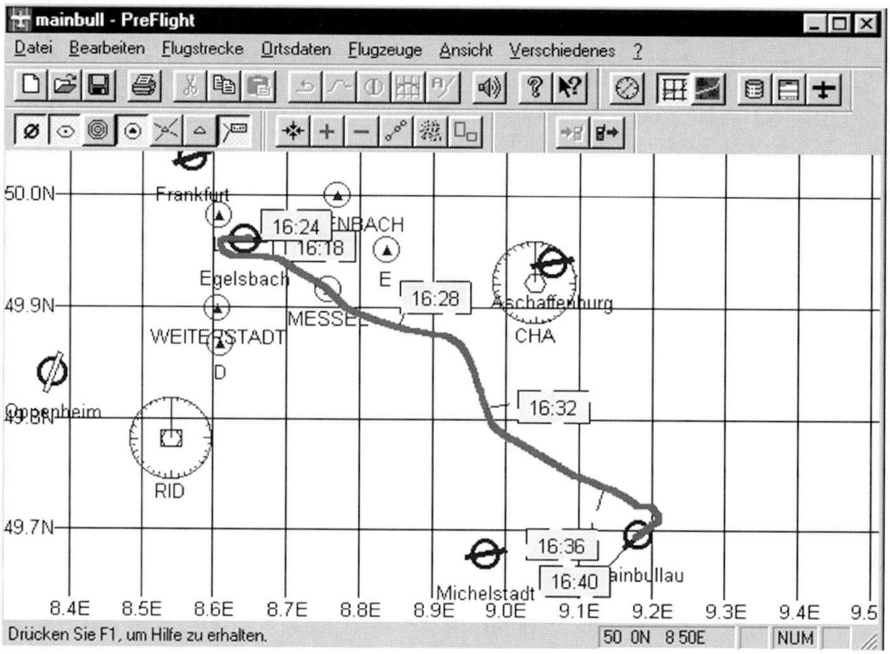

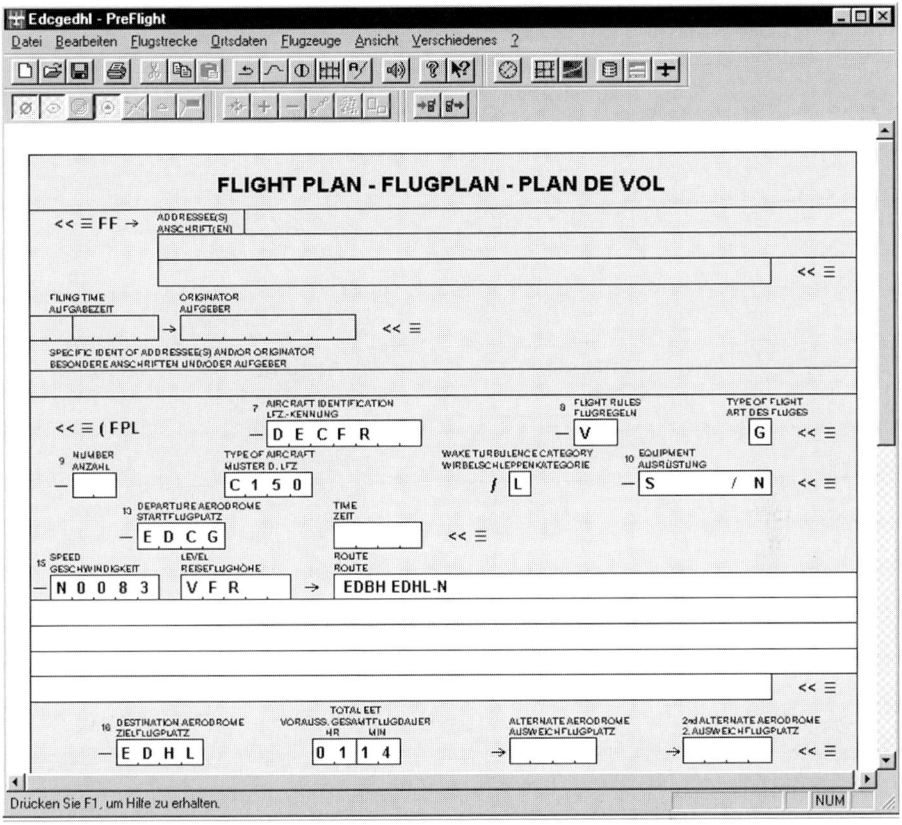

Abb. 2.19: Flugplaneingabefenster (Quelle: PreFlight, Lüdert).

Resumée

Die zur Zeit angebotene Flugplanungssoftware ist durchweg komfortabel, übersichtlich und bedienerfreundlich aufgebaut. Gravierende Unterschiede gibt es kaum noch. Fast alle Programme arbeiten mit eingescannten ICAO-Karten und sogar mit Anflug- und Lagekarten von Flugplätzen (Flight Planner). Auch eigene Karten kann man scannen und in die Software integrieren.

Bei den Datenbanken bieten nahezu alle Programme mehr oder weniger komfortable Update-Möglichkeiten. Eine zeitgemäße Lösung liefert u.a. der Flight Planner, bei dem die Updates direkt aus dem Internet geladen werden können.

Da alle Programme uneingeschränkt gut arbeiten, dürfte die Entscheidung für ein bestimmtes Programm lediglich eine Frage des persönlichen Geschmacks hinsichtlich der Bildschirm-Darstellungen und der Bedienungsmerkmale sein. Hier hilft letztlich nur das Ausprobieren mit Testversionen.

Wer einen Flug nach Egelsbach nicht scheut, kann sich dort z.B. bei dem Luftfahrtbedarfshandel Eisenschmidt alle Programme live ansehen und testen.

Luftfahrtpublikationen

Luftfahrthandbuch (AIP)

Das Luftfahrthandbuch (AIP, Aeronautical Information Publication) ist ein Sammelwerk und enthält alle für die Luftfahrt wichtigen Bestimmungen und Informationen. Es ist in deutscher und englischer Sprache abgefaßt und gegliedert in das AIP (3 Ordner) und das AIP VFR (2 Ordner). Das AIP enthält z.Zt. folgende Abschnitte:

Teil I

- GEN > Allgemeines (General)
- AGA > Flugplätze (Aerodromes)

Teil II

- COM > Flugfernmeldewesen (Aeronautical Telecommunication Services)
- MET > Flugwetterdienst (Aeronautical Meteorological Services)
- RAC > Luftverkehrsvorschriften und Flugsicherungsverfahren (Rules of the Air and Air Traffic Services)
- FAL > Erleichterungen für den internationalen Luftverkehr (Facilitation)
- SAR > Such- und Rettungsdienst (Search And Rescue)

Teil III

- ENROUTE > Verfügbare Luftfahrtkarten, Streckenkarte (Enroute Chart)
- TERMINAL > IFR-Einflug-, Anflug-, Abflugkarten (STAR, APP, SID)

Entsprechend den Vorgaben der ICAO wird der Inhalt der Luftfahrthandbücher in den kommenden Jahren neu geordnet und in die folgenden drei Kapitel unterteilt:

- GEN (General, Allgemeines)
- ENR (En-Route, Streckeninformationen)
- AD (Aerodrome, Flugplatzinformationen)

AIP VFR

Das AIP VFR ist ein Ergänzungsband zum Luftfahrthandbuch AIP, herausgegeben speziell für die Durchführung von Flügen nach den Sichtflugregeln (VFR). Es enthält in alphabetischer Reihenfolge die Sichtan- und -abflugkarten, Flugplatzkarten, Flugplatzdaten und Flugplatzregelungen für Flughäfen, Landeplätze, Militärflugplätze mit ziviler Mitbenutzung und zusätzlich Hubschrauberlandeplätze. In einem Textteil sind Auszüge aus dem AIP, soweit sie für die Durchführung von VFR-Flügen wichtig sind, sowie zusätzliche Informationen veröffentlicht. Dem AIP VFR liegen die Streckenkarte für den unteren Luftraum und das VFR-Bulletin bei.

AIP-Nachträge (AIP AMD)

In der Luftfahrt gibt es ständig Änderungen (z.B. Änderung von An- und Abflugverfahren, Änderung von Frequenzen, Verlängerung oder Verkürzung einer Start- und Landebahn usw.). Deswegen müssen Texte und Karten im Luftfahrthandbuch immer wieder berichtigt werden. Die Berichtigungen zum Luftfahrthandbuch werden als Nachträge im Abstand von vier Wochen herausgegeben.

Dem Deckblatt der jeweiligen Berichtigung ist zu entnehmen, welche AIP-Seiten auszutauschen bzw. neu einzufügen sind. Änderungen werden auf den Austauschblättern durch einen senkrechten schwarzen Strich, auf den Karten durch einen Hinweis am Kartenrand gekennzeichnet.

Abb. 2.20: Luftfahrthandbuch AIP VFR mit Registerblättern (Quelle: DFS).

AIP-Ergänzungen (AIP SUP)

AIP-Nachträge enthalten nur Änderungen, die von langer Dauer sind. Ist dagegen eine Änderung nur vorübergehend (z.B. vorübergehende Änderung der An- und Abflugverfahren aufgrund einer Luftfahrtschau, vorübergehende Einrichtung eines Flugbeschränkungsgebietes für die Durchführung einer militärischen Übung), werden zusätzlich Ergänzungen (Supplement, SUP) zur AIP herausgegeben. Bei diesen AIP-SUPs handelt es sich in der Regel um:

- Veröffentlichungen mit einer Gültigkeit von 3 Monaten oder mehr

- Veröffentlichungen, die Karten beinhalten, auch bei einer Gültigkeit von weniger als 3 Monaten

- Veröffentlichungen mit überlangem Text

AIP-Ergänzungen werden auf vorzugsweise gelbem Papier gedruckt, mit Laufnummer und Jahr versehen und für den Zeitraum ihrer Gültigkeit dem angegebenen AIP-Teil zugeordnet. AIP-Ergänzungen, die nur den VFR-Flugverkehr betreffen, werden mit der Abkürzung AIP SUP VFR bezeichnet.

Nachrichten für Luftfahrer (NfL)

NfL ist ein amtliches Mitteilungsblatt und veröffentlicht Anordnungen sowie wichtige Informationen und Hinweise für die Luftfahrt in deutscher Sprache. Es gibt 2 Teile:

Teil I (NfL I)

Teil I enthält Anordnungen, wichtige Informationen und Hinweise, soweit sie für die Durchführung des Flugbetriebes von Bedeutung sind, mit folgenden Themen:

- Flugplätze
- Flugsicherungsbetriebsdienste
- Flugwetterdienst
- Luftverkehrsvorschriften
- Flugsicherungsverfahren
- Luftraumstruktur
- Flugbeschränkungen und Gefahren
- Einflugbestimmungen
- Such- und Rettungsdienst
- Luftfahrtkarten

Teil II (NfL II)

Teil II enthält Anordnungen, wichtige Informationen und Hinweise, soweit sie Luftfahrtgerät und Luftfahrtpersonal betreffen und nicht in die NfL I einzuordnen sind:

- Registrierung von Luftfahrzeugen
- Musterzulassung
- Lufttüchtigkeit
- Ausbildung und Lizensierung von Luftfahrtpersonal
- Betrieb von Luftfahrzeugen
- Flugunfalluntersuchung
- Fliegertauglichkeit
- Luftfahrttechnische Betriebe

Die Nachrichten für Luftfahrer erscheinen 14-tägig und werden für jedes Jahr fortlaufend nummeriert, z.B. NfL I - 22/95.

Luftfahrtinformationsrundschreiben (AIC)

Als Luftfahrtinformationsrundschreiben (AIC) werden Informationen für die Luftfahrt bekanntgemacht, die weder im Luftfahrthandbuch noch als NOTAM zu veröffentlichen sind, deren internationale Verbreitung jedoch aufgrund der internationalen Verflechtung auf dem Gebiet der Luftfahrt im rechtlichen und technischen Bereich oder im Interesse der Flugsicherheit wichtig erscheint.

Durch AIC werden künftige Entwicklungen (z.B. Frequenzbanderweiterung) beschrieben, Sicherheitshinweise gegeben (z.B. Beachtung von Lufträumen) und neue Verfahrenskonzepte (z.B. Einführung von Satellitennavigationssystemen) vorgestellt. Darüber hinaus veröffentlicht die DFS in regelmäßigen Abständen ein mehrseitiges AIC über die VFR-Regeln in Deutschland.

AICs sind in deutscher und englischer Sprache abgefaßt und erscheinen nach Bedarf.

NOTAM

Nicht immer kann man vier Wochen warten, bis Änderungen in Form von Nachträgen zum Luftfahrthandbuch oder als Nachrichten für Luftfahrer veröffentlicht werden. Zum Beispiel der Ausfall einer Funknavigationsanlage, die vorübergehende Schließung einer Start- und Landebahn oder die außerplanmäßige Aktivierung einer Kontrollzone machen es erforderlich, die Luftfahrt sofort zu informieren. Dies geschieht weltweit in Form von NOTAM, die über das Feste Flugfernmeldenetz (AFTN) verbreitet werden.

NOTAM werden im allgemeinen nur dann herausgegeben, wenn deren sofortige Verbreitung zur Gewährleistung eines sicheren, geordneten und flüssigen Flugbetriebes notwendig ist und eine rechtzeitige Bekanntgabe auf dem Postweg nicht sichergestellt werden kann.

Jedes NOTAM hat nur einen Gegenstand zum Inhalt, die Sprache ist Englisch. Dabei werden die in der internationalen Luftfahrt allgemein üblichen und im Luftfahrthandbuch veröffentlichten Abkürzungen verwendet. Ein NOTAM soll eine Gültigkeitsdauer von drei Monaten nicht überschreiten. Zeitlich befristet werden NOTAM mit Bezug auf AIP-Nachträge/Ergänzungen veröffentlicht, um auf für den Flugverkehr besonders wichtige Änderungen hinzuweisen.

NOTAM sind in die sechs Serien A, B, C, D, E, F unterteilt und werden beginnend mit 0001 am 1. Januar eines jeden Jahres fortlaufend numeriert.

Über die NOTAM-Serien A, B und C werden Informationen verbreitet, die nur den IFR-Flugverkehr im Bereich der Verkehrsflughäfen und anderer für den IFR-Flugbetrieb zugelassenen Flugplätze betreffen.

Die NOTAM der Serien D und E behandeln Informationen, die sich auf den VFR-Flugbetrieb von und zu allen Flughäfen und Landeplätzen (einschließlich der Hubschrauberlandebereiche) beziehen sowie Streckeninformationen und Navigationswarnungen mit ausschließlicher Bedeutung für den VFR-Flugbetrieb.

Als Serie F werden NOTAM über Streckeninformationen und Navigationswarnungen verbreitet, die nur auf Anforderung in eine Flugberatung aufgenommen werden sollen. Die für die VFR-Luftfahrt wichtigen NOTAM werden im VFR-Bulletin veröffentlicht.

VFR-Bulletin

Das VFR-Bulletin erscheint 14-tägig. Es enthält ausgewählte NOTAM und Informationen über Einrichtung, Zustand oder Veränderungen von Anlagen, Diensten, Verfahren oder Gefahren für die VFR-Luftfahrt innerhalb Deutschlands und über grenznahe Auslandsflugplätze, soweit sie für die Durchführung von Flügen nach Sichtflugregeln (VFR-Flüge) von Bedeutung sind. Das VFR-Bulletin ist folgendermaßen unterteilt:

- Flugwarnungen
- Nachträge zur Luftfahrtkarte ICAO 1:500.000
- Navigationsanlagen
- Streckeninformationen
- Vogelzug-Informationen
- Flugplätze
- Hubschrauberlandeplätze
- Grenznahe Auslandsflugplätze

Regionale sowie überregionale Informationen, insbesondere Flugwarnungen, werden auf einer Deutschlandkarte dargestellt und sind über Referenznummern mit dem Textteil verknüpft.

Mit dem VFR-Bulletin wird die Vorbereitung innerdeutscher VFR-Flüge vereinfacht. Nachträglich veröffentlichte NOTAM (die jeweils zuletzt berücksichtigten NOTAM-Nummern sind im VFR-Bulletin angegeben) sind als Nachtrag zum VFR-Bulletin über die Flugberatungsstellen zu erhalten (telefonisch, persönlich, Telefax).

Luftfahrtkarten

Luftfahrtkarten zeigen, je nach Erfordernis, Landschaftsmerkmale, Flugplätze, Lufträume, Flugsicherungsinformationen, festgelegte Flugverfahren und vieles mehr. Sie sind ein wichtiges Mittel für die Navigation. Die für die VFR-Navigation interessanten Karten sind vor allem die Luftfahrtkarte ICAO 1:500.000, die Sichtan- und -abflugkarten, die Flugplatzkarten und die Streckenkarte.

Luftfahrtkarte ICAO 1:500.000

Die Luftfahrtkarte ICAO 1:500.000 ist die Standardkarte für die Durchführung von VFR-Flügen in Deutschland.

Sie enthält die für den VFR-Piloten wichtigen Topografie- und Flugsicherungs-Angaben: Straßen, Eisenbahnlinien, Flüsse, Wälder, Bebauung, Höhenpunkte, Hindernisse, Flugplätze (einschließlich Gelände für Segelflug, Hängegleiter, Ultraleicht, Fallschirmsprung), Luftraumstruktur, VFR-Meldepunkte, Funknavigationsanlagen, Frequenzen für FIS, ATIS und VOLMET sowie auf der Kartenrückseite die Legende und eine Liste der WGS 84 Koordinaten für Flugplätze und VFR-Meldepunkte.

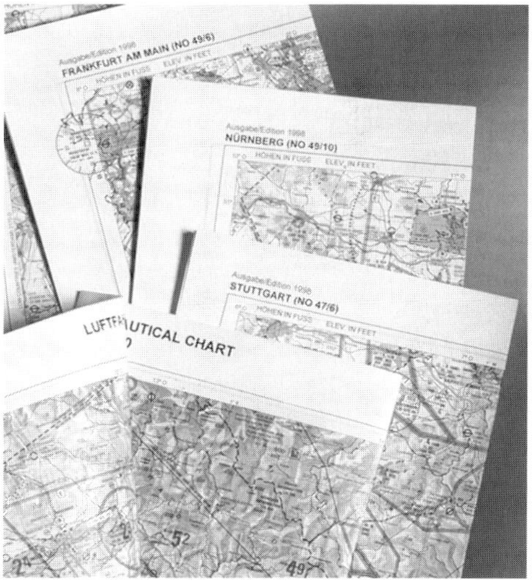

Abb. 2.21: Luftfahrtkarten ICAO 1:500.000 (Quelle: DFS).

Die Luftfahrtkarte ICAO 1:500.000 umfasst acht Kartenblätter im Format 83,5 x 61 cm und erscheint jedes Jahr neu zu Beginn der Flugsaison.

Kartenblätter

- Hamburg NO 53/6
- Rostock NO 53/10
- Hannover NO 51/6
- Berlin NO 51/10
- Frankfurt/Main NO 49/6
- Nürnberg NO 49/10
- Stuttgart NO 47/6
- München NO 47/10

Abb. 2.22: ICAO-Karten 1:500.000 (Quelle: DFS).

Sichtan- und -abflugkarten, Flugplatzkarten

Das schon erwähnte Luftfahrthandbuch AIP VFR enthält Sichtan- und -abflugkarten und Flugplatzkarten für alle deutschen Flughäfen, Landeplätze und Militärflugplätze mit ziviler Mitbenutzung. Durch einen vierwöchigen Berichtigungsdienst zum AIP VFR wird gewährleistet, daß die Karten immer dem aktuellen Stand entsprechen.

Sichtan- und -abflugkarten zeigen im Detail die geographische Lage eines Flugplatzes mit den terrestrischen Merkmalen der Umgebung und ermöglichen so das Navigieren in der Umgebung und das Auffinden eines Flugplatzes nach Sicht.

Weiterhin werden die gemäß Flugbetriebsregelung festgelegten Platzrunden bzw. bei kontrollierten Flugplätzen die von der Flugsicherung festgelegten Sichtan- und -abflugverfahren dargestellt. Das Flugplatzgelände mit Start- und Landebahnen, Rollwegen, Gebäuden usw. zeigt die für jeden Flugplatz veröffentlichte Flugplatzkarte.

Streckenkarte 1:1.000.000

Die Streckenkarte (Maßstab 1:1.000.000) zeigt das Flugverkehrsstreckensystem für Deutschland und das benachbarte Ausland einschließlich der Lage der Funknavigationsanlagen, der Luftraumstruktur, der Flugplätze und der FIS-Frequenzen.

Sie dient vor allem der Streckennavigation für IFR-Flüge. Für die VFR-Navigation ist sie als Übersichtskarte sowie für die Durchführung von VFR-Flügen bei Nacht und im Luftraum oberhalb Flugfläche 100 von Interesse. Topographie wie auf der Luftfahrtkarte 1:500.000 wird nicht dargestellt.

Abb. 2.23 (rechts): Sichtan- und Abflugkarte Mainbullau (Quelle: DFS, AIP VFR).

Abb. 2.24 (Seite 68): Flugplatzkarte Mainbullau (Quelle: DFS, AIP VFR).

Abb. 2.25 (Seite 69): VFR-Anflugkarte Courchevel (Quelle: Jeppesen Sanderson, Inc.).

Sichtanflugkarte Visual Approach Chart	Höhe ü. NN ELEV 1501	**MAINBULLAU** **EDFU**

FIS
FRANKFURT INFORMATION
120.575

MAINBULLAU INFO
122.375 Ge (15 NM 3000 ft GND)

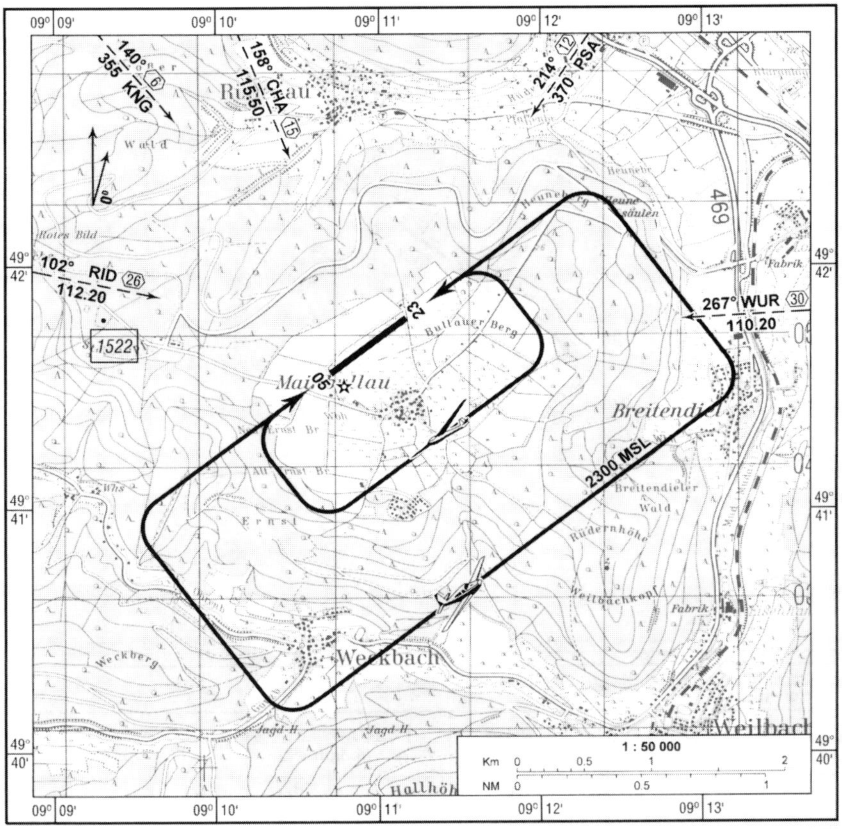

Berichtigung: Mißweisung.
Correction: Variation.

Überflüge der Satellitenbodenstation 8.3 NM W des Flugplatzes Mainbullau in einem Umkreis von 0.5 NM unter 4000 ft MSL sind zu vermeiden.

Avoid overflights of the satellite ground station 8.3 NM W of the airfield Mainbullau within a radius of 0.5 NM below 4000 ft MSL.

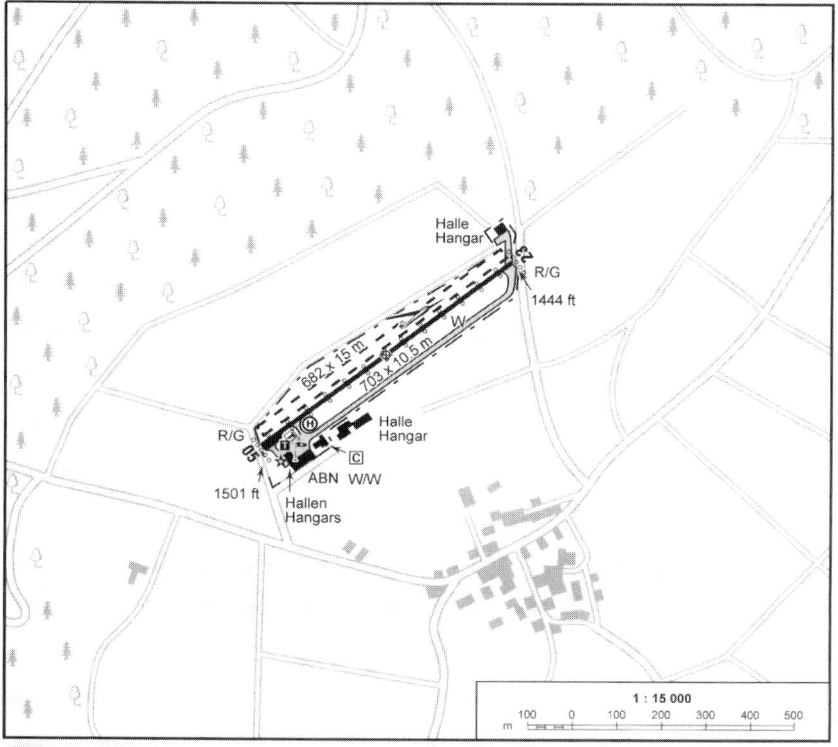

Berichtigung:	Halle, QFU.
Correction:	Hangar, QFU.

RWY MAG	Abmessungen Dimensions	Belag Surface	Tragfähigkeit Strength	TKOF	LDG
053 233	703 x 10.5 m	ASPH	2000 kg MPW PPR 5700 kg MPW	703 m	703 m
			HEL 5000 kg MPW		

Der Sicherheitsstreifen vor THR 05 steht nicht in voller Länge zur Verfügung.
Motorgetriebene Luftfahrzeuge dürfen weder starten noch landen, wenn die gelbe Warnblinkleuchte auf der Segelflug-Startwinde in Betrieb ist.

The safety strip in front of THR 05 is not available over its full length.
Powered aircraft are not permitted to take off or land, when the yellow flashing warning light on the winch is turned on.

Längsprofil / Longitudinal profile:

RWY 05/23

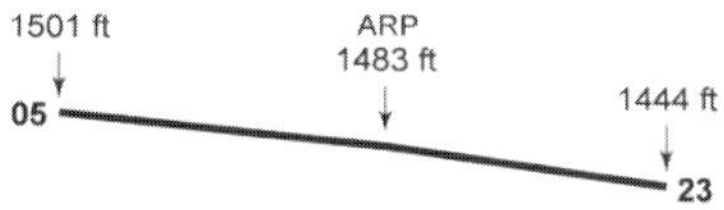

JEPPESEN 27 JAN 99 (19-1)

MOUNTAIN AIRFIELD

COURCHEVEL

LFLJ

COURCHEVEL

FRANCE

Upper Elev **6580'**/2006 m *(219 hPa)*
Lower Elev **6369'**/1941 m *(212 hPa)*
N45 23.7
E006 38.0

1.1 NM S Courchevel

(AFIS)

COURCHEVEL INFORMATION **120.07**

RWY	ILS	RWY	ILS

SCALE 1:100 000

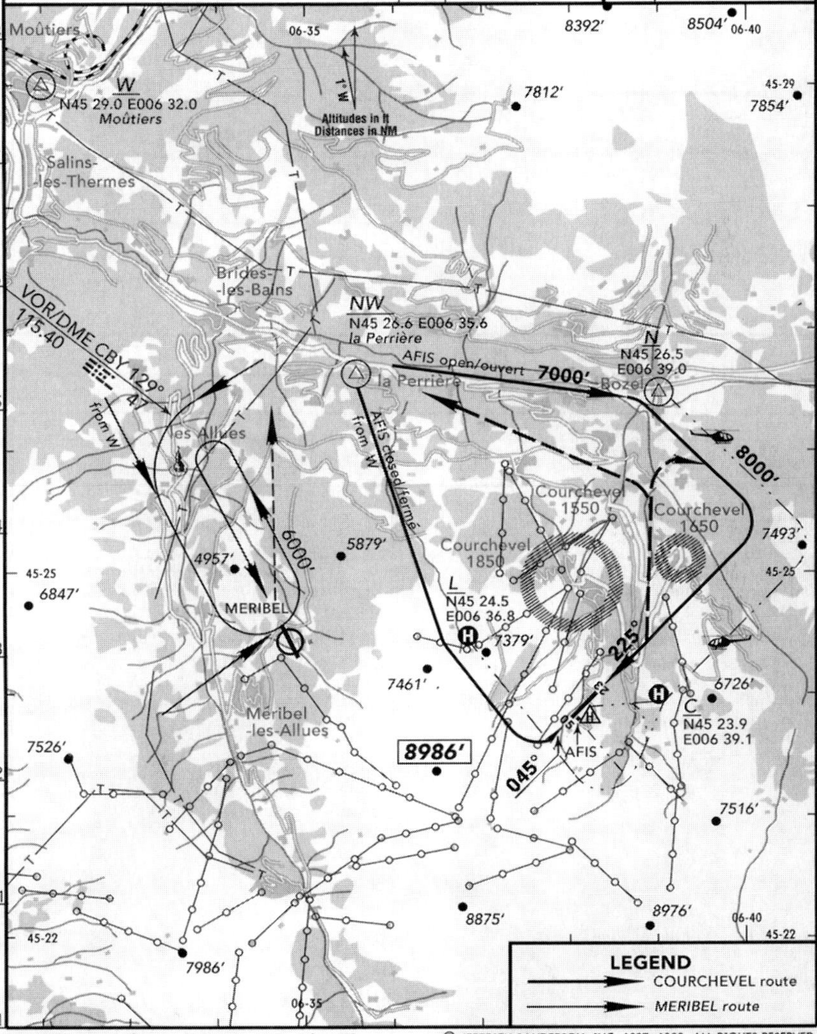

CHANGES: AD coordinates - REP "N" - AFIS - Editorial.

Flugwetterinformationen für die VFR-Luftfahrt

1. Allgemeines

Der Deutsche Wetterdienst (DWD) hat die gesetzliche Aufgabe der meteorologischen Sicherung der zivilen Luftfahrt in der Bundesrepublik Deutschland. Zur Erfüllung dieser Aufgabe bietet der DWD neben der telefonischen Flugwetterberatung u.a. verschiedene automatische Verfahren an, über die alle Flugwetterinformationen für unterschiedliche Anforderungen sowohl für IFR- als auch für VFR-Flüge zum Abruf bereitgehalten werden.

Die vom Deutschen Wetterdienst angebotenen Beratungsverfahren entsprechen dem internationalen Standard und nutzen die neuesten technischen Entwicklungen. Sie beinhalten die entsprechend § 3a, Absatz 2 LuftVO notwendigen Flugwettermeldungen und Flugwettervorhersagen.

Die Flugwetterinformationen können über die automatischen Systeme

- Anrufbeantworter AFWA/GAFOR
- Mailbox pc_met
- T-Online (BTX)
- Telefaxabruf
- Telefonansagedienst PID

sowie von Luftfahrtberatungszentralen und Flugwetterwarten telefonisch abgerufen werden.

Die Nutzung dieser automatischen Verfahren erfüllt die Forderungen des § 3a LuftVO, wonach sich der Luftfahrzeugführer über die verfügbaren Flugwettermeldungen und -vorhersagen ausreichend zu unterrichten hat. Die Entscheidung, welche Beratungsverfahren genutzt werden und welche Flugwetterinformationen für eine Flugaufgabe erforderlich sind, obliegt dem Luftfahrzeugführer.

Der Zeitpunkt des Abrufs der Flugwetterinformationen über automatische Verfahren sowie das Einholen einer telefonischen Flugwetterberatung sollten so nahe wie möglich an der vorgesehenen Startzeit liegen.

2. Wetterberatungen der Allgemeinen Luftfahrt und des Luftsports über automatische Systeme

2.1 Wetterberatung der Allgemeinen Luftfahrt über Anrufbeantworter (AFWA/GAFOR)

2.1.1 Der Deutsche Wetterdienst stellt für die Allgemeine Luftfahrt Flugwettervorhersagen in deutscher Sprache als „Automatische Flugwetteransage (AFWA)" über Anrufbeantworter mit Mehrfachzugang bereit. Die Anrufbeantworter werden von den in Punkt 2.1.3 genannten Luftfahrtberatungszentralen und Flugwetterwarten des DWD betrieben. Sie sind an das öffentliche Fernsprechnetz angeschlossen.

2.1.2 Die Flugwettervorhersagen werden für den Bereich **Nord** und den Bereich **Süd** der Bundesrepublik Deutschland ausgegeben. Die Bereiche überlappen sich etwa zwischen dem Ruhr- und dem Rhein-Main-Gebiet sowie im Südteil der FIR Berlin. Die Vorhersagen für den Überlappungsbereich sind in beiden Berichten inhaltlich gleich.

2.1.3 Die Vorhersagen können in folgenden Ortsnetzen abgerufen werden:

a) Vorhersage für den Bereich **Nord**

Berlin	039-19725
Bremen	0421-19704

Düsseldorf	0211-19721
Hamburg	040-19713
Hannover	0511-19710
Köln/Bonn	02203-19702
Münster/Osnabrück	02571-19702

b) Vorhersage für den Bereich **Süd**

Frankfurt	069-19737
München	089-19706
Nürnberg	0911-19708
Stuttgart	0711-227964

2.1.4 Die Flugwettervorhersagen gelten für VFR-Flüge innerhalb Deutschland bis zu einer Höhe von 10.000 ft MSL.

2.1.5 Die Flugwettervorhersagen enthalten:

a) Einleitender Text und Gültigkeitsdauer der Vorhersage;

b) Kurze Beschreibung der Wetterlage, Gefahrenhinweise und Hinweis auf die Thermik für den Segelflug (April bis Oktober);

c) Höhenwinde für die Höhen 1.500 (nur Bereich Nord), 3.000, 5.000 und 10.000 Fuß über NN;

d) Höhe der Nullgradgrenze über NN;

e) Vorhersage der vorherrschenden Sichtflugmöglichkeiten in den einzelnen GAFOR-Gebieten für jeweils drei aufeinanderfolgende 2-Stunden-Perioden, eingestuft nach den 4 Kriterien des internationalen GAFOR-Codes und den zusätzlichen, nur national gültigen GAFOR-Stufen, wie in Pkt. 2.1.8 beschrieben;

f) Zeit der nächsten planmäßigen Aufsprache.

2.1.6 Ausgabezeiten und Gültigkeitsdauer der Berichte (siehe Tabelle unten).

2.1.7 Die Aufsprache der Sichtflugmöglichkeiten erfolgt für alle 3 Vorhersageperioden je Gebiet mit den Anfangsbuchstaben der englischen Stufenbezeichnungen CHARLIE, OSCAR, DELTA, MIKE und X-RAY. Für die Stufen DELTA und MIKE werden zusätzlich Ziffern von 1 bis 8 angegeben, die einen Rückschluß darauf zulassen, ob die Einstufungen auf der Sichtweite oder auf der Wolkenuntergrenze beruhen. Die Gebietsnummern werden in aufsteigender Reihenfolge genannt.

2.1.6 Ausgabezeiten und Gültigkeitsdauer der Berichte

Ausgabezeit[1]	Gesamt	1. Periode	2. Periode	3. Periode
0230[2]	0300 - 0900	0300 - 0500	0500 - 0700	0700 - 0900
0530	0600 - 1200	0600 - 0800	0800 - 1000	1000 - 1200
0830	0900 - 1500	0900 - 1100	1100 - 1300	1300 - 1500
1130	1200 - 1800	1200 - 1400	1400 - 1600	1600 - 1800
1430	1500 - 2100	1500 - 1700	1700 - 1900	1900 - 2100
2030		Aussichten für den Folgetag		

[1] UTC; zwischenzeitliche Aufsprachen sind bei unvorhergesehenen Wetteränderungen zwischen den planmäßigen Berichten von 0230 bzw. 0530 bis 1730 UTC vorgesehen. [2] Nur während der Gültigkeit der gesetzlichen Sommerzeit.

2.1.8 Die Einstufung der Sichtflugmöglichkeiten erfolgt in Deutschland nach folgenden Kriterien:

a. Hauptstufen:

CHARLIE = C (frei, clear)
Wird nur national verwendet. Horizontale Sichtweite am Boden 10 km oder mehr und keine Wolken mit einem Bedeckungsgrad von 4/8 oder mehr unterhalb 5.000 ft über der jeweiligen Bezugshöhe.

OSCAR = O (offen, open)
Horizontale Sichtweite am Boden 8 km oder mehr und keine Wolkenuntergrenze (4/8 oder mehr) unter 2.000 ft über der jeweiligen Bezugshöhe.

DELTA = D (schwierig, difficult)
Horizontale Sichtweite am Boden weniger als 8 km, mindestens jedoch 5 km und/oder Wolkenuntergrenze (4/8 oder mehr) unter 2.000 ft, jedoch nicht unter 1.000 ft über der jeweiligen Bezugshöhe.

MIKE = M (kritisch, marginal)
Horizontale Sichtweite am Boden weniger als 5 km, mindestens jedoch 1,5 km und/oder Wolkenuntergrenze (4/8 oder mehr) unter 1.000 ft, jedoch nicht unter 500 ft über der jeweiligen Bezugshöhe.

X-RAY = X (geschlossen, closed)
Horizontale Sichtweite am Boden weniger als 1,5 km und/oder Wolkenuntergrenze (4/8 oder mehr) unter 500 ft über der jeweiligen Bezugshöhe. Achtung! Flüge nach Sichtflugregeln sind nicht möglich.

Anmerkung: „und/oder" bedeutet hier, daß jeweils das ungünstigere der beiden Kriterien Sichtweite und Wolkenuntergrenze für die Einstufung ausschlaggebend ist.

b. Unterstufen für die Hauptstufen DELTA und MIKE in Form einer Ziffer von 1-8 gemäß nachfolgendem Schema. Die Bezugshöhen der einzelnen Gebiete sind in der Karte auf Seite 74 und in den Listen auf den Seiten 75 ff. angegeben.

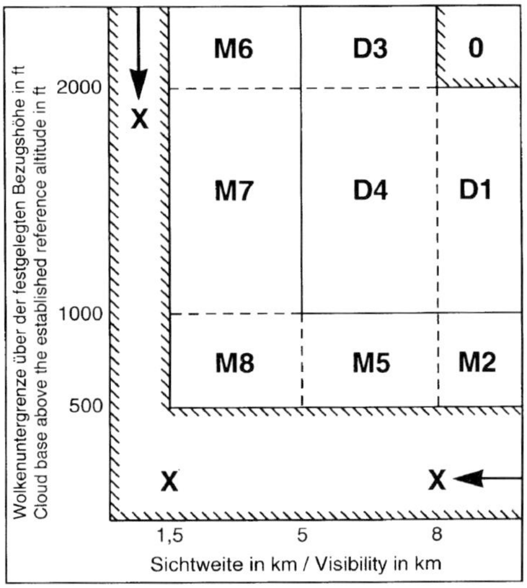

Abb. 2.26: Einstufungsschema der Sichtflugmöglichkeiten in Deutschland (Quelle: DFS).

c. Einstufungsbeispiel:

34 M7 D4 O

Für das Gebiet 34 (Niederrheinische Bucht, Bezugshöhe 700 ft NN) sind hier folgende Sichtflugbedingungen vorhergesagt:

Erste 2-Stunden-Periode > Horizontale Sichtweite am Boden zwischen 1.5 und weniger als 5 km und eine Wolkenuntergrenze (4/8 oder mehr) zwischen 1.000 und weniger als 2.000 ft über der Bezugshöhe, bzw. 1.700 und weniger als 2.700 ft über NN;

Zweite 2-Stunden-Periode > Horizontale Sichtweite am Boden zwischen 5 und weniger als 8 km und eine Wolkenuntergrenze wie in der ersten 2-Stunden-Periode;

Dritte 2-Stunden-Periode > Horizontale Sichtweite am Boden 8 km oder mehr und keine Wolkenuntergrenze (4/8 oder mehr) unter 2.000 ft über der Bezugshöhe, bzw. 2.700 ft über NN.

Allgemein ist zu beachten, daß die vorhergesagten Stufen der Sichtflugmöglichkeiten zwar im weitaus größten Teil der jeweiligen Gebiete vorherrschend sein sollen. Kleinräumige oder kurzzeitige Abweichungen sind jedoch möglich.

2.1.9 Zur Abkürzung der Übermittlungszeit und zur Erleichterung der geographischen Bezeichnung dient eine ziffernmäßige Gebietseinteilung. Sie wurde so vorgenommen, daß flugklimatologisch einheitliche Räume möglichst zusammengefaßt sind.

Die Gebiete wurden im wesentlichen von Westen nach Osten und von Norden nach Süden durchnumeriert (s. Seite 74). Eine Liste der entsprechenden geographischen Bezeichnungen befindet sich auf den Seiten 75 ff.

2.1.10 Die beiden Vorhersagebereiche umfassen folgende Gebiete (siehe Tabelle „Vorhersagebereiche" unten):

2.1.11 Der DWD hat eine „Regionale Flugklimatologie für die Allgemeine Luftfahrt" (RFK) herausgegeben. Sie enthält im:

Teil A > Eine umfassende Beschreibung des AFWA/GAFOR-Systems.

Teil B > Eine Beschreibung der Wettererscheinungen, die für die Allgemeine Luftfahrt von besonderer Bedeutung sind.

Teil C > Eine Zusammenstellung der flugklimatologischen Eigenschaften und Besonderheiten der einzelnen GAFOR-Gebiete.

Die RFK kann vom DWD gegen Bezahlung bezogen werden.

2.1.10 Vorhersagebereiche

Nord	01	02	03	04	05	06	07	08	09		
	10	11	12	13	14	15	16	17	18	19	
	20	21	22	23							
	24	25	26	27	28						
	31	32	33	34	35	36	37	38	39		
	41	42	43	44	45	46	47				**Süd**
	51	52	53	54	55	56					
	61	62	63	64							
	71	72	73	74	75	76					
	81	82	83	84							

Die Gebiete 24 - 47 stellen den unter 2.1.2 angegebenen Überlappungsbereich dar.

GAFOR - Gebiete
GAFOR - Areas

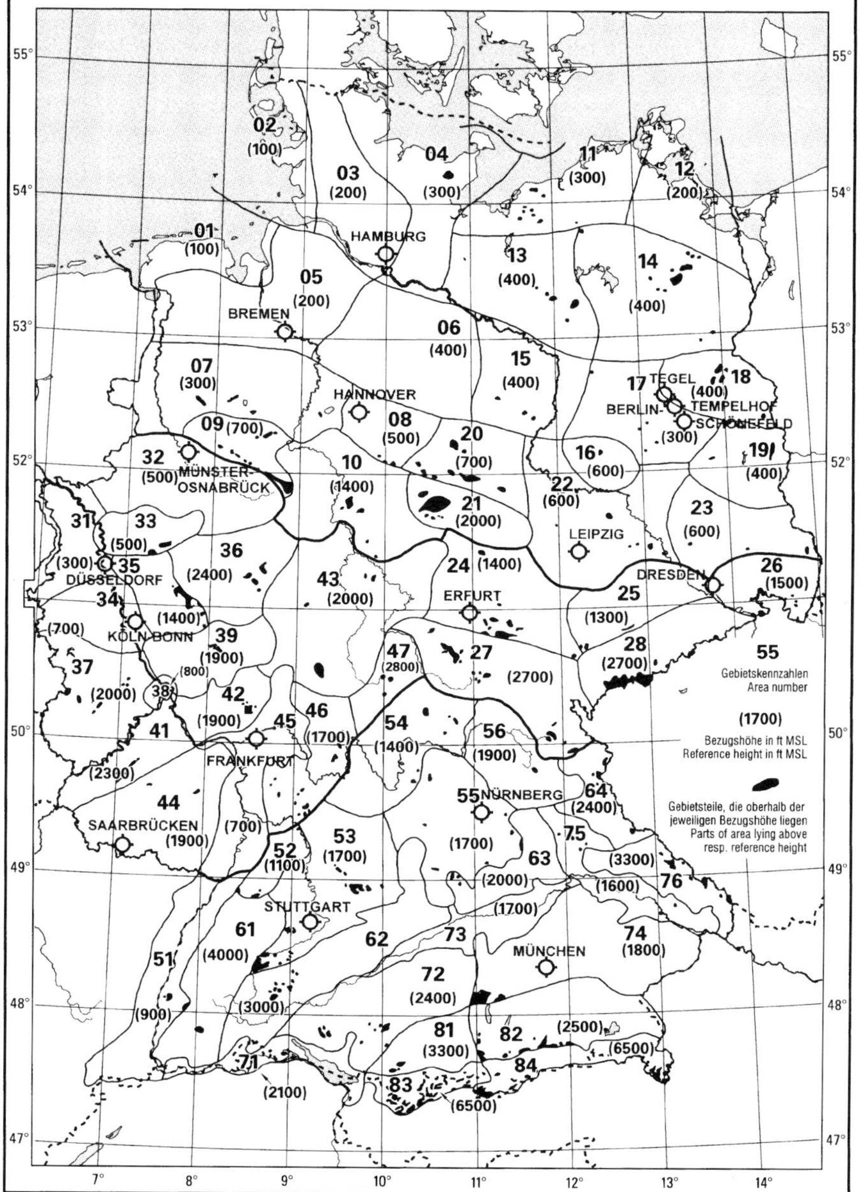

GAFOR-Tabellen mit Vorhersagebereichsnummer (Spalte 1), Vorhersagebereich (Spalte 2) und Bezugshöhen in Fuß MSL (Spalte 3)		
Vorhersagebereich Nord		
01	Ostfriesland	100
02	Nordfriesland-Dithmarschen	100
03	Schleswig-Holsteinische Geest	200
04	Schleswig-Holsteinisches Hügelland	300
05	Nordwestliches Niedersachsen	200
06	Lüneburger Heide	400
07	Westliches Niedersachsen	300
08	Hannover	500
09	Teutoburger Wald	700
10	Weser-Leine Bergland	1400
11	Mecklenburgisches Tiefland	300
12	Vorpommern	200
13	Westliche Mecklenburgische Seenplatte und Prignitz	400
14	Östliche Mecklenburgische Seenplatte und Uckermark	400
15	Altmark	400
16	Hoher Fläming	600
17	Rhin-Havelluch und Ostbrandenburgisches Seengebiet	300
18	Barnim und Oderbruch	400
19	Spreewald und Gubener Waldland	400
20	Magdeburger Börde und Nördliches Harzvorland	700
21	Harz	2000
22	Leipzigerer Tieflandsbucht und Elbe-Elster Niederung	600
23	Niederlausitzer Heiden	600

Abb. 2.27 (links): Karte der GAFOR-Gebiete (Quelle: DFS).
Abb. 2.28 (Seiten75 bis 77): GAFOR-Tabellen (Quelle: DFS).

GAFOR-Tabellen mit Vorhersagebereichsnummer (Spalte 1), Vorhersagebereich (Spalte 2) und Bezugshöhen in Fuß MSL (Spalte 3)		
Vorhersagebereich Nord und Süd		
24	Thüringer Becken	1400
25	Mittelsächsisches Hügelland	1300
26	Oberlausitz und Lausitzer Gebirge	1500
27	Thüringer Wald, Frankenwald und Fichtelgebirge	2700
28	Erzgebirge	2700
31	Niederrheinisches Tiefland	300
32	Münsterland	500
33	Ruhrgebiet	500
34	Niederrheinische Bucht	700
35	Bergisches Land	1400
36	Sauerland	2400
37	Eifel	2000
38	Neuwieder Becken	800
39	Westerwald	1900
41	Hunsrück	2300
42	Taunus	1900
43	Nordhessisches Bergland mit Vogelsberg	2000
44	Rheinpfalz und Saarland	1900
45	Rhein-Main Gebiet und Wetterau	700
46	Odenwald und Spessart	1700
47	Rhön	2800

GAFOR-Tabellen mit Vorhersagebereichsnummer (Spalte 1), Vorhersagebereich (Spalte 2) und Bezugshöhen in Fuß MSL (Spalte 3)		
Vorhersagebereich Süd		
51	Oberrheinische Tiefebene	900
52	Kraichgau	1100
53	Neckar-Kocher-Jagst-Gebiet	1700
54	Mainfranken und Nördliches Unterfranken	1400
55	Mittelfranken	1700
56	Oberfranken	1900
61	Schwarzwald	4000
62	Schwäbische Alb	3000
63	Fränkische Alb	2000
64	Oberpfälzer Wald	2400
71	Hochrhein- und Bodenseeraum	2100
72	Schwäbische Hochebene	2400
73	Westliche Donauniederung	1700
74	Südbayerisches Hügelland	1800
75	Östliche Donau- und Naabniederung	1600
76	Bayerischer Wald	3300
81	Westliches Alpenvorland	3300
82	Östliches Alpenvorland	2500
83	Allgäuer Alpen	6500
84	Östliche Bayerische Alpen	6500

2.2 pc_met-Server

pc_met ist ein interaktives PC-gestütztes Self-briefing-System, bei dem von einem Datenserver über PC und Telefonmodem Wetterinformationen abgerufen werden können. Der Zugriff auf den Datenserver erfolgt über

Telefon	069-80070080
ISDN	069-80070090
Internet	http://www.pcmet.de

Mit pc_met werden folgende Flugwetterinformationen zum Abruf bereitgestellt, die rund um die Uhr automatisch aktualisiert werden:

- METARs Deutschland (Flughäfen und ausgewählte Wetterstationen)
- METARs Europa, Mittelmeerraum
- TAFs Deutschland, Europa, Mittelmeerraum, Nordamerika
- SIGMETs und AIRMETs Deutschland, Europa, Mittelmeerraum
- Flugplatzwetterwarnungen Deutschland
- Flugwetterübersichten Deutschland, Schweiz, Österreich
- TEMPs Deutschland, Europa, Mittelmeerraum
- AFWA/GAFOR Deutschland
- GAFOR Österreich, Schweiz
- Segelflug- und Ballonwetterberichte Deutschland
- Satellitenbilder (VIS, IR halbstündlich)
- Radarbilder Deutschland (viertelstündlich)
- Analyse Boden, 850, 700 und 500 hPa
- Vorhersagekarten Boden, 850, 700 und 500 hPa für H +12 bis H +168 h
- Wind- und Temperaturvorhersagekarten von 2.000 ft GND bis FL 390
- Significant Weather Charts (SWC)

  - Mitteleuropa (Boden bis FL 100)
  - Europa (FL 100 bis FL 450)
  - Nordatlantik (FL 250 bis FL 630)

- Spezialvorhersagen für den Segelflug und die Ballonfahrt

pc_met Internet Service

Der pc_met Internet Service ist eine neue Variante des bewährten Selfbriefing-Systems pc_met. Hier bietet sich auf der Basis des Internets eine weitere Möglichkeit, sich über das aktuelle Flugwetter zu informieren.

Der pc_met Internet Service unterteilt sich in zwei unterschiedliche Bereiche:

1. Browser-Bereich
   Hier können sie METAR- und TAF-Bulletins, Flugwetterberichte sowie andere Produkte wie Windkarten oder SWCs Online mit Ihrem Browser betrachten.

2. Download-Bereich
   In diesem Bereich können Sie verschiedene Dateien zur Versorgung Ihrer pc_met Software herunterladen. Dieses Feature ist eine Alternative zum bisherigen Abruf aus der Mailbox.

Das Datenangebot im Download-Bereich des pc_met Internet Service ist mittlerweile an die Produkte, die über die Mailbox verfügbar sind, angeglichen worden.

Der Zugang zum pc_met Internet Service ist für bisherige Kunden des Mailboxsystems bereits in der jährlichen Gebühr enthalten. Sie müssen sich lediglich für die Benutzung des Internetangebotes registrieren lassen. Für andere Nutzer beträgt die Gebühr für den Zugang zum pc_met Internet Service pro Jahr 150 DM. Auch hierfür kann man sich Online registrieren lassen. Die Zugangsdaten werden per Post mitgeteilt.

2.3 Bildschirmtext (T-Online/BTX)

Über BTX stellt der DWD Wetterinformationen für die Luftfahrt zur Verfügung, die rund um die Uhr rechnergestützt aktualisiert werden. Das Angebot umfaßt derzeit:

- METARs Deutschland, Europa
- TAFs Deutschland, Europa
- SIGMETs und AIRMETs Deutschland, Europa
- TEMPs Deutschland
- Flugwetterübersichten Deutschland
- AFWA/GAFOR Deutschland
- Segelflugwetterberichte
- Ballonwetterberichte

Die Flugwetterinformationen des DWD sind über die Leitseite „BTX-Programm des Deutschen Wetterdienstes" (BTX *44440#) zu erhalten oder können gezielt auf der Übersichtsseite „Wetter für die Allgemeine Luftfahrt" (BTX *444408#) abgerufen werden.

2.4 Telefax

Über einen Fax-Server in der Zentrale DWD können die wichtigsten Flugwetterinformationen abgerufen werden. Voraussetzung für den Abruf ist ein Faxgerät der 3. Generation mit Abrufmodus. Der Fax-Server wird rechnergesteuert kontinuierlich mit Flugwetterdaten versorgt. Im Gegensatz zu den herkömmlichen Speicherfaxgeräten, die nur ein Komplettprogramm ausgeben können, ist beim Server ein gezielter produktbezogener Abruf möglich. Neben den einzelnen Produkten sind aber auch Pakete zusammengestellt worden, die mit einem Abruf übertragen werden können.

Neben der Versorgung der IFR-Luftfahrt werden auch VFR-Flieger und die Sportluftfahrt wie Ballonfahrt und Segelflug mit Karten, Meldungen und Berichten bedient.

Die aktuelle Produktliste kann unter der Nummer 069-80561 abgerufen werden. An verschiedenen Dienststellen bietet der DWD weiterhin folgende Programmpakete zum automatischen Speicherabruf mit Telefaxgeräten an:

- VFR-Programm
- Segelflug- und Ballonwetterinformationen

Die Inhalte der Programme und die Reihenfolge der Seiten wurden in Abstimmung mit den Luftfahrtverbänden festgelegt. Die Nutzer können nach Bedarf die Übertragung der Telefaxseiten individuell beenden.

2.4.1 VFR-Programm

Das VFR-Programm enthält folgende Produkte:

- Flugwetterübersicht der zuständigen Regionalzentrale

- AFWA/GAFOR-Berichte Nord und Süd
- Significant Weather Chart Mitteleuropa (Boden bis FL 100)
- Wind-/Temperaturvorhersagekarten für FL 50 und FL 100
- TAFs Mitteleuropa

Die Unterlagen werden regelmäßig aktualisiert. Eine Amendierung einzelner TAFs ist aus technischen Gründen nicht möglich. Das VFR-Programm kann über die folgenden Telefax-Nummern abgerufen werden:

Berlin	030-69008392, 69008394
Bremen	0421-5372174
Dresden	0351-8805044
Düsseldorf	0211-4791117
Hamburg	040-50050414
Hannover	0511-9735948
Köln/Bonn	02203-591549
Leipzig	0341-2241865
München	089-9701818
Münster/Osnabrück	02571-91251
Nürnberg	0911-3650545
Offenbach	069-80560970
Stuttgart	0711-9484384

2.4.2 Segelflugwetterinformationen

Das Segelflugprogramm enthält folgende Produkte:

- Segelflugwetterberichte
- Konvektionskarten
- Windkarten
- Analyse Boden 00 UTC
- Analyse 500 hPa 00 UTC
- Ausgewählter TEMP
- Vorhersage Boden 00 UTC + 24 h

Das Programm kann über folgende Telefax-Nummern abgerufen werden:

Offenbach	069-80560710
Köln/Bonn	02203-5913 46
Stuttgart	0711-792067
München	089-15938143

2.4.3 Ballonwetterinformationen

Ballonwetterinformationen stehen an allen Luftfahrtberatungszentralen zum Abruf bereit. Das Programm enthält folgende Punkte:

- Ballonwetterbericht (für die entsprechende Region)
- Aktuelle Wettermeldungen für den Gültigkeitsbereich des o. a. Berichts
- Hochaufgelöste Windvorhersagekarten

Das Programm kann über die folgenden Telefax-Nummern abgerufen werden:

Berlin	030-69008396
Köln/Bonn	02203-591342
Hamburg	040-50050420
Leipzig	0341-8664261
Offenbach	069-80560720
München	089-15938144
Stuttgart	0711-7942625

2.5 PID - Privater Informationsdienst

In Zusammenarbeit mit der Fa. DeTeMedien werden Segelflug-, Ballonwetterberichte und Flugwetterübersichten zum Abruf angeboten:

2.5.1 Segelflugwetterberichte (01.03. - 31.10.)

Schleswig-Holstein, Hamburg,
Weser-Ems-Gebiet, Bremen 0190-116941

Östliches und südliches Niedersachsen	0190-116943
Mecklenburg-Vorpommern, Brandenburg, Berlin	0190-116944
Nordrhein-Westfalen	0190-116945
Sachsen, Sachsen-Anhalt, Thüringen	0190-116946
Hessen, Rheinland-Pfalz, Saarland	0190-116947
Baden-Württemberg	0190-116948
Bayern	0190-116949

2.5.2 Ballonwetterberichte

Schleswig-Holstein, Hamburg, Lüneburger Heide	0190-116952
Mecklenburg-Vorpommern, Brandenburg, Berlin	0190-116953
Niederrhein, Münsterland	0190-116954
Südl. Nordrhein-Westfalen, nördl. Rheinland-Pfalz	0190-116955
Hessen, südl. Rheinland-Pfalz, Saarland	0190-116956
Sachsen, Sachsen-Anhalt, Thüringen	0190-116957
Bayern	0190-116958
Baden-Württemberg	0190-116959

2.5.3 Flugwetterübersichten für die

GAFOR-Gebiete 01-10 sowie Dänemark, Südskandinavien und Nordsee	0190-116961
GAFOR-Gebiete 11-19 sowie mittlere Ostsee und Pommern	0190-116962
GAFOR-Gebiete 20-28 sowie Schlesien und die Tschechische Republik	0190-116963
GAFOR-Gebiete 31-39 sowie Belgien und die Niederlande	0190-116964
GAFOR-Gebiete 41-47 sowie Luxemburg, Nord-Elsaß und Nord-Lothringen	0190-116965
GAFOR-Gebiete 51-84	0190-116966

3. Individuelle Flugwetterinformationen und Flugwetterberatung

3.1 Flugwetterinformationen (Infomet-Dienst)

An den Infomet-Telefonen erhalten Piloten:

- Aktuelle Flugplatzwettermeldungen (METAR)
- Aktuelle Flugplatzwettervorhersagen für 9 und 18 Stunden (TAF)
- Akuelle Bodenwettermeldungen (SYNOP-Wetter)
- Gültige SIGMETs
- Gültige AIRMETs für die Allgemeine Luftfahrt

Diese Informationen können über die folgenden Telefonnummern abgerufen werden:

Berlin-Schönefeld	030-60913702
Berlin-Tegel	030-41013663

Berlin-Tempelhof	030-69008395
Bremen	0421-5372164
Dresden	0351-8805041
Düsseldorf	0211-425937
Erfurt	0361-6562301
Frankfurt	069-69032331
Hamburg	040-50050477
Hannover	0511-9739625
Köln/Bonn	02203-402558
Leipzig/Halle	0341-2241862
München	089-9785320
Münster/Osnabrück	02571-91183
Nürnberg	0911-3650521
Saarbrücken	06893-83391
Stuttgart	0711-9484369

3.2 Telefonische Flugwetterberatung

Eine telefonische Flugwetterberatung wird auf Anforderung von den Luftfahrtberatungszentralen (LBZn) erteilt:

LBZ Nord	040-50050444
LBZ Ost	030-69008350, 69008352
LBZ Südost	0341-8664113
LBZ West	02203-402247, 402248
LBZ Mitte	069-80622615, 80622616
LBZ Südwest	0711-9484338
LBZ Süd	089-15938135, 15938136

Wetterfunksendungen (VOLMET)

Flughafenwettermeldungen mit TREND können von diesen Stationen abgehört werden:

Berlin VOLMET	128.400 MHz
Bremen VOLMET	127.400 MHz
Frankfurt VOLMET 1	127.600 MHz
Frankfurt VOLMET 2	135.775 MHz

Die einzelnen VOLMET-Sender beinhalten Meldungen (* TREND wenn verfügbar) über folgende Stationen:

Berlin VOLMET

Berlin/Schönefeld (EDDB)
Dresden (EDDC)*
Leipzig/Halle (EDDP)
Prag (LKPR)
Berlin/Tempelhof (EDDI)
Berlin/Tegel (EDDT)
Kopenhagen (EKCH)
Warschau (EPWA)
Wien (LOWW)

Bremen VOLMET

Hannover (EDDV)*
Hamburg (EDDH)
Bremen (EDDW)
Köln/Bonn (EDDK)
Frankfurt (EDDF)
Berlin/Tempelhof (EDDI)
Berlin/Tegel (EDDT)
Amsterdam (EHAM)
Kopenhagen (EKCH)

Frankfurt VOLMET 1

Frankfurt (EDDF)
Brüssel (EBBR)
Amsterdam (EHAM)
Zürich (LSZH)
Genf (LSGG)
Basel/Mühlhausen (LFSB)
Wien (LOWW)
Prag (LKPR)
Paris/Charles de Gaulle (LFPG)

Frankfurt VOLMET 2

Frankfurt (EDDF)
Köln/Bonn (EDDK)
Düsseldorf (EDDL)
Stuttgart (EDDS)*
Nürnberg (EDDN)*
München (EDDM)
Hamburg (EDDH)
Berlin/Tempelhof (EDDI)
Berlin/Tegel (EDDT)

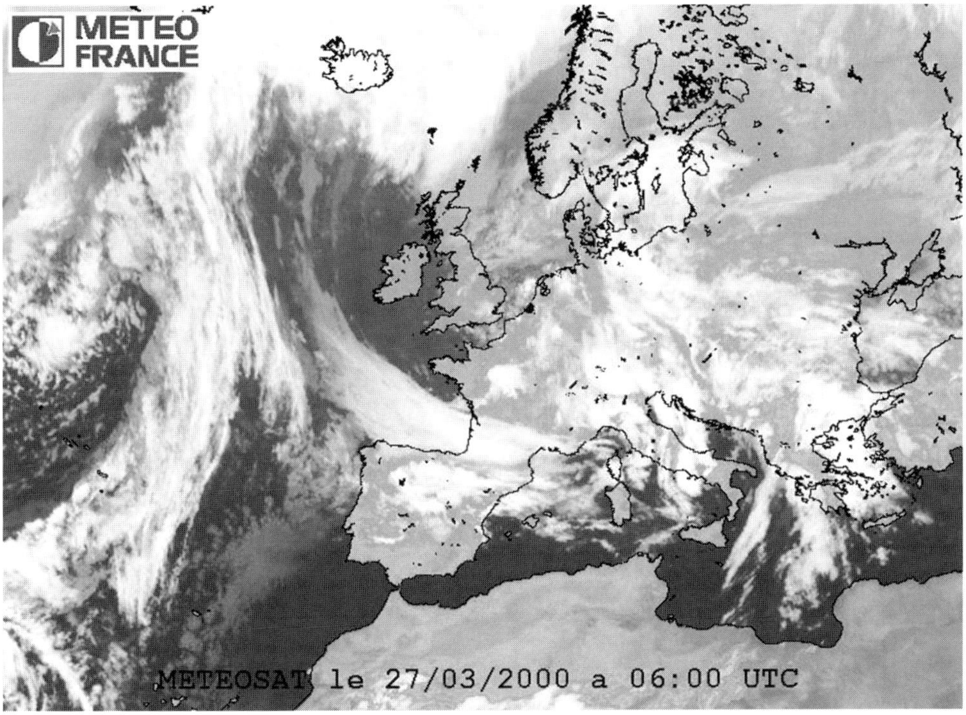

Abb. 2.29: Satellitenbild von Meteo France, abrufbar über das Institut für Meteorologie der Freien Universität Berlin (Quelle: http://www.met.fu-berlin.de/wetter/meteosat).

Aufnahmen von Wettersatelliten

Neben dem ausführlichen und umfangreichen Angebot an Satellitenbildern, das vom Deutschen Wetterdienst über pc_met zur Verfügung gestellt wird, gibt es im World Wide Web noch einige andere Quellen mit aktuellem Satelliten-Bildmaterial. Satellitenbilder liefern eine gute Übersicht über die großräumige Wetterlage und lassen somit auch Rückschlüsse auf weitere Entwicklungen zu, sofern man die Bilder in regelmäßigen zeitlichen Abständen vergleicht.

Flugdurchführungsplan

Mit dem vom Luftfahrt-Bundesamt 1987 in einer Flugsicherheitsmitteilung veröffentlichten Flugdurchführungsplan hat der VFR-Pilot ein sehr gutes Planungshilfsmittel für seine Flüge zur Verfügung. Inzwischen haben auch einige Hersteller von Flugplanungssoftware den Aufbau dieses Plans weitgehend in ihre Programme integriert und bieten fast originalgetreue Ausdrucke an, in denen die Daten aus dem geplanten Flug übernommen und automatisch berechnet werden. In Kapitel 3 wird ein per Software erstellter Flugdurchführungsplan vorgestellt.

Abb. 2.30, 2.31 (Seiten 84 und 85): Flugdurchführungsplan des LBA in der Originalfassung (Quelle: Luftfahrt-Bundesamt).

Flugdurchführungsplan VFR

Datum:	von: (P1)	nach: (P2f)	LFZ-Muster:	LFZ-Kennz: V1

Freigaben/Wetter/Info: B1	Frequenzen/Frequencies V2 — Startflugplatz/Aerodrome of Departure	Zielflugplatz/Destination
	Rollkontr./Ground	Turm/TWR
	Turm/TWR	Rollkontr./Ground
	INFO	INFO

ATIS Platzwetter B6	Code	Startbahn RWY	Überg.FL TL	Zeit Time UTC	Wind/V Wind/S	Sicht Visibility	Wolken Clouds	Temp./Taup. Temp./Dewp.	QNH	Tendenz/Weitere Information Trend/Additional Information

ETD __ __ : __ __ V3	ATD __ __ : __ __ B2
ETA __ __ : __ __ P19	ATA __ __ : __ __
SS: __ __ : __ __ UTC V4	

Sichere Flugzeit P27
__ __ : __ __ (max. Flugzeit minus 30 min.)

Startflugplatz Aerodrome of Departure P1 / Kontrollpunkte/ Checkpoints P2	P3 VOR NDB	P4 Sicherh.-Höhe Safe Alt.	P5 Geplante Flughöhe od. FL Planned Cruis. Alt.	P6 VE TAS	P7 Wind W/V Wind W/S	P8 rwk TC	P9 L WCA / MW VAR	P10 mwSK MH	P11 mwK MC	P12 Entfernung Distance Abschnitt Leg.	P14 Gesamt Accum. / P13 Rest Remain. / P14	P15 VG GS	P16 Zeiten Times Abschnitt Leg.	P18 Gesamt Accum. / P17 Rest Remain. / P18	Überflugzeit Time overhead B3 ETO	B4 ATO	Bemerkungen/Remarks P21 Frequenzen/Frequencies B5
P1											P13			P17			
P2																	
P2f																	
Ausweichflugplatz/ Alternate P20											X			X			

Flugsicherungs-Beratung V5

Wetter-Beratung V6
GAFOR ☐: / Individuelle Beratung: (gültig bis __ __ : __ __ UTC)

Flugplatz-Daten aus AIP V7	Bahn-richtg.	Bahn-länge (m)	Strecke (15 m)	Höhe (ft)	Temp. (°C)	Wind (°kt)	Neigung +/—	Belag	Gras-bahn	Oberflächenzustand	Beschränkungen
P1											
P21											
P20											

Kraftstoffberechnung P22	Flugzeit	Kraftstoff (l)
Reiseflug (Startort - Landeort) P23		
Zuschlag, Anlassen, Rollen P24		
Zuschlag, Steigflug P25		
An- und Abflug (mind. 10 min.)		
Ausweichflugplatz P20		
Reserve (mind. 30 min.)		
Mindest-Kraftstoffbedarf		
Extra-Kraftstoff		
Kraftstoff-Vorrat P26	max.	
Sichere Flugzeit (=max. Flugzeit minus 30 min.) P27	__ __ : __ __	
Daten über Verbrauch:		

Masse-/Schwerpunkt-Berechnung (Hebelarm s. Flughandbuch) P28	Masse	Moment
Leermasse P29		
Kraftstoff, nicht ausfliegbar		
Schmierstoff		
=Grundmasse P30		
Sitzreihe 1		
Sitzreihe 2		
Sitzreihe 3		
Gepäck Ladung: Vorn		
Gepäck Ladung: Mitte		
Gepäck Ladung: Hinten		
Kraftstoff, ausfliegbar P31		
Startmasse P32		

Start- und Landestrecken-Berechnung P33	Start: Roll-strecke(m)	Start: Start-strecke(m)	Landung: Lande-strecke(m)	Landung: Roll-strecke(m)
Grunddaten aus AIP:				
Vorhandene Bahnlänge				
Verfügb. Strecke (15 m) P34				
aus Flughandbuch:				
Grundstrecken				
Höhenzuschlag				
Temperaturzuschlag				
Windeinfluß				
Neigungszuschlag				
Grasbahnzuschlag				
Oberflächenzuschlag				
Benötigte Strecke P35				

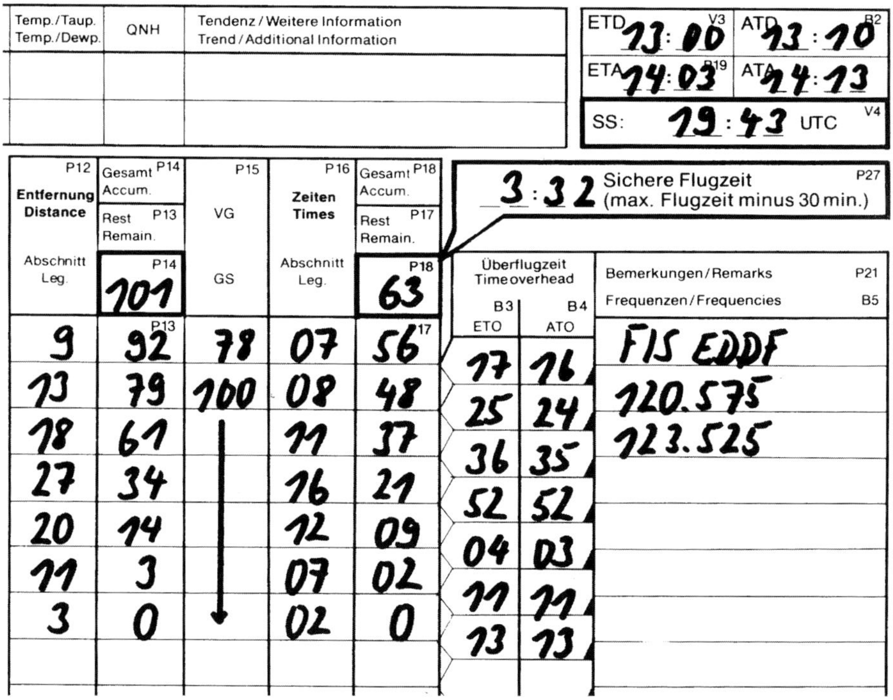

Abb. 2.32: Ausschnitt aus einem Flugdurchführungsplan (Quelle: Mies, Flugnavigation).

In dem o.a. Ausschnitt haben die einzelnen Eintragungen folgende Bedeutung:

V3 ETD = Estimated Time of Departure

B2 ATD = Actual Time of Departure

P19 ETA = Estimated Time of Arrival,
ATA = Actual Time of Arrival

V4 SS = Sunset UTC

P12 Entfernungen der Flugabschnitte in Nautischen Meilen (Summe in P14)

P13 Countdown der Entfernungen

P15 Geschwindigkeit über Grund

P16 Zeiten der Flugabschnitte in Minuten (Summe in P18)

P17 Countdown der Zeiten

B3 ETO = Estimated Time Over

B4 Actual Time Over

P27 Sichere Flugzeit nach Verbrauchsberechnungen anhand der Tankfüllung

Feld P27 ist nochmals eine Erinnerung an die tatsächlich zur Verfügung stehende Flugzeit und zeigt im Formular auf die für die Flugstrecke benötigte Zeit.

Allgemeine Flugberatung

Bei der Erteilung einer Flugberatung werden auf Anforderung alle verfügbaren Luftfahrtinformationen herangezogen, auf Wunsch interpretiert und dem Luftfahrzeugführer oder seinem Vertreter erläutert. Piloten werden in allen Fragen der Flugvorbereitung beraten und unterstützt. Im einzelnen gehören dazu folgenden Aufgaben:

- Sammlung, Aufbereitung und Bekanntgabe von Nachrichten und Informationen, die für eine sichere, geordnete und flüssige Durchführung von Flügen notwendig sind, u.a. z.B. NOTAM, Luftfahrthandbücher, Ergänzungen zu Luftfahrthandbüchern, Luftfahrtkarten.

- Prüfung, Entgegennahme und Weiterleitung von Flugplänen und Flugplanfolgemeldungen.

Flugberatungsstellen			
Regionales AIS	**Lokales AIS**	**Telefon**	**Telefax**
Berlin/Schönefeld		030-6091-8246,8250	030-6091-8249
	Berlin-Tegel	030-4101-3811*	030-4101-3838*
	Berlin-Tempelhof	030-6951-3428*	030-6951-2876*
	Dresden	0351-8825-142*	0351-8815-955*
	Erfurt	0361-2113-597*	0361-2113-595*
	Leipzig/Halle	0341-2241-737*	0341-2241-744*
Bremen		0421-5372-131	0421-5360-812
		0421-5372-132	
	Hamburg	040-5075-2387, 2388	040-5075-3687
	Hannover	0511-7797-144,145	0511-721664
Düsseldorf		0211-422-8480	0211-422-8444
	Köln/Bonn	02203-5707-134	02203-591090
	Münster/Osnabrück	02571-939-533	02571-91-225
Frankfurt/Main		069-6959-600	069-6959-6031
NOTAM - Zentrale		069-78072-657	069-78072-695
	Saarbrücken	06893-8008-13	06893-8008-26
	Stuttgart	0711-7977-670	0711-7977-656
München		089-9780-350,351,352	089-9701-424
	Nürnberg	0911-36059-135	0911-36059-407

* Rufnummern werden außerhalb der Öffnungszeiten automatisch an den zuständigen Flugberatungsdienst umgeleitet.

Abb. 2.33: Die Flugberatungsstellen der DFS sind an allen internationalen Verkehrsflughäfen vertreten. In jedem Fluginformationsgebiet ist mindestens eine Flugberatungsstelle rund um die Uhr einsatzbereit.

- Entgegennahme und Weiterleitung von Post-Flight-Information, d.h. von Flugberichten der Flugzeugführer nach erfolgtem Flug.

- Überwachung der zeitgerechten Landung bei Flügen zu Flugplätzen ohne Flugverkehrskontrolle, sofern ein Flugplan aufgegeben wurde. Bleibt die Information beim Flugberatungsdienst über die zeitgerechte Landung aus, wird der Such- und Rettungsdienst aktiviert.

Umfang der Flugberatung

Die Flugberatung wird grundsätzlich unter Berücksichtigung von Flugregel, Flugstrekke bzw. -gebiet sowie Flughöhe erteilt. Hierbei werden alle Informationen in Betracht gezogen, die innerhalb der letzten 90 Tage in Kraft getreten sind. Dies gilt auch für die einzelnen Flugabschnitte bei Weiterflügen und Zwischenlandungen.

Flugberatungen in schriftlicher Form enthalten alle Informationen, die zum Zeitpunkt des Abrufes aus der NOTAM-Datenbank gültig sind. Ist gegebenenfalls eine Aktualisierung notwendig, kann dies über die Flugberatungsstellen der DFS angefordert werden.

Bei Flügen nach Sichtflugregeln innerhalb der Bundesrepublik Deutschland wird der Inhalt der gültigen Ausgabe des VFR-Bulletins als bekannt vorausgesetzt. Der Nachtrag zum VFR-Bulletin kann bei allen Flugberatungsstellen angefordert bzw. über Telefax abgerufen werden.

Darüber hinaus wird derzeit eine Bereitstellung des Nachtrags zum VFR-Bulletin im Internet vorbereitet.

Nur auf Anfrage können die folgenden Informationen zur Verfügung gestellt werden:

- Inhalt von Luftfahrthandbüchern

- Streckeninformationen zu Ausweichflugplätzen, soweit in den Beratungsunterlagen nicht anders angegeben

- NOTAM-Informationen, die zum Zeitpunkt der Flugberatung länger als 90 Tage in Kraft getreten sind

- NOTAM-Informationen, die später als zwei Tage nach der Flugberatung in Kraft treten

- NOTAM-Informationen mit umfangreichem Text, die nach etwa 14 Tagen in der Regel nur in gekürzter Form in die Beratung aufgenommen werden - der vollständige Text steht auf Wunsch immer zur Verfügung

- NOTAM-Informationen, die gleichlautend von mehreren Staaten herausgegeben werden

- NOTAM-Informationen, die aufgrund ihres Informationsgehaltes durch die Zuordnungskriterien als nachrangig bewertet wurden

- NOTAM-Informationen über Navigationswarnungen im europäischen Luftraum in und unterhalb Flugfläche 70

Flugpläne und Flugberatungen für VFR-Flüge

In den folgenden Texten werden die Verfahren vorgestellt, wann und wie Flugpläne erstellt und aufgegeben werden müssen (Quelle: NfL-3/99, I-21/99).

I. Flugplanaufgabe

In der Bundesrepublik Deutschland muß für folgende VFR-Flüge ein Flugplan bei einer Flugberatungsstelle (AIS) der DFS aufgegeben werden:

1. Für Flüge über die Grenzen der Bundesrepublik Deutschland, mit folgender Ausnahme:
Für Flüge von und nach Frankreich, Belgien, Luxemburg, den Niederlanden, Österreich, Spanien und Portugal (Unterzeichnerstaaten des Schengener Abkommens) muß nur dann ein Flugplan aufgegeben werden, wenn die Vorschriften des betroffenen Landes dies fordern und/oder während des Fluges das Gebiet oder der Luftraum eines Landes berührt wird, das nicht dem Schengener Abkommen beigetreten ist.

2. Für Flüge bei Nacht im kontrollierten Luftraum

3. Für Flüge in Gebiete mit Flugbeschränkungen, soweit dies ausdrücklich bei der Festlegung der Gebiete angeordnet ist.

Derzeit sind dies nur Flüge in oder durch die Identifizierungszone, die ohne betriebsbereiten Transponder und mit einer wahren Eigengeschwindigkeit von mehr als 150 kt durchgeführt werden.

4. Für Flüge mit Flugregelwechsel von VFR nach IFR

5. Für Kunstflüge im kontrollierten Luftraum und über Flugplätzen mit Flugverkehrskontrolle

6. Für Wolkenflüge mit Segelflugzeugen

Ein Flugplan kann auch für andere VFR-Flüge aufgegeben werden, z.B. wenn der Flugberatungsdienst der DFS die zeitgerechte Landung überwachen und dadurch die Durchführung des SAR-Dienstes sichergestellt werden soll. Der Bundesminister für Verkehr hat für den VFR-Verkehr zwischen einigen deutschen Flugplätzen und bestimmten dänischen, belgischen und niederländischen Flugplätzen (siehe Ausnahmen von der Verpflichtung zur Aufgabe von Flugplänen) Ausnahmen von der Flugplanaufgabepflicht zugelassen.

II. Inhalt des Flugplanes

1. Allgemeines

Das Flugplanformular muß vollständig ausgefüllt werden, die Angaben für den beabsichtigten Flug müssen vollständig sein.

Wird der Flugplan ohne das Flugplanformular erstellt (z.B. über PC-Fax), muß die Reihenfolge der Flugplaneinträge dennoch unbedingt eingehalten werden. Alle Zeiten im Flugplan sind in UTC (koordinierte Weltzeit) anzugeben (MEZ/MESZ minus eine bis zwei Stunde/n).

In den folgenden Abschnitten werden nur die besonderen und notwendigen Angaben in Flugplänen für VFR-Flüge, bzw. für VFR-Flüge mit Flugregelwechsel dargestellt.

Weitere Informationen über Flugplaninhalte können der „Bekanntmachung von Einzelheiten über Arten, Inhalt, Form, Abgabe, Annahme, Aufhebung und Änderung von Flugplänen“ entnommen werden, die u.a. im Luftfahrthandbuch Deutschland IFR veröffentlicht ist.

2. Luftfahrzeugkennung

Als Luftfahrzeugkennung ist das Nationalitätskennzeichen (für die Bundesrepublik Deutschland „D“) in Verbindung mit folgenden Angaben zulässig:

a) Vierbuchstabiges Eintragungszeichen bei

- Flugzeugen
  AXXX über 20 t höchstzulässiges Fluggewicht
  BXXX 14 t bis 20 t
  CXXX 5,7 t bis 14 t
  EXXX einmotorig bis 2 t
  FXXX einmotorig 2 t bis 5,7 t
  GXXX mehrmotorig bis 2 t
  IXXX mehrmotorig 2 t bis 5,7 t

- Drehflüglern
  HXXX

- Luftschiffen
  LXXX

- Motorseglern
  KXXX

- Luftsportgeräten, motorgetrieben
  MXXX

- Luftsportgeräten ohne Motor
  NXXX

- bemannten Freiballonen
  OXXX

b) Zugeteilte vierstellige Kennzahl bei Segelflugzeugen, z.B. 1234

c) Zugeteilter Name bei bemannten Freiballonen, sofern der Name aus nicht mehr als sechs Buchstaben besteht, z.B. LUDWIG

Umfaßt der Name eines Freiballons mehr als sechs Buchstaben, muß als Luftfahrzeugkennung die Buchstabengruppe „ZZZZ” angegeben werden. In diesem Fall ist die vollständige Luftfahrzeugkennung im Flugplanfeld 18 „Andere Angaben“ mit der Kenngruppe „REG/” einzutragen.
Beispiel: REG/D-OFFENBACH

Soll der Flugplan für einen Flug gelten, an dem mehrere Luftfahrzeuge beteiligt sind, ist die Luftfahrzeugkennung des führenden oder des zuerst startenden Luftfahrzeugs anzugeben.

Die Kennungen der anderen Luftfahrzeuge sind im Flugplanfeld 18 „Andere Angaben“ mit der Kenngruppe „REG/” aufzuführen.
Beispiel: REG/DEXXA DEXXB DEXXC

3. Flugregeln und Art des Fluges

Als Flugregel ist nur eine der folgenden Eintragungen möglich:

- V = VFR
- VN = VFR-Nacht
- Y = Flug beginnt IFR und wechselt nach VFR
- Z = Flug beginnt VFR und wechselt nach IFR

Für die Art des Fluges sind folgende Kennbuchstaben zu verwenden:

- G = Flüge der Allgemeinen Luftfahrt. Flüge von Luftfahrzeugen, die nicht im gewerblichen Luftverkehr oder als Arbeitsflüge durchgeführt werden.

- N = Nichtplanmäßige Flüge im gewerblichen Luftverkehr. Nichtplanmäßige Flüge von Luftfahrzeugen für die Beförderung von Fluggästen, Fracht oder Post gegen Entgelt oder Miete.

- X = Übungs-, Test- und Abnahmeflüge. Bei Übungsflügen, die ausschließlich zum Erwerb eines Pilotenscheins oder einer Berechtigung für Luftfahrzeugführer durchgeführt werden, müssen in Feld 18 des Flugplans nach der Kenngruppe „RMK/" die Buchstabenkombination „LIC" sowie ergänzende Angaben eingetragen werden.
  Beispiel: RMK/LIC SEVERAL APCH

4. Anzahl und Muster der Luftfahrzeuge; Wirbelschleppenkategorie

Es ist die von der ICAO festgelegte Abkürzung für den Flugzeugtyp anzugeben. Ist keine Abkürzung festgelegt, dann ist die Buchstabengruppe „ZZZZ" zu verwenden und im Flugplanfeld 18 „Andere Angaben" mit der Kenngruppe „TYP/" das Luftfahrzeugmuster im Klartext einzutragen.

Nehmen an einem Flug mehrere Luftfahrzeuge des gleichen Musters teil, ist die Anzahl vor der Abkürzung einzutragen.

Bei einem Flug, an dem Luftfahrzeuge verschiedener Muster teilnehmen, ist die Abkürzung für das führende oder zuerst startende Luftfahrzeug anzugeben. Die Muster der übrigen Luftfahrzeuge sind im Flugplanfeld 18 „Andere Angaben" mit der Kenngruppe „TYP/" in der Reihenfolge einzutragen, in der sie mit der Kenngruppe „REG/" gem. Ziff. 2 aufgeführt sind.

Beispiel: TYP/BE33 BE35 PA23

Die Wirbelschleppenkategorie richtet sich nach der höchstzulässigen Startmasse des Luftfahrzeugs. Ihr Eintrag ist aus Sicherheitsgründen für die zeitliche und räumliche Staffelung von Flugzeugen durch die Flugverkehrskontrolle wichtig, damit eine Gefährdung durch vorausfliegende größere Luftfahrzeuge vermieden wird.

- L (leicht) - weniger als 7.000 kg

- M (mittel) - mehr als 7.000 kg, jedoch weniger als 136.000 kg

- H (schwer) - 136.000 kg und mehr

5. Ausrüstung

In diesem Feld ist die Ausrüstung eines Luftfahrzeugs mit Funk- und Funknavigationsgeräten sowie mit Transponder anzugeben, die benutzbar ist und, die der Luftfahrzeugführer bedienen darf.

Folgende Angaben sind möglich:

- N - keine Ausrüstung vorhanden oder betriebsbereit, bzw. Luftfahrzeugführer darf die Ausrüstung nicht bedienen

- S - die Standardausrüstung (VHF, RTF, ADF, VOR, ILS) wird mitgeführt und ist betriebsbereit

Es ist auch eine Kombination aus einem oder mehreren Buchstaben zulässig, welche die Art der Ausrüstung bezeichnen. Einige wichtige Beispiele sind nachfolgend aufgeführt:

- A - ADF

- H - Radio HF

- O - VOR
- U - Radio UHF
- V - Radio VHF
- Z - andere Ausrüstung (bei dieser Angabe muß die Art der Ausrüstung in Flugplanfeld 18 „Andere Angaben" mit Kenngruppe „COM/" = Sprechfunkausrüstung oder „NAV/" = Funknavigationsausrüstung aufgeführt werden)

Für die Ausrüstung mit Transponder kann beispielsweise stehen:

- A - Transponder Modus A
- C - Transponder Modi A und C
- S - Transponder Modus S

Weitere Kennbuchstaben für die Ausrüstung mit Funk- und Navigationsgeräten sowie Transponder können der AIP Deutschland entnommen werden.

6. Startflugplatz und voraussichtliche Abblockzeit (EOBT)

Der Startflugplatz wird mit der ICAO-Ortskennung angegeben. Diese ist AD 2 zu entnehmen. Ist einem Flugplatz keine Ortskennung zugeteilt worden, dann ist „ZZZZ" einzutragen und im Flugplanfeld 18 „Andere Angaben" mit der Kenngruppe „DEP/" der Startflugplatz, gegebenenfalls bezogen auf die nächstgelegene, in der ICAO-Karte 1:500.000 verzeichnete Ortschaft im Wortlaut anzugeben.
Beispiel: DEP/WITTSTOCK

Wird der Flugplan während des Fluges aufgegeben, ist anstelle des Startflugplatzes die Buchstabengruppe „AFIL" einzutragen und in Feld 18 mit der Kenngruppe „DEP" die Stelle anzugeben, von der die zusätzlichen Flugplandaten angefordert werden können.

Die voraussichtliche Abblockzeit (EOBT) ist der Zeitpunkt, zu dem das Luftfahrzeug voraussichtlich mit der Bewegung für den Start beginnt. Sie ist mit einer vierstelligen Zahl in UTC anzugeben.

7. Geschwindigkeit, Reiseflughöhe und Flugstrecke

Die Geschwindigkeit ist in Knoten mit dem Buchstaben N und einer vierstelligen Zahl anzugeben, Dabei sind führende Nullen zu ergänzen. Beispiel: N0220

Für die Angabe der Reiseflughöhe gibt es folgende Möglichkeiten:

a) VFR = VFR-Flug bei Tag

b) A + drei Zahlen = Flughöhe in Fuß MSL, z.B. A050 = 5.000 ft

c) F + drei Zahlen = Flughöhe in Flugfläche, z.B. F065 = FL 65

Für die Beschreibung der Flugstrecke können folgende Streckenelemente verwendet werden:

a) Streckenpunkt, z.B. Funknavigationsanlage
   - alle 30 Minuten Flugzeit (oder alle 200 Meilen),
   - bei Richtungsänderungen,
   - bei Flügen mit Flugregelwechsel
     - Wechsel von VFR nach IFR z.B. ALB/N0200F080 IFR
     - Wechsel von IFR nach VFR z.B. ALB VFR

Der Punkt des Wechsels von VFR nach IFR sowie die voraussichtliche Flugdauer in Stunden und Minuten bis zu diesem Streckenpunkt ist im Flugplanfeld 18 „Andere Angaben“ nach der Kenngruppe „EET/“ anzugeben.
Beispiel: EET/ALB0020

Für Flüge innerhalb der Bundesrepublik Deutschland ist die Bezeichnung eines Streckenpunktes nach geographischer Breite und Länge nicht zulässig.

b) Flugstrecke (Punkt zu Punkt oder analog der veröffentlichten IFR-Streckenführung) unter Verwendung einer VFR-Flugfläche für VFR-Flüge bei Nacht im kontrollierten Luftraum.

c) Grenzüberflugpunkt (für VFR-Flüge aus dem Ausland in die Bundesrepublik Deutschland, für die ein Flugplan aufzugeben ist), ggf. bezogen auf die nächstgelegene größere Ortschaft aus der ICAO-Karte 1:500.000.

Der Punkt des Grenzüberfluges sowie die voraussichtliche Flugdauer in Stunden und Minuten bis zum Überflug ist im Flugplanfeld 18 „Andere Angaben“ nach der Kenngruppe „EET/“ ggf. im Wortlaut anzugeben.
Beispiel: EET/CHEB0020

8. Zielflugplatz, voraussichtliche Gesamtflugdauer und Zielausweichflugplätze

Zielflugplatz und Zielausweichflugplatz/-plätze werden mit der ICAO-Ortskennung angegeben. Ist keine Ortskennung zugeteilt worden, dann ist „ZZZZ“ einzutragen und im Flugplanfeld 18 „Andere Angaben” mit der Kenngruppe „DEST/“ der Zielflugplatz, bzw. „ALTN/“ Zielausweichflugplatz/-plätze, ggf. bezogen auf die nächstgelegene, in der ICAO-Karte 1:500.000 verzeichnete Ortschaft im Wortlaut anzugeben.

Bei Fahrten bemannter Freiballone ist, sofern das voraussichtliche Landegebiet nicht angegeben werden kann, in Feld 18 nach der Kenngruppe „DEST/” das Wort „unbekannt” oder „unknown” einzutragen.

Die voraussichtliche Gesamtflugdauer ist für VFR-Flüge die erforderliche Zeit vom Start bis zur Ankunft über dem Zielflugplatz. Sie ist mit einer vierstelligen Zahl in Stunden und Minuten anzugeben.

9. Andere Angaben

Für die Durchführung von VFR-Flügen sind hier insbesondere folgende Einträge relevant:

- EET/ - voraussichtliche Flugzeit bis zu einem Streckenpunkt, einem Punkt mit Flugregelwechsel von VFR nach IFR, einer FIR-Grenze (vgl. Ziff. 7.)
- REG/ - Luftfahrzeugkennung (vgl. Ziff. 2.)
- OPR/ - Luftfahrzeughalter, sofern dieser aus der Luftfahrzeugkennung in Feld 7 des Flugplans nicht ersichtlich ist.
- TYP/ - Luftfahrzeugmuster (vgl. Ziff. 4.)
- COM/ - Angaben über die Sprechfunkausrüstung, wenn der Buchstabe Z bei Ausrüstung angegeben ist (vgl. Ziff. 5.)
- NAV/ - Angaben über die Funknavigationsausrüstung, wenn der Buchstabe Z bei Ausrüstung angegeben ist (vgl. Ziff. 5.)
- DEP/ - Startflugplatz, wenn die Buchstabengruppe ZZZZ als Kennung des Startflugplatzes angegeben ist (vgl. Ziff. 6.)

- DEST/ - Zielflugplatz, wenn als Kennung des Zielflugplatzes die Buchstabengruppe ZZZZ angegeben ist (vgl. Ziff. 8.)
- DOF/ - Tag des Starts, wenn der Flugplan mehr als 24 Stunden vor EOBT aufgegeben wird (Angabe in der Reihenfolge Jahr-Monat-Tag)
- ALTN/ - Zielausweichflugplatz/-plätze, wenn als Kennung die Buchstabengruppe ZZZZ angegeben ist (vgl. Ziff. 8.)
- RMK/ - sonstige Angaben, die für den Flug von Bedeutung sind
- STS/ - Begründung für eine beantragte Vorrangbehandlung (z.B. STS/HOSP)

Sofern Angaben zu Feld 18 des Flugplans nicht erforderlich sind, ist die Ziffer „0“ einzutragen.

10. Ergänzende Angaben

Im Rahmen des Flugalarmdienstes werden folgende Angaben benötigt:

- E/ - Höchstflugdauer in Stunden und Minuten, z.B. 0430
- P/ - Anzahl der Personen an Bord einschließlich des Luftfahrzeugführers
- R/* - verfügbare Notfrequenzen (U = 243.0 MHz, V = 121.5 MHz) oder ELT
- S/* - Art der mitgeführten Rettungsausrüstung
- J/* - Art der mitgeführten Schwimmwesten
- D/* - Anzahl, Tragfähigkeit, Art und Farbe der mitgeführten Schlauchboote

(* = nicht vorhandene Ausrüstung ist „auszukreuzen")

- A/ - Farbe und ggf. besondere Markierung des Luftfahrzeugs
- N/ - ggf. ergänzende Angaben zur Rettungsausrüstung
- C/ - Name des verantwortlichen Luftfahrzeugführers

An Stelle der Unterschrift des verantwortlichen Luftfahrzeugführers ist bei Flugplänen, die z. B. mittels PC-Fax aufgegeben werden, der Name des Flugplanaufgebers einzutragen.

11. Zusätzliche Angaben

Auf dem Flugplanformblatt sollte eine Telefon- und/oder eine Telefax-Nummer angegeben werden, unter welcher der Luftfahrzeugführer bis kurz vor dem Start erreichbar ist. Dies kann auch die Luftaufsichtsstelle des Startflugplatzes sein.

Der Flugberatungsdienst kann somit wichtige Informationen im Zusammenhang mit dem beabsichtigten Flug an den Flugplanaufgeber weiterleiten.

Die Angabe der Erreichbarkeit sollte daher schon im Interesse der Sicherheit bei der Durchführung des Fluges immer erfolgen. Dies gilt insbesondere dann, wenn der Flug Verkehrsflußregelungsmaßnahmen unterliegt.

Ebenso kann hier der Wunsch nach einer schriftlichen Flugberatung eingetragen werden (siehe Ziff. IV.3.). Es besteht die Möglichkeit, zwei Arten der Beratung auszuwählen, die sich im Umfang unterscheiden.

Wahlweise umfaßt die Beratung

a) nur die NOTAM-Informationen für den betreffenden Flug, die innerhalb der letzten 90 Tage in Kraft getreten sind, oder

b) sofern „3+" angekreuzt wird, alle NOTAM-Informationen, die zum Zeitpunkt der Abfrage in Kraft sind. Dabei sind auch NOTAM enthalten, die älter als 90 Tage sind.

III. Aufgabe, Änderung und Aufhebung von Flugplänen, Aufgabe von Start- und Landemeldungen

1. Verfahren zur Aufgabe von Flugplänen

Flugpläne für VFR-Flüge der Allgemeinen Luftfahrt können von allen Flugplätzen in der Bundesrepublik Deutschland persönlich, fernmündlich, mittels Telefax oder PC-Fax sowie über Internet vorzugsweise bei der für den Startflugplatz zuständigen Flugberatungsstelle während der Betriebszeiten aufgegeben werden. Selbstverständlich nimmt auch jede andere Flugberatungsstelle der DFS den Flugplan entgegen.

Für die Aufgabe mittels Telefax gilt dabei:

a) Der erste Start erfolgt innerhalb der Bundesrepublik Deutschland.

b) Für die Übermittlung des Flugplanes ist das Flugplan-Formblatt zu verwenden. Der Vordruck muß deutlich lesbar und vollständig ausgefüllt sein. Durch Computerprogramme erstellte Flugplan-Formblätter sind zugelassen, die Reihenfolge der Einträge muß jedoch mit dem Flugplan-Formblatt der DFS übereinstimmen.

   Sofern die Meldungsformatvorschriften eingehalten werden, können Flugpläne auch über einen PC (FAX-Karte) aufgegeben werden. Anstelle der Unterschrift ist dann der Name des verantwortlichen Luftfahrzeugführers und des Flugplanaufgebers einzutragen. Über die DFS Homepage können Flugpläne auch per Internet aufgegeben werden. Sie finden das Flugplanformular auf der Seite http:/www.dfs.de/fpl

Der Flugplan kann in allen Fällen frühestens 4 Tage vor dem Starttag aufgegeben werden, er ist jedoch spätestens eine Stunde vor der voraussichtlichen Abblockzeit aufzugeben. Bei später eingehenden Flugplänen kann es zu Verzögerungen in der Flugplanbearbeitung kommen. Für einen Flug, der Verkehrsflußregelungsmaßnahmen unterliegt, ist der Flugplan mindestens drei Stunden vor der EOBT aufzugeben.

Die Aufgabe eines einzelnen Flugplans genügt auch bei Flügen, an denen mehrere Luftfahrzeuge im Verband teilnehmen und bei aufeinanderfolgenden VFR-Flügen eines oder mehrerer Luftfahrzeuge in der Nähe eines Flugplatzes.

Der Flugplan kann auch während des Fluges aufgegeben werden, wenn besondere, vor dem Start nicht bekannte Umstände (z.B. Verschlechterung des Wetters) dies erfordern. Hierbei nimmt der Fluginformationsdienst die Flugplandaten auf den festgelegten Funkfrequenzen zur Weiterleitung an den Flugberatungsdienst entgegen.

Die Flugplanaufgabe während des Fluges ist nicht zulässig

a) für Flüge in das Ausland (vgl. Ziff. I.1.)

b) für Weiterflüge nach Zwischenlandungen.

Für einen Flug mit Zwischenlandungen nimmt die aufnehmende Flugberatungsstelle auf Wunsch alle für die einzelnen Flugabschnitte erforderlichen Flugpläne entgegen und leitet diese weiter.

Für Flüge, die ganz oder teilweise nach IFR durchgeführt werden und Trainingsvorhaben an einem Flugplatz durchzuführen beabsichtigen, ist für jeden einzelnen Streckenabschnitt ein Einzelflugplan aufzugeben.

2. Verantwortung des Luftfahrzeugführers

Der Luftfahrzeugführer ist in jedem Fall verantwortlich für

- Vollständigkeit und Richtigkeit aller Angaben im Flugplan
- Einholung einer Flugberatung
- Überprüfung der Durchführbarkeit des Fluges u.a. anhand der erteilten, bzw. aus den Telefaxgeräten der AIS-Stellen abgerufenen Flugberatung
- Vollständige Adressierung

Der Flugberatungsdienst unterstützt und berät den Luftfahrzeugführer jedoch auf Wunsch in allen Fragen der Flugvorbereitung. Für Rückfragen wird die Angabe einer Rufnummer oder Telefaxnummer auf dem Flugplanformular empfohlen (siehe II.11).

3. Verfahren bei der Aufgabe von Änderungs-, Aufhebungs-, Verspätungs- Start- und Landemeldungen

Änderungen zu einem bereits aufgegebenen Flugplan sind dem Flugberatungsdienst mitzuteilen (persönlich, fernmündlich, schriftlich oder per Telefax/PC-Fax). Sie können auch während des Fluges aufgegeben werden. Dabei nimmt der Fluginformationsdienst (FIS) die Änderungsmeldung entgegen und leitet diese an den Flugberatungsdienst weiter.

Änderungs- und Aufhebungsmeldungen sowie Verspätungs-, Start- oder Landemeldungen können dem Flugberatungsdienst auch formlos mitgeteilt werden, wobei die notwendigen Inhalte, (z.B. Rufzeichen, Start- und Zielflugplatz) unbedingt vollständig angegeben sein müssen. Hierbei ist zu beachten, daß Start- oder Landemeldungen ausschließlich dem jeweils zuständigen AIS übermittelt werden müssen.

Bei Änderungen des Start- und/oder Zielflugplatzes muß der Flugplan aufgehoben und ein neuer Flugplan aufgegeben werden.

Bedingt die Änderung eines Flugplans die Benachrichtigung von Stellen, an die der Flugplan zuvor nicht adressiert wurde, ist anstelle der Änderungsmeldung ein neuer Flugplan aufzugeben.

Ist absehbar, daß sich die tatsächliche EOBT um mehr als 30 Minuten verzögert, ist eine Verspätungsmeldung beim Flugberatungsdienst abzugeben. Falls die Angabe einer neuen EOBT nicht möglich ist, muß der Flugplan vom Luftfahrzeugführer aufgehoben werden.

Der Luftfahrzeugführer kann den VFR-Flugplan während des Fluges aufheben, sofern für den Weiterflug kein Flugplan vorgeschrieben ist.

Für die rechtzeitige Abgabe der Start- und Landemeldung ist ebenfalls der Luftfahrzeugführer verantwortlich. Er hat alle Möglichkeiten auszuschöpfen, die betreffende Meldung an den Flugberatungsdienst abzugeben. Dabei ist die Startmeldung ausschließlich an die für den Startflugplatz zuständige Flugberatungsstelle zu übermitteln.

Die Landemeldung ist ausschließlich bei der für den Zielflugplatz zuständigen Flugberatungsstelle abzugeben.

IV. Flugberatung

1. Die Verpflichtung zur Einholung einer Flugberatung nach § 3a LuftVO bleibt für alle Flüge uneingeschränkt bestehen.

2. Der Flugberatungsdienst unterstützt auf Wunsch den Luftfahrzeugführer bei der Auswertung der Beratungsunterlagen.

Besonders wichtige oder flugverhindernde Informationen werden von AIS direkt an die angegebene Telefonnummer bzw. soweit möglich an die Luftaufsicht des Startflugplatzes übermittelt.

3. Wünscht der Flugplanaufgeber die für den Flug notwendigen NOTAM-Informationen in schriftlicher Form, kann er diese unter Angabe einer Telefaxnummer mit dem Vermerk „Bitte Beratung" bzw. „Request Briefing" im Flugplan anfordern (siehe II.11.) (Ankreuzen des entsprechenden Feldes).

Dabei wird ein NOTAM-Bulletin erstellt, das nur die NOTAM-Informationen enthält, die innerhalb der letzten 90 Tage in Kraft getreten sind. Dieses Bulletin wird innerhalb Deutschlands an die angegebene Telefaxnummer übermittelt.

Vermerkt der Flugplanaufgeber neben der o.g. Telefaxnummer „Bitte Beratung 3+" bzw. „Request Briefing 3+" (Ankreuzen des entsprechenden Feldes), dann wird eine Beratung unter Berücksichtigung aller für den Flug relevanten NOTAM-Informationen erstellt und an die angegebene deutsche Telefaxnummer übermittelt. Dabei sind auch gültige NOTAM enthalten, die älter als 90 Tage sind.

4. Für VFR-Flüge innerhalb der Bundesrepublik Deutschland kann auch anstelle einer Beratung nach Nr. 3 das VFR-Bulletin als Beratungsgrundlage dienen.

Sofern das gültige VFR-Bulletin und der zusätzlich notwendige Nachtrag dazu in Umfang und Inhalt für den beabsichtigten Flug ausreichen, ist damit die Pflicht zur Einholung einer Flugberatung nach § 3a LuftVO erfüllt.

5. Der Nachtrag zum VFR-Bulletin wird im Speicher der Telefaxgeräte folgender Flugberatungsstellen mehrmals täglich aktualisiert und kann dort mit geeigneten Telefaxgeräten abgerufen werden:

Nachtrag Deutschland

AIS Hannover	0511-7242721
AIS Berlin-Tempelhof	030-69512876
AIS Münster-Osnabrück	02571-91225
AIS Frankfurt	069-69596031
AIS Berlin-Tegel	030-41013838
NOTAM-Zentrale	069-7896806

Nachtrag Österreich

AIS München	089-9701424

Nachtrag Schweiz

AIS Stuttgart	0711 -7977656

Die Nachträge zum VFR-Bulletin für Deutschland, Österreich und die Schweiz werden auch im Internet bereitgestellt:

Deutschland
http://www.dfs.de/vfr-update

Österreich
http://www.dfs.de/vfr-update-lo

Schweiz
http://www.dfs.de/vfr-update-ls

6. Beratungsunterlagen für VFR-Flüge nach Dänemark, den Niederlanden, Belgien, Frankreich, Tschechien, Slowenien, Polen oder der Slowakei können unter den folgenden Telefaxanschlüssen gebietsbezogen abgerufen werden. Diese enthalten Streckeninformationen sowie Informationen über ausgewählte Flugplätze, die in den letzten 90 Tagen in Kraft getreten sind. Ältere, darüber hinausgehende Informationen sind in den vorstehenden Beratungen nicht enthalten. Sie können jedoch jederzeit bei einer Flugberatungsstelle angefordert und über Telefax zur Verfügung gestellt werden.

AIS Hamburg 040-50753687
Dänemark mit den Plätzen Aalborg, Aarhus/Tirstrup, Anholt, Billund, Bornholm/Rönne, Esbjerg, Haderslev, Herning, Kolding/Vamdrup, Kobenhaven-Kastrup, Kobenhaven-Roskilde, Lolland Falster/ Maribo, Laesö, Odense, Randers, Rö, Sindal, Skive, Stauning, Sydfyn/Tasinge, Sonderborg, Thisted, Tonder, Viborg, Aero, Karup und Nakskov.

AIS Bremen 0421-5360812
Deutsche Bucht/FIR Bremen mit den Plätzen Bremen, Hamburg, Hannover, Osnabrück/Atterheide, Ganderkesee-Atlas Airfield, Westerland/Sylt, Wilhelmshaven/ Mariensiel, Bremerhaven/Am Luneort, Borkum Damme, Emden, Juist, Langeoog, Norderney, Nordhorn/Lingen, Wangerooge, Helgoland/Düne, Kiel-Holtenau, Flensburg/Schäferhaus, Heide/Büsum, St. Michaelisdonn, St. Peter-Ording.

AIS Düsseldorf 0211-4228444
Niederlande mit den Plätzen Amsterdam/Schipol, Deventer/Teuge, Drachten, Eindhoven, Enschede/Twenthe, Groningen/Eelde, Hilversum, Hoeven/Seppe, Hoogeveen, Lelystad, Maastricht, Middelburg/Midden-Zeeland, Rotterdam, Texel, Weert/Budel.

AIS Köln/Bonn 02203-591090
Belgien mit den Plätzen Bruxelles/National, Liege/Bierset, Spa/La Sauveniere, Antwerpen/Deurne, Oostende, Saint-Hubert, Charleroi/Brissels South und Kortrijk-Wevelgem.

AIS Saarbrücken 06893-800826
Frankreich (FIR Reims, FIR Marseille) mit den Plätzen Lyon-Brindas, Reims/Prunay, Lyon-Bron, Marseille/Marignane, Grenoble/Saint-Geoirs, Nancy/Essey, Reims/ Champagne, Lyon/Satolas, Montpellier/ Frejorgues, Dijon/Longvic, Troyes/Barberey, Cannes/ Mandelieu, Perpignan/Rivesaltes, Colmar/Houssen, Thionville/ Yutz, Nice/Cote D'Azur, La Mole, Strasbourg/Entzheim, Verdun/Rozelier, Clermont-Ferrant/Aulnat, Frejus/Saint Raphael.

AIS Nürnberg 0911-36059-407
Tschechien mit den Plätzen Prag, Karlovy Vary, Liberec, Turany, Ostrava und Otrokovice.

AIS Dresden 0351-8815955
Slowenien mit den Plätzen Ljubjana, Maribor und Portoroz.

AIS Berlin/Schönefeld 030-60918249
Polen mit den Plätzen Gdansk/Rebiechowo, Katowice/Pyrzowice, Krakow/Balice, Poznan/Lawica, Rzeszow/Jasionka, Szczecin/Goleniow, Warszawa/Okezie, Wroclaw/Strachowice und Zielona Gora.

AIS Leipzig 0341-2241744
Slowakei mit den Plätzen Bratislava/Ivanka, Kosice und Poprad/Tatry.

7. Besonders wichtige oder flugverhindernde Informationen für einen aufgegebenen Flugplan werden auch dann an die angegebene Telefonnummer bzw., soweit möglich, an die Luftaufsicht des Startflugplatzes übermittelt, wenn der Flugplanaufgeber keine schriftliche Beratung anfordert.

Abb. 2.34 (unten): Standorte der DFS Deutsche Flugsicherung GmbH (Quelle: DFS).

Abb. 2.35 (Seite 100): Oben: Webseite des Büros NfL, Unten: Inhaltsverzeichnis der DFS-Website (Quelle: DFS).

Abb. 2.36 (Seite 101): Beispiel eines VFR-Flugplans (Quelle: DFS).

Abb. 2.37 (Seite 102): Beispiel eines VFR-Flugplans bei Nacht im kontrollierten Luftraum (Quelle: DFS).

Abb. 2.38 (Seite 103): Beispiel eines VFR-Flugplans mit Flugregelwechsel VRF-IFR-VFR (Quelle: DFS).

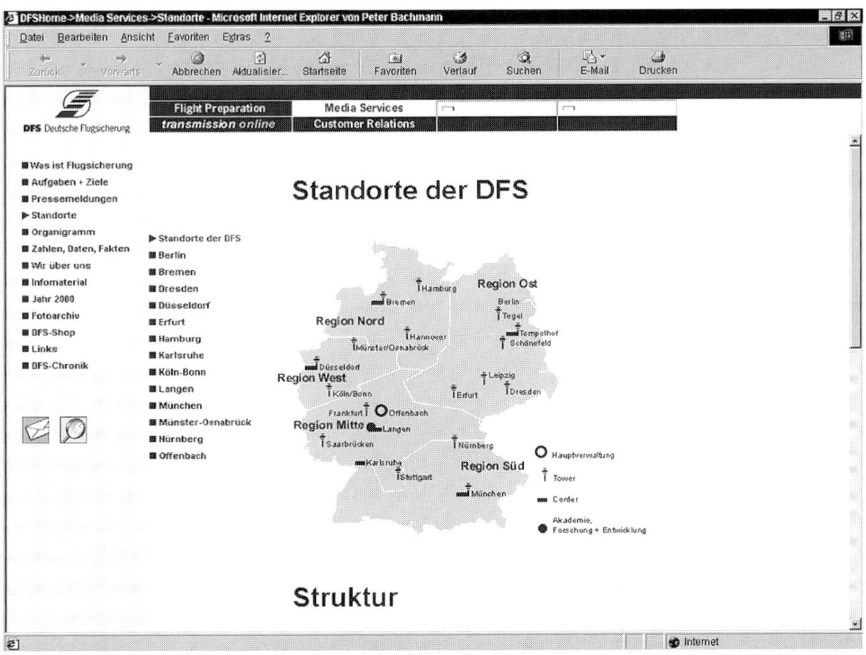

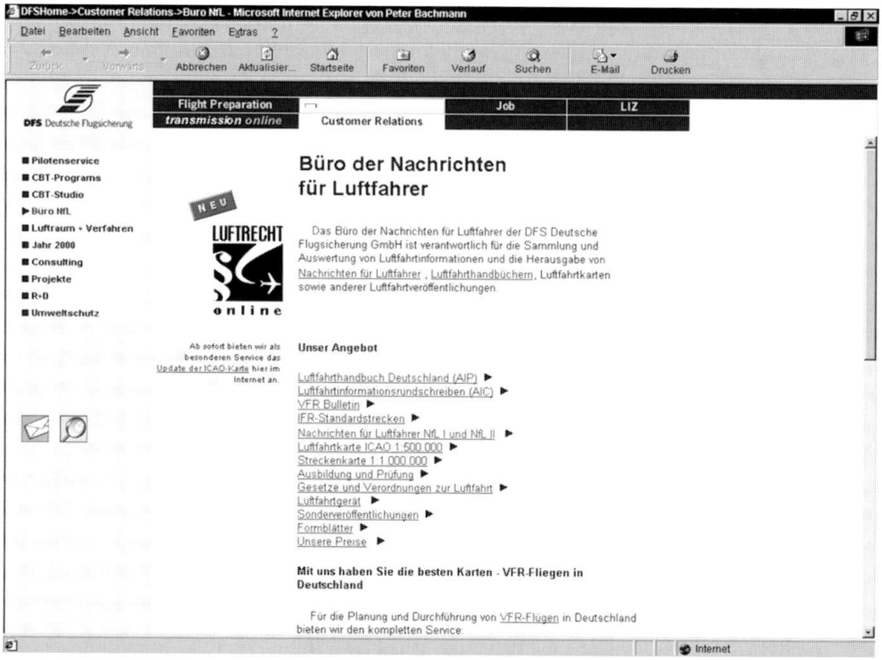
DFSHome->Customer Relations->Buro NfL - Microsoft Internet Explorer von Peter Bachmann
Datei Bearbeiten Ansicht Favoriten Extras ?
Zurück Vorwärts Abbrechen Aktualisier... Startseite Favoriten Verlauf Suchen E-Mail Drucken
DFS Deutsche Flugsicherung
Flight Preparation
transmission online
Customer Relations
Job
LIZ
Pilotenservice
CBT-Programs
CBT-Studio
Büro NfL
Luftraum + Verfahren
Jahr 2000
Consulting
Projekte
R+D
Umweltschutz
NEU
LUFTRECHT
online
Ab sofort bieten wir als besonderen Service das Update der ICAO-Karte hier im Internet an.
Büro der Nachrichten für Luftfahrer
Das Büro der Nachrichten für Luftfahrer der DFS Deutsche Flugsicherung GmbH ist verantwortlich für die Sammlung und Auswertung von Luftfahrtinformationen und die Herausgabe von Nachrichten für Luftfahrer, Luftfahrthandbüchern, Luftfahrtkarten sowie anderer Luftfahrtveröffentlichungen.
Unser Angebot
Luftfahrthandbuch Deutschland (AIP)
Luftfahrtinformationsrundschreiben (AIC)
VFR Bulletin
IFR-Standardstrecken
Nachrichten für Luftfahrer NfL I und NfL II
Luftfahrtkarte ICAO 1:500 000
Streckenkarte 1:1 000 000
Ausbildung und Prüfung
Gesetze und Verordnungen zur Luftfahrt
Luftfahrtgerät
Sonderveröffentlichungen
Formblätter
Unsere Preise
Mit uns haben Sie die besten Karten - VFR-Fliegen in Deutschland
Für die Planung und Durchführung von VFR-Flügen in Deutschland bieten wir den kompletten Service:
Internet

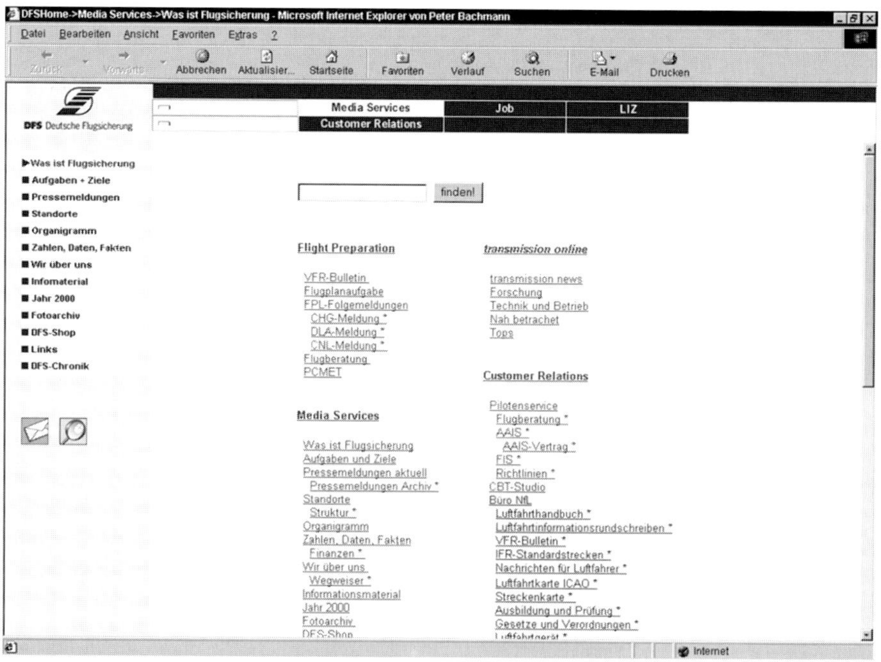
DFSHome->Media Services->Was ist Flugsicherung - Microsoft Internet Explorer von Peter Bachmann
Datei Bearbeiten Ansicht Favoriten Extras ?
Zurück Vorwärts Abbrechen Aktualisier... Startseite Favoriten Verlauf Suchen E-Mail Drucken
DFS Deutsche Flugsicherung
Media Services
Customer Relations
Job
LIZ
Was ist Flugsicherung
Aufgaben + Ziele
Pressemeldungen
Standorte
Organigramm
Zahlen, Daten, Fakten
Wir über uns
Infomaterial
Jahr 2000
Fotoarchiv
DFS-Shop
Links
DFS-Chronik
finden!
Flight Preparation
VFR-Bulletin
Flugplanaufgabe
FPL-Folgemeldungen
CHG-Meldung *
DLA-Meldung *
CNL-Meldung *
Flugberatung
PCMET
transmission online
transmission news
Forschung
Technik und Betrieb
Nah betrachet
Tops
Media Services
Was ist Flugsicherung
Aufgaben und Ziele
Pressemeldungen aktuell
Pressemeldungen Archiv *
Standorte
Struktur *
Organigramm
Zahlen, Daten, Fakten
Finanzen *
Wir über uns
Wegweiser *
Informationsmaterial
Jahr 2000
Fotoarchiv
Customer Relations
Pilotenservice
Flugberatung *
AAIS *
AAIS-Vertrag *
FIS *
Richtlinien *
CBT-Studio
Büro NfL
Luftfahrthandbuch *
Luftfahrtinformationsrundschreiben *
VFR-Bulletin *
IFR-Standardstrecken *
Nachrichten für Luftfahrer *
Luftfahrtkarte ICAO *
Streckenkarte *
Ausbildung und Prüfung *
Gesetze und Verordnungen *
Internet

BUNDESREPUBLIK DEUTSCHLAND

DFS Deutsche Flugsicherung

FLIGHT PLAN
FLUGPLAN

« ≡ FF → ADDRESSEE(S) / ANSCHRIFT(EN)

VFR-FLUG VON
BAUTZEN NACH NEUBIBERG « ≡

FILING TIME / AUFGABEZEIT → ORIGINATOR / AUFGEBER « ≡

SPECIFIC IDENT OF ADDRESSEE(S) AND/OR ORIGINATOR / BESONDERE ANSCHRIFTEN UND/ODER AUFGEBER

« ≡ (FPL

7 AIRCRAFT IDENTIFICATION / LFZ.-KENNUNG — D E x x x

8 FLIGHT RULES / FLUGREGELN — V

TYPE OF FLIGHT / ART DES FLUGES G « ≡

9 NUMBER / ANZAHL —

TYPE OF AIRCRAFT / MUSTER D. LFZ P A 2 8

WAKE TURBULENCE CATEGORY / WIRBELSCHLEPPENKATEGORIE / L

10 EQUIPMENT / AUSRÜSTUNG — S / C « ≡

13 DEPARTURE AERODROME / STARTFLUGPLATZ — E D A B

TIME / ZEIT 0 9 0 0 « ≡

15 SPEED / GESCHWINDIGKEIT — N 0 1 0 0

LEVEL / REISEFLUGHÖHE V F R

→ ROUTE / ROUTE DUBI RAK FURTH MBG

« ≡

16 DESTINATION AERODROME / ZIELFLUGPLATZ — E D P N

TOTAL EET / VORAUSS. GESAMTFLUGDAUER HR MIN 0 2 3 0

→ ALTERNATE AERODROME / AUSWEICHFLUGPLATZ

→ 2ND ALTERNATE AERODROME / 2. AUSWEICHFLUGPLATZ « ≡

18 OTHER INFORMATION / ANDERE ANGABEN

— EET/DUBI 0022 FURTH 0112

) « ≡

SUPPLEMENTARY INFORMATION · ERGÄNZENDE ANGABEN

19 ENDURANCE / HÖCHSTFLUGDAUER — E / 0 3 3 0

→ PERS. ON BOARD / PERS. AN BORD — P / 0 0 2

EMERGENCY RADIO / NOTFUNKFREQUENZ — UHF VHF ELBA → R / ☒ V E

SURVIVAL EQUIPMENT / RETTUNGSAUSRÜSTUNG — POLAR DESERT MARITIME JUNGLE → ☒ / P D M J

JACKETS / SCHWIMMWESTEN — LIGHT FLUORES UHF VHF → ☒ / L F U V

DINGHIES/SCHLAUCHBOOTE — NUMBER / ANZAHL, CAPACITY / TRAGFÄHIGKEIT, COVER, COLOUR / FARBE → ☒ / → → C → « ≡

AIRCRAFT COLOUR AND MARKINGS / FARBE UND MARKIERUNG D. LFZ

A / BEIGE WHITE

REMARKS / BEMERKUNGEN

→ ☒ / « ≡

PILOT IN COMMAND / VERANTWORTLICHER LFZ.-FÜHRER

C / MÜLLER) « ≡

REMARKS NOT FOR TRANSMISSION / BEMERKUNGEN NICHT ZU ÜBERMITTELN

SIGNATURE OF PILOT OR REPRESENTATIVE / UNTERSCHRIFT D. LFZ.-FÜHRERS ODER BERECHTIGTEN	SIGNATURE AIS / UNTERSCHRIFT FB
MÜLLER	

Zusätzliche Angaben sofern erforderlich
Additional remarks if applicable

Erreichbarkeit bis EOBT-Tel.: 0 35 91 / 2 31 41
Avaibale until EOBT -FAX: 0 35 91 / 2 31 41

Bitte Beratung / Request Briefing ☒ ☐

BUNDESREPUBLIK DEUTSCHLAND

DFS Deutsche Flugsicherung

FLIGHT PLAN
FLUGPLAN

« ≡ FF → ADDRESSEE(S) / ANSCHRIFT(EN): VFR-FLUG BEI NACHT IM KONTROLLIERTEN LUFTRAUM VON BAD GANDERSHEIM NACH SAARBRÜCKEN « ≡

FILING TIME / AUFGABEZEIT: → ORIGINATOR / AUFGEBER: « ≡

SPECIFIC IDENT OF ADDRESSEE(S) AND/OR ORIGINATOR / BESONDERE ANSCHRIFTEN UND/ODER AUFGEBER

« ≡ (FPL

7 AIRCRAFT IDENTIFICATION / LFZ.-KENNUNG: — D E x x x

8 FLIGHT RULES / FLUGREGELN: — VN

TYPE OF FLIGHT / ART DES FLUGES: G « ≡

9 NUMBER / ANZAHL: —

TYPE OF AIRCRAFT / MUSTER D. LFZ: D 0 2 8

WAKE TURBULENCE CATEGORY / WIRBELSCHLEPPENKATEGORIE: / L

10 EQUIPMENT / AUSRÜSTUNG: — S / C « ≡

13 DEPARTURE AERODROME / STARTFLUGPLATZ: — E D V A

TIME / ZEIT: 2 0 0 0 « ≡

15 SPEED / GESCHWINDIGKEIT: — N 0 1 2 0

LEVEL / REISEFLUGHÖHE: F 0 7 5

ROUTE / ROUTE: → DCT WRB A9 GIN R10 RUDUS

G100 KIR 2A « ≡

16 DESTINATION AERODROME / ZIELFLUGPLATZ: — E D D R

TOTAL EET / VORAUSS. GESAMTFLUGDAUER (HR MIN): 0 1 1 0

ALTERNATE AERODROME / AUSWEICHFLUGPLATZ: → E D D F

2ND ALTERNATE AERODROME / 2. AUSWEICHFLUGPLATZ: → « ≡

18 OTHER INFORMATION / ANDERE ANGABEN: —

) « ≡

SUPPLEMENTARY INFORMATION · ERGÄNZENDE ANGABEN

19 ENDURANCE / HÖCHSTFLUGDAUER (HR MIN): — E / 0 3 1 0

PERS. ON BOARD / PERS. AN BORD: → P / 0 0 4

EMERGENCY RADIO / NOTFUNKFREQUENZ: → R / UHF: U · VHF: ~~V~~ · ELBA: E

SURVIVAL EQUIPMENT / RETTUNGSAUSRÜSTUNG: → ~~S~~ / POLAR: P · DESERT: D · MARITIME: M · JUNGLE: J

JACKETS / SCHWIMMWESTEN: → ~~J~~ / LIGHT: L · FLUORES: F · UHF: U · VHF: V

DINGHIES/SCHLAUCHBOOTE: → ~~D~~ / NUMBER / ANZAHL: → CAPACITY / TRAGFÄHIGKEIT: → COVER: C → COLOUR / FARBE: « ≡

AIRCRAFT COLOUR AND MARKINGS / FARBE UND MARKIERUNG D. LFZ: A / RED YELLOW WINGS

REMARKS / BEMERKUNGEN: → ~~N~~ / « ≡

PILOT IN COMMAND / VERANTWORTLICHER LFZ.-FÜHRER: C / MEIER) « ≡

REMARKS NOT FOR TRANSMISSION / BEMERKUNGEN NICHT ZU ÜBERMITTELN

SIGNATURE OF PILOT OR REPRESENTATIVE / UNTERSCHRIFT D. LFZ.-FÜHRERS ODER BERECHTIGTEN	SIGNATURE AIS / UNTERSCHRIFT FB	

Zusätzliche Angaben sofern erforderlich
Additional remarks if applicable

Erreichbarkeit bis EOBT-Tel.: 0 51 81 / 80 11
Availabe until EOBT -FAX: 0 51 81 / • • • •

Bitte Beratung / Request Briefing ☒ ☐

BUNDESREPUBLIK DEUTSCHLAND — DFS Deutsche Flugsicherung — **FLIGHT PLAN FLUGPLAN**

« ≡ FF → ADDRESSEE(S) ANSCHRIFT(EN): FLUG MIT FLUGREGELWECHSEL
VFR-IFR-VFR VON
MAINZ NACH LIEGE « ≡

FILING TIME AUFGABEZEIT → ORIGINATOR AUFGEBER « ≡

SPECIFIC IDENT OF ADDRESSEE(S) AND/OR ORIGINATOR
BESONDERE ANSCHRIFTEN UND/ODER AUFGEBER

« ≡ (FPL

7 AIRCRAFT IDENTIFICATION LFZ.-KENNUNG — D E x x x

8 FLIGHT RULES FLUGREGELN — Z

TYPE OF FLIGHT ART DES FLUGES G « ≡

9 NUMBER ANZAHL —

TYPE OF AIRCRAFT MUSTER D. LFZ C 1 8 2

WAKE TURBULENCE CATEGORY WIRBELSCHLEPPENKATEGORIE / L

10 EQUIPMENT AUSRÜSTUNG — S / C « ≡

13 DEPARTURE AERODROME STARTFLUGPLATZ — E D F Z

TIME ZEIT 0 8 0 0 « ≡

15 SPEED GESCHWINDIGKEIT — N 0 1 3 0

LEVEL REISEFLUGHÖHE V F R

→ ROUTE ROUTE KIR/N0140F100 IFR G104

DIK R7 LNO VFR

« ≡

16 DESTINATION AERODROME ZIELFLUGPLATZ — E B L G

TOTAL EET VORAUSS. GESAMTFLUGDAUER HR MIN 0 1 3 0

→ ALTERNATE AERODROME AUSWEICHFLUGPLATZ E B S P

→ 2ND ALTERNATE AERODROME 2. AUSWEICHFLUGPLATZ « ≡

18 OTHER INFORMATION ANDERE ANGABEN

— EET/KIR 0020

) « ≡

SUPPLEMENTARY INFORMATION - ERGÄNZENDE ANGABEN

19 ENDURANCE HÖCHSTFLUGDAUER — E / 0 4 0 0

→ PERS. ON BOARD PERS. AN BORD P / 0 0 2

EMERGENCY RADIO NOTFUNKFREQUENZ → R / UHF ~~U~~ VHF V ELBA E

SURVIVAL EQUIPMENT RETTUNGSAUSRÜSTUNG → ~~S~~ / POLAR P DESERT D MARITIME M JUNGLE J

JACKETS SCHWIMMWESTEN → ~~J~~ / LIGHT L FLUORES F UHF U VHF V

DINGHIES/SCHLAUCHBOOTE

→ ~~D~~ / NUMBER ANZAHL → CAPACITY TRAGFÄHIGKEIT → COVER C → COLOUR FARBE « ≡

AIRCRAFT COLOUR AND MARKINGS FARBE UND MARKIERUNG D. LFZ

A / WHITE RED BLUE STRIPES

REMARKS BEMERKUNGEN

→ N / « ≡

PILOT IN COMMAND VERANTWORTLICHER LFZ.-FÜHRER

C / SCHULZ) « ≡

REMARKS NOT FOR TRANSMISSION BEMERKUNGEN NICHT ZU ÜBERMITTELN

SIGNATURE OF PILOT OR REPRESENTATIVE UNTERSCHRIFT D. LFZ.-FÜHRERS ODER BERECHTIGTEN	SIGNATURE AIS UNTERSCHRIFT FB	

Zusätzliche Angaben sofern erforderlich
Additional remarks if applicable

Erreichbarkeit bis EOBT-Tel.: 0 61 31 / 4 01 14
Avaibale until EOBT -FAX: 0 61 31 / 47 94 22

Bitte Beratung / Request Briefing ☐ ☒

Ausnahmen von der Verpflichtung zur Aufgabe von Flugplänen
(NfL I-214/99, I-195/97, I-11/00)

1. Bei VFR-Flügen

a) von SR bis SS

b) nicht höher als 3.000 ft GND

c) nicht schneller als 250 kt (IAS)

ist die Aufgabe eines Flugplans in folgenden Fällen nicht erforderlich:

Flüge zwischen

- Kiel-Holtenau, Flensburg-Schäferhaus, Westerland/Sylt, Wyk auf Föhr, Rendsburg-Schachtholm, Leck, Husum, St. Michaelisdonn und
  Dänemark: Sonderborg-Ellegard, Aero, Tonder

- Stadtlohn/Wennigfeld, Nordhorn-Lingen und
  Niederlande: Twenthe, Teuge

- Aachen-Merzbrück und
  Belgien: Liege, Spa, Elsenborn
  Niederlande: Maastricht-Beek

2. Der Luftfahrzeugführer hat der Luftaufsichtsstelle des Startflugplatzes lediglich folgende Flugplan-Daten zu übermitteln:

a) Luftfahrzeugkennung und Muster

b) Startflugplatz und EOBT

c) Zielflugplatz und voraussichtliche Landezeit

d) Maximale Flugzeit

e) Anzahl der Personen an Bord

f) Name des verantwortlichen Luftfahrzeugführers

3. Die Luftaufsichtsstelle/Flugleitung des Startflugplatzes übermittelt unverzüglich an die Luftaufsichtsstelle/Flugleitung des Zielflugplatzes:

- Angaben zu Nummer 2

- Tatsächliche Startzeit

4. Die Luftaufsichtsstelle/Flugleitung des Zielflugplatzes informiert die zuständige Flugsicherungsstelle, wenn ein Luftfahrzeug die voraussichtliche Ankunftszeit um 10 Minuten überschritten hat und keine gesicherten Erkenntnisse über den Verbleib des Luftfahrzeuges vorliegen.

5. Im Falle einer Ausweichlandung hat der Luftfahrzeugführer die Luftaufsicht des Zielflugplatzes umgehend zu informieren.

6. Die Aufgabe von Flugplänen für Segelflugzeuge und für Motorsegler mit abgeschaltetem Motor ist im grenzüberschreitenden Verkehr mit Österreich ebenfalls nicht erforderlich.

Startmeldungen
(NfL I-192/97)

1. Ist für einen Flug von einem Flugplatz ohne Flugverkehrskontrolle ein Flugplan übermittelt worden, hat der Luftfahrzeugführer die tatsächliche Startzeit zu übermitteln.

2. Die tatsächliche Startzeit ist unverzüglich nach dem Start entweder

- durch einen vom Luftfahrzeugführer Beauftragten dem zuständigen Flugberatungsdienst oder

- mittels Sprechfunk in Form einer Startmeldung der zuständigen Flugverkehrskontrolle, oder wenn diese nicht erreichbar ist, dem zuständigen Fluginformationsdienst zur Weiterleitung an den Flugberatungsdienst zu übermitteln.

3. Die Startmeldung hat folgende Angaben zu enthalten:

- Luftfahrzeugkennung
- Startflugplatz
- Startzeit
- Zielflugplatz

Landemeldungen

(NfL I-193/97)

1. Der Luftfahrzeugführer hat die Landemeldung an die für den Landeflugplatz zuständige AIS-Stelle oder, wenn diese nicht betriebsbereit ist, an die zuständige Flugverkehrskontrollstelle zu übermitteln.

2. Der Luftfahrzeugführer kann anstelle der Landemeldung die voraussichtliche Landezeit mittels Sprechfunk der zuständigen Flugverkehrskontrolle oder, wenn diese nicht erreichbar ist, dem zuständigen FIS zur Weiterleitung an die AIS-Stelle übermitteln, sofern das Luftfahrzeug sich bereits in der Platzrunde befindet und die Landung sichergestellt erscheint.

3. Die Landemeldung hat zu enthalten:

- Luftfahrzeugkennung
- Landeflugplatz
- Landezeit

Erfolgt die Landung nicht auf dem Bestimmungsflugplatz, sind zusätzlich anzugeben: Startflugplatz und der im Flugplan angegebene Bestimmungsflugplatz.

Standortmeldungen

(NfL I-194/97)

1. Standortmeldungen bei Flügen nach Sichtflugregeln

Der Luftfahrzeugführer hat auf einem Flug nach Sichtflugregeln bei der Übermittlung einer Standortmeldung folgende Angaben in der nachstehenden Reihenfolge zu machen:

a) Funkrufzeichen des Luftfahrzeuges

b) Standort

c) Überflugzeit

d) Flughöhe

Die Zeitangabe nach c) kann entfallen, wenn der gemeldete Standort zum Zeitpunkt der Standortmeldung erreicht wird.

2. Standortmeldungen bei Flügen in der Platzrunde

Bei der Übermittlung einer Standortmeldung in der Platzrunde eines Flugplatzes hat der Luftfahrzeugführer folgende Angaben in der nachstehenden Reihenfolge zu machen:

a) Funkrufzeichen des Luftfahrzeuges

b) Standort

AIRMET- und SIGMET-Meldungen
(NfL I-232/98)

1. AIRMET- und SIGMET-Meldungen werden in der Zeit von 0700 (0600 während der gesetzlichen Sommerzeit) bis SS+30 in deutscher und englischer Sprache, soweit zutreffend, als Flugrundfunksendung verbreitet:

a) Durch die DFS-Niederlassungen Berlin, Bremen, Düsseldorf, Frankfurt und München für das eigene Fluginformationsgebiet

b) Durch die DFS-Niederlassungen Hannover, Nürnberg und Stuttgart für ihren eigenen Zuständigkeitsbereich

2. Die Ausstrahlung erfolgt auf den Frequenzen des Fluginformationsdienstes und wird während der Gültigkeitsdauer der Meldungen zu jeder halben und vollen Stunde wiederholt.

3. Zwischen SS+30 und 0700 (0600 während der gesetzlichen Sommerzeit) werden die Meldungen nur als Einzelsendung übermittelt:

a) Wenn dies vom Lotsen für erforderlich gehalten wird

b) Auf Anforderung des Luftfahrzeugführers

AIS Service im Internet

Im Zuge der kontinuierlichen Erweiterung der Dienstleistungen des Flugberatungsdienstes im Internet eröffnet die DFS Deutsche Flugsicherung GmbH die Möglichkeit, über das World Wide Web Flugberatungen für IFR- und VFR-Flüge abzurufen sowie Flugpläne und Flugplanfolgemeldungen aufzugeben.

Flugberatung

In einem ersten Schritt stellt die DFS Informationen für die Fluginformationsgebiete in Deutschland, Österreich, Schweiz, Frankreich (FIR Reims und FIR Paris), Dänemark, Polen, Tschechien sowie für die Benelux-Staaten auch über das Internet zur Verfügung. In der nächsten Ausbaustufe werden weltweit alle NOTAM-Informationen über das Internet zur Verfügung gestellt.

Informationen für den Streckenflug erhält man in Form sogenannter „gebietsbezogener Flugberatungen". Zur Auswahl der gewünschten FIR markiert man diese auf der entsprechenden Webpage einfach durch anklicken auf der angezeigten Karte.

Für Flugplatzinformationen trägt man die ICAO Ortskennung (Location Indicator) des Flugplatzes ein, für den man Informationen wünscht. Dazu gibt es zwei Möglichkeiten. In den ersten Feldern klickt man zum Eintragen der gewünschten Flugplatzkennung einfach in das leere Eintragungsfeld oder betätigt die Schaltfläche hinter dem Feld. Das dazugehörige Pull-Down-Menü mit allen angebotenen Flugplatzkennungen wird geöffnet.

Durch das Markieren eines Eintrages wird das Feld ausgefüllt. Sollte die Kennung eines Flugplatzes gerade nicht geläufig sein, hilft eine alphabetisch, nach Flugplatznamen sortierte Auflistung (Location Indicator) aller erfaßten Flugplätze bei der Suche und Auswahl.

Durch Eintippen des ersten Buchstabens des Flugplatznamens gelangt man hierbei schnell zum gewünschten Flugplatz und seiner Kennung. Diese Liste kann natürlich auch ausgedruckt oder heruntergeladen bzw. abgespeichert werden.

Bevorzugt man den direkten/manuellen Eintrag des Location Indicator, stehen hierfür eigene Felder zur Verfügung. Achtung: Bei fehlerhaften Einträgen erfolgt kein gesonderter Hinweis. Grundsätzlich können die Informationen für den Streckenflug und die Flugplatzinformationen sowohl separat als auch kombiniert, ggf. sogar in Verbindung mit dem Nachtrag für das gedruckte VFR-Bulletin, abgefragt werden.

Jetzt ist noch zu markieren, ob es sich um einen IFR- oder VFR-Flug handelt. Optional ist im Feld „Rufzeichen" auch der Eintrag der Flugzeugkennung oder einer anderen persönlichen Kennung mit bis zu 21 Zeichen möglich.

Mit der Schaltfläche „Send" wird die Auswahl übertragen und die individuelle Flugberatung zum Ausdrucken oder zur Speicherung zurück übermittelt. In der Ausgabe findet man jeweils alle relevanten NOTAM-Informationen der letzten 90 Tage.

Der Informationsstand auf dem Server wird täglich in der Zeit von 0600 - 2200 (Ortszeit) im Rhythmus von 2 Stunden aktualisiert. Sollte darüber hinaus Bedarf an aktuellen Informationen bestehen, kann man sich an eine der DFS-Flugberatungsstellen wenden.

VFR-Bulletin

Die Nachträge zum gedruckten VFR-Bulletin für Deutschland, Österreich und Schweiz sind natürlich auch weiterhin Bestandteil des DFS-Angebots. Den gewünschten Bereich wählt man durch Anklicken einer oder mehrerer Markierungsfelder aus. Die Nachträge zum VFR-Bulletin können mit allen anderen Optionen beliebig kombiniert werden. Allgemeine Informationen über das „Informationspaket VFR-Bulletin" mit Erläuterungen zum Inhalt und Bezugsquelle sind auf folgender Webseite zu finden:

http://www.dfs.de/vfr-bulletin

Flugplanaufgabe

Die DFS bietet im Zuge des Produktmanagements die Möglichkeit an, Flugpläne mit Benutzerkennung und Passwort zu speichern und bei Bedarf neu zu versenden oder zu ändern. Darüber hinaus können Flugplanfolgemeldungen nun auch über das Internet aufgegeben werden. Die entsprechenden Webseiten-Felder sind auf der dem Flugplanformular folgenden Seite abgedruckt.

Für die Speicherung von Flugplänen ist der Punkt „Neuen Flugplan speichern oder gespeicherten Flugplan bearbeiten und anschließend versenden (optional) Passwort erforderlich" auszuwählen. Bei erstmaliger Nutzung ist die Schaltfläche „Neues Passwort" anzuklicken.

Danach werden zusätzliche Angaben zur Person abgefragt. Diese Daten werden über eine sichere Datenleitung versandt und unter Beachtung des Datenschutzes gespeichert. Gleichzeitig wird das Passwort mitgeteilt.

BUNDESREPUBLIK DEUTSCHLAND

INTERNET - FLUGPLAN

SPECIFIC IDENT OF ADDRESSEE(S) AND/OR ORIGINATOR
BESONDERE ANSCHRIFTEN UND/ODER AUFGEBER

AIRCRAFT IDENTIFICATION
LFZ.-KENNUNG

FLIGHT RULES
FLUGREGELN

TYPE OF FLIGHT
ART DES FLUGES

NUMBER
ANZAHL

TYPE OF AIRCRAFT
MUSTER D. LFZ

WAKE TURBULENCE CATEGORY
WIRBELSCHLEPPENKATEGORIE

/

EQUIPMENT
AUSRÜSTUNG

/

DEPARTURE AERODROME
STARTFLUGPLATZ

TIME
ZEIT

ROUTE
ROUTE

SPEED
GESCHWINDIGKEIT

LEVEL
REISEFLUGHÖHE

DESTINATION AERODROME
ZIELFLUGPLATZ

TOTAL EET
GESAMTFLUGDAUER

ALTERNATE AERODROME
AUSWEICHFLUGPLATZ

2nd ALTERNATE AERODROME
2. AUSWEICHFLUGPLATZ

OTHER INFORMATION
ANDERE ANGABEN

SUPPLEMENTARY INFORMATION - ERGÄNZENDE ANGABEN

-E/ ENDURANCE
HÖCHSTFLUGDAUER

P/ PERS. ON BOARD
PERS. AN BOARD

R/ EMERGENCY RADIO
NOTFUNKFREQUENZ
UHF VHF ELT

SURVIVAL EQUIPMENT
RETTUNGSAUSRÜSTUNG
/ POLAR DESERT MARITIME JUNGLE

JACKETS
SCHWIMMWESTEN
/ LIGHT FLUORES UHF VHF

DINGHIES
SCHLAUCHBOOTE
/ NUMBER
ANZAHL

CAPACITY
TRAGFÄHIGKEIT

COVER

COLOUR
FARBE

A/ AIRCRAFT COLOUR AND MARKINGS
FARBE UND MARKIERUNG D. LFZ

N REMARKS
BEMERKUNGEN

C/ PILOT IN COMMAND
VERANTWORTLICHER LFZ.-FÜHRER

FILED BY
NAME DES FLUGPLANAUFGEBERS

SIGNATURE AIS
UNTERSCHRIFT FB

REMARKS NOT FOR TRANSMISSION
BEMERKUNGEN NICHT ZU ÜBERMITTELN

AVAILABLE UNTIL EOBT TEL:
ERREICHBARKEIT BIS EOBT TEL:

REQUEST BRIEFING
BITTE BERATUNG FAX_NR: ERFORDERLICH! 3+

AIS SEND RESET

Nach Erhalt des Passwortes können bis zu 10 Flugpläne unter einer eigenen Benutzerkennung und individuellem Passwort abgespeichert werden. Diese Daten werden 180 Tage gespeichert. Greift man innerhalb dieses Zeitraumes nicht erneut auf die Flugpläne zu, werden die Daten automatisch gelöscht.

Nun sind vollständig die Felder des Flugplanformulars zu ergänzen. Zunächst ist die Flugberatungsstelle auszuwählen, zu welcher der Flugplan gesendet werden soll. Nach dem Betätigen der Schaltfläche „Store" wird der Flugplan gespeichert. Eine Quittung bestätigt die Speicherung. Den Flugplan kann man anschließend an die gewünschte Flugberatungsstelle senden. Dazu ist die auf dieser Seite vorhandene Schaltfläche „Send" anzuklicken.

Um das Ausfüllen des Flugplanformulars zu erleichtern, wurden Pop-Up-Menüs programmiert, welche die einzelnen Felder des Flugplans erläutern. Um an diese Informationen zu gelangen, sind die entsprechenden Schaltflächen neben den Flugplanfeldern zu betätigen.

Für den Eintrag der ICAO-Ortskennung bei Start- und Zielflugplatz sowie bei den Ausweichflugplätzen steht zur Unterstützung eine Liste ausgewählter europäischer Ortskennungen zur Verfügung. Diese Liste kann durch Betätigen der Schaltfläche „Location Indicator" abgerufen werden.

Flugplanänderung

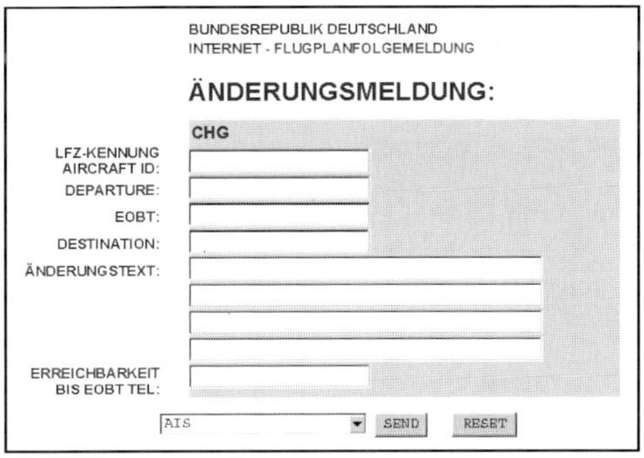

Flugplanstreichung

Flugplanverspätung

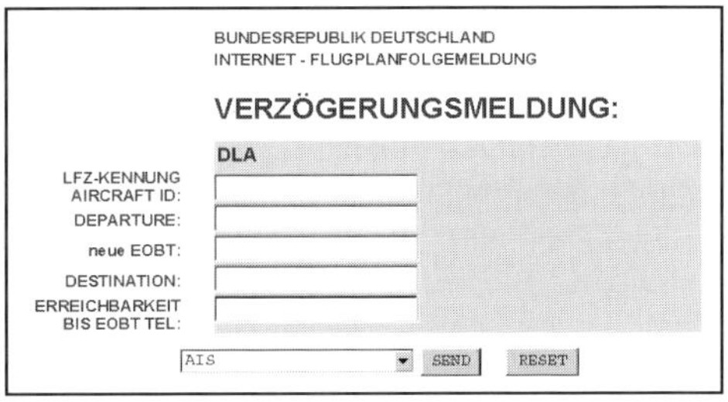

Abb. 2.39 (links): Flugplanformular für die Flugplanung via Internet (Quelle: DFS-Website http://www.dfs.de).

Abb. 2.40: Flugplanfolgemeldungen für die Flugplanung via Internet (Quelle: DFS-Website http://www.dfs.de).

Advanced AIS

Advanced Aeronautical Information Service (AAIS) steht für ein erweitertes Serviceangebot zur Flugvorbereitung. Die Flugberatungsstelle der DFS Deutsche Flugsicherung GmbH in München bietet mit AAIS ein auf die Bedürfnisse der Kunden zugeschnittenes Leistungsspektrum an.

Sowohl für gewerbliche als auch für private Flüge werden alle Formalitäten rund um die Flugvorbereitung erledigt: Von der Routenplanung und Flugplanaufgabe bis hin zum Einholen von Überfluggenehmigungen. Zusätzlich können Unterlagen der Flugwetterberatung übermittelt werden. Aus dem Gesamtangebot des AAIS wählt der Kunde diejenigen Leistungen aus, die er für seinen Flug benötigt.

Wenn die Standardangaben des Luftfahrzeuges vorliegen, sind lediglich Minimalangaben wie z.B. Flugzeugtyp, Abflug-, Ziel- und Ausweichflughafen, Höchstflugdauer und Zahl der Passagiere erforderlich.

Die Preise für diese Dienstleistungen sind, gemessen an der Aktualität (24-Stunden-Service) und Professionalität, moderat. So kostet z.B. das Erstellen eines Flugplanpakets innerhalb Europas mit Flightlog 45 DM (plus MWSt). Das Erstellen einer Flugroute innerhalb Deutschlands ist sogar kostenlos. Nähere Informationen gibt es unter der folgenden Adresse:

Advanced Aeronautical Information Service
Nordallee 34
85356 München
Telefon 089-9780-353 oder 354
Telefax 089-9780-399

Kapitel 3

Flugplanung in der Praxis

Checks und Informationen vor dem Flug

Vor der eigentlichen Flugplanung und Flugdurchführung und erst recht vor jedem Flug sollte sich der verantwortungsvolle Pilot kritisch mit einigen wichtigen Punkten auseinandersetzen. Dazu gehört in erster Linie die Flugtauglichkeit aus medizinischer Sicht. Aber auch über die Lösung von fliegerischen Problemen, die z.B. bei Orientierungsverlust auftreten, sollte man sich vor Antritt eines Fluges im Klaren sein.

In diesen ersten Abschnitten dieses Kapitels geht es um solche wichtigen Checks und Informationen, die am Anfang jeder fliegerischen Aktivität stehen sollten.

Flugtauglichkeit

Gesundheitszustand und Tageskondition bestimmen weitgehend Wohlbefinden und Leistungsfähigkeit des Menschen. Der Pilot ist weit mehr als andere Verkehrsteilnehmer darauf angewiesen, körperlich und geistig fit zu sein. Konzentrationsfähigkeit und Reaktionsvermögen, gutes Sehen und große Aufmerksamkeit sind Voraussetzung für sicheres Fliegen.

Verschiedene Faktoren können die Flugtauglichkeit erheblich beeinflussen, besonders wenn mehrere Einflüsse gleichzeitig zusammenkommen, z.B. Ärger und Sauerstoffmangel, Erkältung und Ermüdung.

Ganz besonders gilt dies bei gleichzeitiger Alkohol- und Medikamenteneinnahme. Bei vielen Medikamenten ist die Verkehrs- und damit erst recht die Flugtauglichkeit erheblich herabgesetzt. Der Beipackzettel gibt Aufschluß darüber.

Die folgenden Informationen sollten sorgfältig beachtet werden. Die kurzgefaßten Hinweise erheben keinen Anspruch auf Vollständigkeit. Sie sollen jedoch jeden Piloten zu einer kritischen Beurteilung seiner Flugtauglichkeit vor einem Flug veranlassen.

Allgemeiner Gesundheitszustand

Man sollte nie fliegen, wenn Gesundheitsschwächen bekannt sind, die sich verhängnisvoll auf die Aufmerksamkeit, Entscheidungsfähigkeit, das Koordinationsvermögen oder das Reaktionsvermögen auswirken können. Bestehen Zweifel, sollte unbedingt ein Arzt konsultiert werden.

Desorientierung und Schwindelgefühle

Das Fehlen visueller Bezugspunkte (Wolkenflug, Flug bei schlechter Sicht) und das gleichzeitige Auftreten von Beschleunigungen kann in ungünstigen Flugsituationen zu räumlicher Desorientierung und Schwindelgefühlen führen. Räumliche Desorientierung und Schwindelgefühl können auch im Sichtflug bei hastigen Kopfbewegungen, insbesondere im Kurvenflug, auftreten.

Kopfbewegungen sollten niemals hastig oder ruckartig erfolgen. Schließen Sie in einem solchen Fall für 1 - 2 Sekunden die Augen und fliegen Sie nur nach Instrumenten.

Lichtflackern mit einer Frequenz von 4 bis 20 Hz, wie es durch Reflexion des Zusammenstoßwarnlichtes an Wolken oder durch Unterbrechung des Lichtstrahls durch die Luftschraube hervorgerufen werden kann, ist ebenso oft die Ursache für Schwindelgefühle, Übelkeit oder schlimmstenfalls Bewußtlosigkeit.

Beim Landeanflug und im Steigflug sollte ein unnötig langes Schauen direkt durch die Luftschraubenkreisfläche vermieden werden.

Treten während eines Wolkendurchfluges solche Beschwerden aufgrund der Reflexion des Zusammenstoßwarnlichtes an Wolken auf, setzt man dieses für kurze Zeit außer Betrieb.

Ermüdung

Ermüdung beeinträchtigt die Aufmerksamkeit und das Reaktionsvermögen. Unverständliche Fehlhandlungen sind oft die Folge. Auch können Arbeitsüberlastung, finanzielle Sorgen, Ärger und familiäre Probleme zu ähnlichem Fehlverhalten führen. Fliegen Sie daher nie, wenn diese ungünstigen Gegebenheiten bestehen. Tritt während des Fluges Müdigkeit auf, kann man sich z.B. mit zusätzlichen Navigationsaufgaben fit halten.

Essen

Die Mahlzeit vor einem Flug sollte nur aus leichten und nicht blähenden Speisen bestehen. Sonst können Müdigkeit und in größeren Höhen durch Gasaufblähung Bauchschmerzen eintreten. Als Grundsatz sollte gelten, daß ein sattes Gefühl gut, ein voller Magen schlecht ist. Auf keinen Fall mit leerem Magen fliegen.

Impfungen

Impfungen werden oft als harmlos angesehen, obwohl zum Teil erhebliche Nebenwirkungen auftreten können. Sofern der Impfarzt nichts anderes empfiehlt, ist eine Flugpause von 8 Tagen einzulegen.

Kohlenmonoxidvergiftung

Da bei den meisten Leichtflugzeugen die Luft für die Kabinenheizung zur Erwärmung über Teile des Auspuffsystems geleitet wird, sollte man bei Gebrauch der Heizung auf Auspuffgase in der Kabine achten. Kohlenmonoxid in der Atemluft macht sich zunächst mit Unwohlsein, Unfähigkeit zum klaren Denken und Kopfschmerzen bemerkbar. Besteht Verdacht auf Kohlenmonoxid, schaltet man sofort die Heizung ab, sorgt für frische Luft, sinkt (wenn möglich) auf geringere Höhe und landet auf dem nächsten Flugplatz. Man sollte unbedingt auch einen Arzt konsultieren. Bei schweren Vergiftungen kann der Abbau des durch das Hämoglobin im Blut gebundenen Kohlenmonoxids Tage in Anspruch nehmen. Während dieser Zeit ist jede fliegerische Tätigkeit zu unterlassen.

Medikamente

Der Gebrauch von Medikamenten, alleine oder gar in Verbindung mit Alkohol, kann sich negativ auf die Aufmerksamkeit, das Reaktionsvermögen und Koordinationsvermögen auswirken. Ein Hinweis auf diese Gefahr ist in den meisten Fällen auf dem Beipackzettel gegeben. Im Zweifelsfalle ist der Arzt zu konsultieren.

Mittelohrbeschwerden

Erkältungen und Halsentzündungen können den Druckausgleich zwischen Paukenhöhle und Gehörgang z.B. während eines Abstiegs verhindern. Ein großer Druckunterschied kann zu starken Schmerzen und sogar bleibender Hörschädigung führen.

Bei Mittelohrbeschwerden sollte man mehrmals schlucken, Kaubewegungen machen oder Mund und Nase schließen und durch versuchtes Ausatmen einen Überdruck in der Mund- und Paukenhöhle aufbauen. Führt dies zu keiner Besserung, steigt man auf Ausgangshöhe und sinkt nun stufenweise bei gleichzeitiger Anwendung der beschriebenen Übungen.

Panik

Die Steigerung von einer eintretenden und durchaus natürlichen Angst zur Panik kann man durch konzentriertes Denken verhindern. Panik ist durch Willensanspannung vermeidbar. Ablenkung oder Konzentration auf eine konkrete Aufgabe helfen immer.

Sauerstoffmangel

Bei Flügen über 10.000 ft treten infolge Sauerstoffmangels Funktionsstörungen (Sorglosigkeit, Konzentrationsschwäche, Kräftenachlaß oder sogar Krämpfe) auf, denen in großer Höhe meist plötzliche Ohnmacht folgt. Die Widerstandsfestigkeit gegenüber dieser Höhenkrankheit (Höhenfestigkeit) wird durch Krankheiten - besonders auch durch Fieber, Alkohol, verschiedene Medikamente, Schlafmangel und Kohlenmonoxid - unterschiedlich stark beeinträchtigt. Ohne zusätzliche Sauerstoffversorgung sind Flüge über 10.000 ft zu vermeiden.

Sehvermögen

Das Sehvermögen kann durch Sauerstoffmangel, Kohlenmonoxid, Alkohol, Ermüdung und grelles Sonnenlicht erheblich beeinträchtigt werden. Bei grellem Licht und gegen die Sonne sollte man nur mit einer guten Sonnenbrille (vom Optiker empfohlen) fliegen. Ein verringertes Sehvermögen bedeutet vor allem eine erhöhte Zusammenstoßgefahr und hat Fehleinschätzungen bei Entfernungen zur Folge, was sich besonders beim Landeanflug und bei der Landung kritisch auswirkt.

Gehör und Motorenlärm

Jeder kennt das Problem nach stundenlangen Flügen: Selbst abends im Bett hört man noch das mehr oder weniger sonore Brummen des Flugmotors. Aber nicht nur Motorenlärm gibt es bei einem Flug, sondern auch Geräusche des Fahrtwindes, durch Vibrationen im Cockpit entstandene und des Propellers. Speziell bei einmotorigen Flugzeugen, in denen sich der Pilotensitz direkt in der Propellerebene befindet, treten verstärkt Schallintensitäten auf.

Jahrelange Lärmeinwirkungen führen bei Piloten zu erheblichen Gehörschädigungen, besonders im Frequenzbereich von etwa 4.000 Hz, also genau in dem Frequenzbereich, in dem sich der Funkverkehr abspielt. Piloten mit einer solchen Frequenzwahrnehmungsschädigung müssen besonders aufmerksam den Funkverkehr verfolgen und geraten dadurch zwangsläufig leicht in Gefahr, z.B. bei einem Anflug auf einen Flughafen, die Bordinstrumente zu vernachlässigen.

Ein wirksames und einfaches Mittel gegen Gehörschäden, das außerdem der Sicherheit beim Fliegen dient, ist die Verwendung von Kopfhörern, bei denen die die Ohren umschließenden Hörmuscheln möglichst dicht anliegen sollten.

Beim Kauf solcher Kopfhörer, die sich im übrigen besonders als Kopfhörer/Mikrofon-Kombination bewährt haben, ist auf leichten, aber dennoch guten Sitz zu achten. Man wird sich bei der Verwendung von Kopfhörern nicht nur besser beim Sprechfunkverkehr verständigen können, sondern nach dem Flug deutlich geringere Ermüdungserscheinungen haben.

In einer gefährlichen Situation, wenn es im Cockpit etwas turbulenter zugeht, ist zusätzlicher Lärm für die Ohren des Piloten ausgesprochen schlecht, da er die allgemeine Irritation noch verstärkt. Aus diesem Grund sind Kopfhörer ebenfalls eine ausgezeichnete Schutzmaßnahme.

Abb. 3.1: Hochwertiges Headset für alle fliegerischen Einsatzbereiche: Aviation 7006 von Peltor (Quelle: Eisenschmidt GmbH).

Orientierungsverlust

Auch wenn Flugvorbereitung und Flugdurchführung optimal sind, kann es zu einem Orientierungsverlust kommen. Der markante Kontrollpunkt, der nach der Flugplanung auftauchen müßte, ist z.B. nicht zu finden. Fliegt man nun einfach in der Hoffnung auf ein späteres Erscheinen dieses Punktes weiter, kann man sich noch mehr verfliegen. In einer solchen Situation dreht man Kreise und sucht nach einem geographischen Merkmal (z.B. Fluß, See, Autobahn usw.). Hat man einen solchen Punkt auf der Luftfahrtkarte identifiziert, sollte sich der in der Nähe liegende verpaßte Kontrollpunkt finden lassen.

Weiß man aus der Karte, daß kurz nach dem nicht gefundenen Kontrollpunkt eine große Auffanglinie kommen muß (z.B. Fluß, Autobahn quer zur Kurslinie), kann bis dorthin weitergeflogen werden. Aber auch dann muß man erst einmal einen geographischen Bezug suchen. Liegt der letzte identifizierte Kontrollpunkt an einer markanten Auffanglinie, kann man auch zu diesem Kontrollpunkt zurückfliegen. Von dort aus wird die Navigation neu aufgenommen. Natürlich kann die Suche nach Orientierungspunkten mit GPS-Navigation unterstützt werden.

Orientierungsprobleme gibt es mitunter auch in unmittelbarer Nähe des Zielflugplatzes z.B. bei schlechter Sicht. Da viele Flugplätze einen Peiler haben, sollte man sich in einer solchen Lage von INFO eine Peilung geben oder das Flugplatzleuchtfeuer einschalten lassen. Flugplätze mit einem Flugplatzleuchtfeuer haben auf der Luftfahrtkarte einen Stern.

Da die Gefahr von Orientierungsverlust bei schlechter Sicht besonders groß ist, muß bei schlechten Wetterlagen sehr sorgfältig navigiert werden. Man kann z.B. entlang markanter terrestrischer Linien (Fluß, Autobahn, Bahnlinie) fliegen, anstatt stur der auf der Karte eingezeichneten Kurslinie zu folgen. Sobald nur noch schwer nach Sicht navigiert werden kann, sollte man unverzüglich umkehren oder auf einem in der Nähe liegenden Flugplatz landen.

Sind bei Orientierungsverlust Flughöhe, Fluglage und Fluggeschwindigkeit in Ordnung und verfügt man noch über eine ausreichende Treibstoffmenge, kann man das navigatorische Problem in Ruhe angehen. Bevor aber durch hektische Orientierungsversuche Panik aufkommt, sollte man Funkkontakt mit der Flugsicherung oder mit einem nahegelegenen Flugplatz aufnehmen und um navigatorische Unterstützung bitten.

Checkliste für die Flugplanung und Flugdurchführung

- **VFR-Flugdurchführungsplan:** Immer einen Flugdurchführungsplan erstellen.
- **Streckenführung:** Flugstrecken sinnvoll einteilen und sich anhand der Karten einprägen.
- **Militärischer Tiefflug:** Luftraum sorgfältig beobachten.
- **Kraftstoffreserve:** Verbrauch zum eingeplanten Ausweichflugplatz und zusätzliche Reserve von 30 Minuten einplanen.
- **Wetterberatung:** Immer eine telefonische Wetterberatung einholen, im Zweifelsfall den Flug canceln.
- **Flugplanung:** Aktuelles VFR-Bulletin durchlesen.
- **Luftfahrtkarten:** Karten der an den Zielbereich grenzenden Gebiete mitnehmen.
- **Luftfahrtkarten:** So auf handliche Größe falten, daß Flugstrecken sinnvoll zu sehen sind.
- **Navigationshilfen:** Karten, Flugdurchführungsplan und Navigationsgeräte im Cockpit griffbereit zurechtlegen.
- **Enroute-Checks:** Überflugzeiten der Kontrollpunkte notieren.
- **Sichtnavigation:** Immer rechts von Autobahnen fliegen.
- **Mindestflughöhe:** Die im Flugdurchführungsplan notierten Mindestflughöhen nicht unterschreiten.
- **Widrige Wetterlage:** Bei schlechter Sicht oder tiefen Wolken umkehren.
- **Anflug:** Erst dann auf Platzrundenhöhe sinken, wenn der Verkehr in der Platzrunde beobachtet werden kann.
- **Fluglärm:** Bei Abflug, Steigflug, Reiseflug, Anflug und Landeanflug so hoch wie möglich fliegen und Überflüge bebauter Gebiete vermeiden.
- **Orientierungsverlust:** Aufkommende Panik unterdrücken, Nerven behalten.

GPS-Fehlerquellen

Der allzu sorglose Umgang vieler Piloten mit der GPS-Navigation und das teilweise blinde Vertrauen in die angezeigten Daten ist der Anlaß für die folgenden Hinweise.

Die wichtigsten Fehlerquellen bei der GPS-Navigation in alphabetischer Stichwort-Reihenfolge sind vor allem:

- **Anflüge:** Unterschiedliche Identifier der Anflug-Fixpunkte in der Anflugkarte und dem GPS- bzw. FMS-Datenspeicher.
- **Antenne:** Falsche Installation der Antenne am Flugzeug mit möglichen Abschattungen, Interferenzen und Mehrweg-Ausbreitung.
- **Antenne:** Verwendung einer externen Handheld-Antenne innerhalb des Cockpits an Plätzen, von denen aus keine Sichtverbindung zu Satelliten möglich ist.

- **Databases:** Verwendung veralteter Database-Versionen.

- **Displays:** Ablesefehler bei LCD-Displays z.B. wegen falscher Montage oder Anbringung des GPS-Gerätes (Blickwinkelfehler durch schwer lesbare Anzeigen, vor allem bei Sonneneinstrahlung oder Blendwirkung).

- **Empfänger-Checks:** Fehlende oder unregelmäßige GPS-Empfänger-Checks.

- **Entfernungsangaben:** Nicht übereinstimmende Entfernungsangaben im Cockpitdisplay mit den ausgedruckten DME-Angaben

- **Gerätetyp:** Verwendung von einfachen Handheld-Empfängern ohne separate Antenne.

- **Handheld-Ergonomie:** Tragbare Geräte werden im Cockpit falsch gehalten oder falsch angebracht.

- **Höhenwerte:** Vertrauen auf eine exakte GPS-Höhenangabe, die in Wirklichkeit jedoch bis zu +/- 300 m schwanken kann (bis zu 2.000 ft Höhendifferenz!).

- **Koordinaten:** Mangelhafte Übereinstimmung der Kartenbezugssysteme für die Koordinateneingabe bei falscher oder fehlender Gerätekonfiguration.

- **Positionsvergleiche:** Keine regelmäßigen GPS-Positionsvergleiche an fest definierten Standorten.

- **Störstrahlung:** Einstrahlung von INMARSAT-SATCOM-Verkehr, militärische Einstrahlung, Richtfunkstrecken bzw. vorsätzliches Stören.

Nutzung von Funktelefonen in Luftfahrzeugen

Die Benutzung mobiler Funktelefone (sog. Handys) und anderer privater Funkgeräte an Bord deutscher Luftfahrzeuge ist nicht gestattet. Dieses Verbot ergibt sich sowohl aus der Luftfahrtgesetzgebung (LuftVG §27 und LuftVZO §§1 (1) und 79) als auch aus nachrichtentechnischen Gründen.

Die Luftfahrtvorschriften gestatten den Betrieb von Funkgeräten nur in eingebautem Zustand oder mit besonderer Erlaubnis. Sender mit innerhalb der Flugzeugzelle betriebenen Antennen können Störungen in der Flugzeugelektronik verursachen. Das führt zu Fehlanzeigen im Cockpit oder zur Beeinflussung der Flugregler (Autopiloten) mit möglicherweise schwerwiegenden Folgen.

Flugzeugdaten

Auf den folgenden Seiten wird die Planung und Durchführung eines VFR-Fluges von Aschaffenburg (EDFC) nach Eggenfelden (EDME) und eines VFR-Fluges von Aschaffenburg nach Strasbourg Entzheim (LFST) anhand der Flugplanungssoftware *Flight Planner 4.0* vorgestellt.

Bei dem innerdeutschen Flug ist kein amtlicher Flugplan erforderlich, bei dem Flug nach Frankreich aber ist ein Flugplan entsprechend den ausführlichen Informationen in Kapitel 2 aufzugeben. Er wird jedoch bei unserem Beispielflug in diesem Kapitel nicht veröffentlicht, da in Kapitel 2 bereits mehrere Flugplan-Muster vorgestellt wurden.

Bei beiden Flügen wird als Flugzeug eine Beechcraft Bonanza F33 A eingesetzt. Das Flugzeug hat folgende für die Flugplanung wichtige Basisdaten:

- Triebwerkleistung: 285 PS
- Treibstoffverbrauch im Reiseflug in VFR-typischer Höhe: 55 l/h
- TAS, True Air Speed: 150 kts
- Steigrate: 600 ft/min
- Gewichte
  - Leergewicht: 1.039 kg
  - Crew (2): 154 kg
  - Passagiere (2): 100 kg
  - Gepäck: 15 kg
  - Treibstoff (280 l): 198,8 kg
  - Gesamtgewicht: 1.506,8 kg
  - Zulässiges Maximalgewicht: 1.542 kg
- Startrollstrecke: 305 m
- Landerollstrecke: 232 m

Abb. 3.2: Beechcraft Bonanza F33 A (Quelle: Air Report Verlag).

Vor dem Start

Die folgenden Informationen sind sowohl für den Flug EDFC-EDME als auch für den Flug EDFC-LFST gültig und werden deshalb nur einmal zu Beginn dieses Kapitels aufgeführt. Nur flugspezifische Daten wie z.B. Kurse usw. werden getrennt erwähnt.

Flugzeugbeladung und Kraftstoffverbrauch

Nach den Basisdaten für die Beechcraft Bonanza F33 A liegt das Startgewicht unter dem Maximalen Startgewicht und verursacht daher keine Schwierigkeiten (Abb. 3.3).

Auch die Weight-and-Balance-Berechnung ergibt, daß der Schwerpunkt (CG, Center of Gravity) sowohl bei vollem als auch bei leerem Tank (CG Trocken) innerhalb des zulässigen Bereichs liegt (s. Abb. 3.4).

Entsprechend Abbildung 3.5 können die Kraftstoffmengen und die verschiedenen Verbrauchswerte individuell eingegeben werden. Das gilt auch für die Eingabe (s. Abb. 3.6) der verschiedenen Hebelarme (m) und Massen (kg).

Daten zu den Start- und Landeflugplätzen

Die Daten zu den Start- und Landeflugplätzen können den jeweiligen VFR-Anflugkarten und Lageplänen der AIP VFR (s. z.B. S. 67 und 68) und im Falle von Frankreich den entsprechenden Jeppesen-Bottlang-Karten entnommen werden (s. z.B. S. 69).

Bei der Länge der Start-/Landebahnen der drei Flugplätze in unseren Flugbeispielen ist eine Startstreckenberechnung nicht nötig.

Abb. 3.3: Eingabefenster für die Beladung (Quelle: Flight Planner).

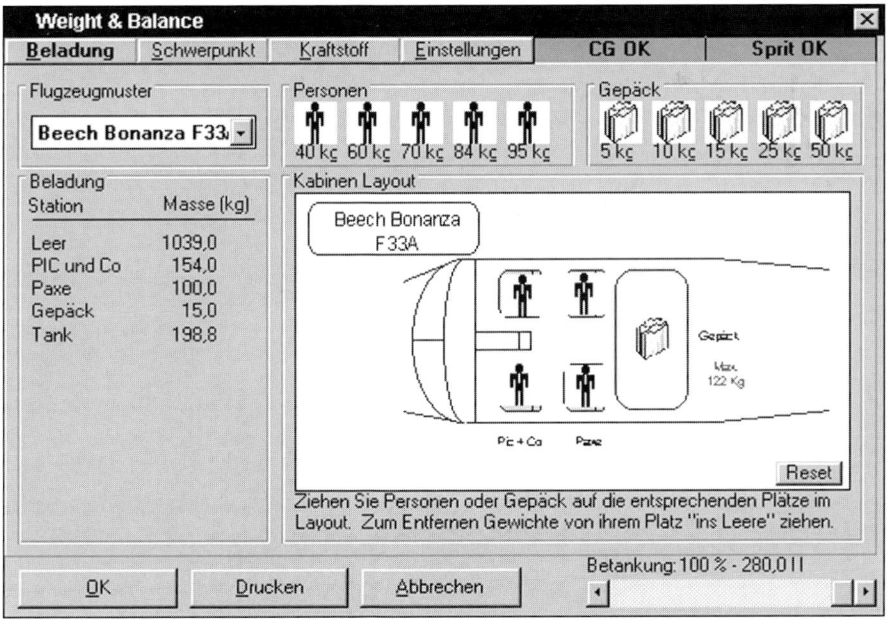

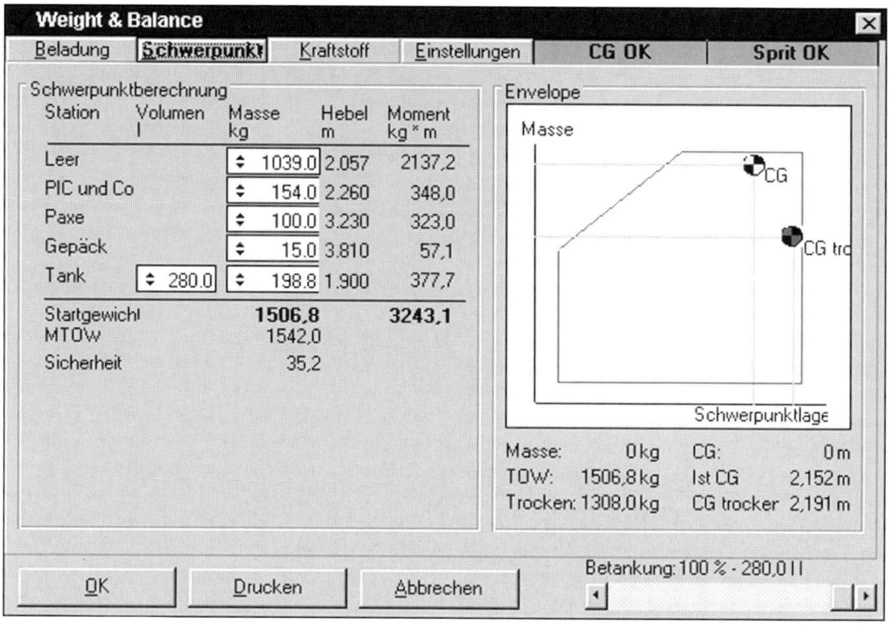

Abb. 3.4 (oben): Eingabefenster für die Schwerpunktberechnung (Quelle: Flight Planner).

Abb. 3.5 (unten): Eingabefenster für Kraftstoffdaten (Quelle: Flight Planner).

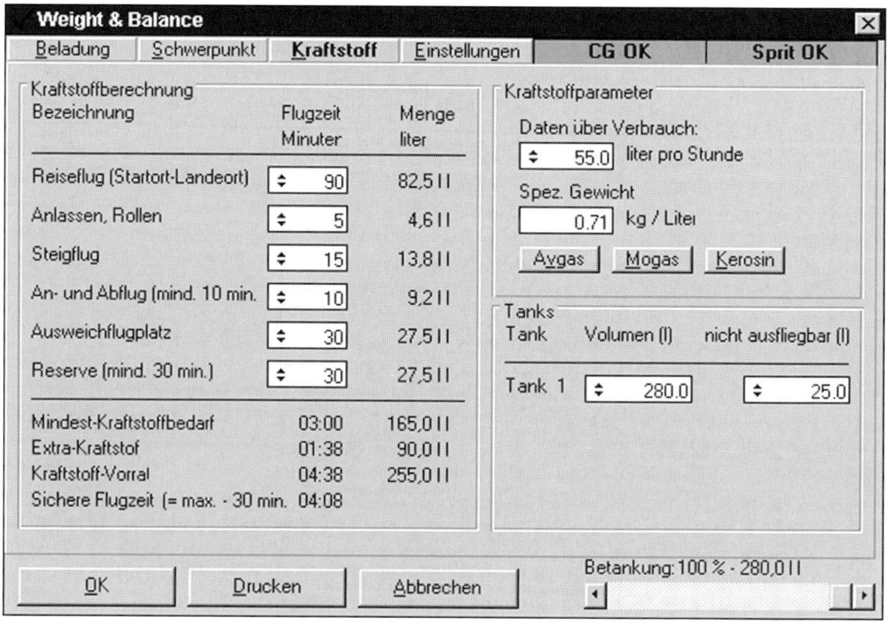

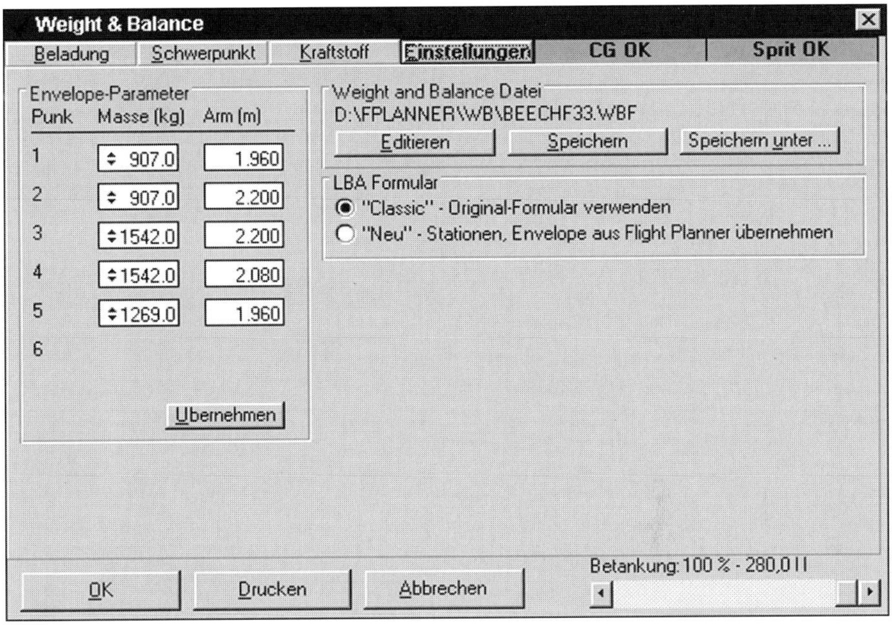

Abb. 3.6: Eingabefenster für Hebelarme und Massen (Quelle: Flight Planner).

Bei beiden Flügen nehmen wir einen Frühlingstag mit einer Lufttemperatur von 15° Celsius an.

Wer jedoch seine Startstrecken unter Berücksichtigung der verschiedenen Parameer wie Dichtehöhe, Zuschläge für hohe Außentemperatur, Grasbahn oder z.B. schneebedeckte Bahn usw. genau ausrechnen möchte, sei auf die entsprechenden Flugzeug-Flughandbücher und die ins Detail gehenden, in der gleichen Buchreihe wie dieses Handbuch erschienenen Fachbücher wie z.B. *Gefahrenhandbuch für Piloten* oder *Flugtechnik* von Jürgen Mies verwiesen.

Wettercheck

Die Flugwetterberatung unmittelbar vor dem Start sollte (nach Auswahl aus den verschiedenen Angeboten des Deutschen Wetterdienstes z.B. am Tag vor dem Flug, s. Kapitel 2) nochmals individuell bei der Flugwetterwarte oder als Automatische Flugwetteransage (AFWA) eingeholt werden. Die AFWA wird einer individuellen Beratung gleichgesetzt, sofern sie in der letzten Stunde vor dem Start abgerufen worden ist. Für die AFWA ist das Bundesgebiet in verschiedene Vorhersagegebiete unterteilt (s. S. 74). Die für unsere Flüge infrage kommenden GAFOR-Gebiete können dieser Karte entnommen werden.

Nach der Vorhersage wollen wir für beide Flüge eine Hochdruckwetterlage unterstellen, bei der in allen GAFOR-Gebieten die Einstufung **C** gilt (Sicht > 10 km, keine Wolken). Den Wind haben wir für alle Strecken mit 0°/0 kt angesetzt. Im Flight Planner können natürlich die unterschiedlichsten Windrichtungen und -stärken eingegeben werden (s. Abb. 3.7).

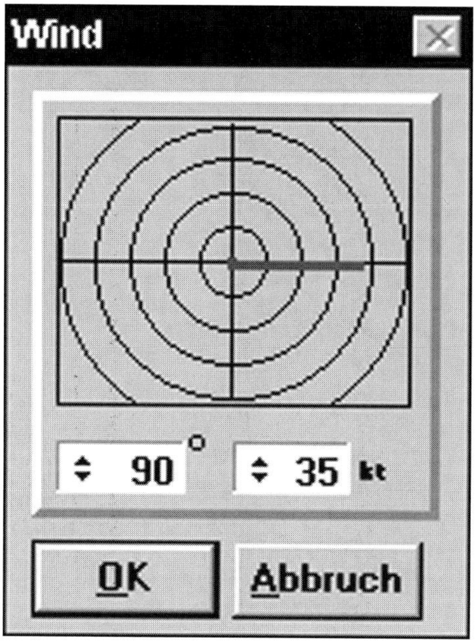

Abb. 3.7: Eingabefenster für den Wind (Quelle: Flight Planner).

Flugrouten

Für die beiden vorgestellten Flüge haben wir Streckenführungen über folgende Waypoints (WPT) ausgesucht:

Flug 1 EDFC - EDME

- WPT 0: Start Aschaffenburg (EDFC)
- WPT 1: Flugplatz Walldürn (EDEW)
- WPT 2: DVORTAC Dinkelsbühl (DKB)
- WPT 3: Flugplatz Nördlingen (EDNO)
- WPT 4: DVOR/DME Walda (WLD)
- WPT 5: Flugplatz Landshut (EDML)
- WPT 6: Landung Eggenfelden (EDME)

Flug 2 EDFC - LFST

- WPT 0: Start Aschaffenburg (EDFC)
- WPT 1: Flugplatz Michelstadt (EDFO)
- WPT 2: Segelflugplatz Rothenberg
- WPT 3: Flugplatz Walldorf (EDGX)
- WPT 4: Flugplatz Linkenheim (EDRI)
- WPT 5: Flugplatz Karlsruhe /EDTK)
- WPT 6: Flugplatz Baden-Baden (EDTB)
- WPT 7: Flugplatz Offenburg (EDTO)
- WPT 8: Pflichtmeldepunkt ECHO
- WPT 9: Landung Strasbourg (LFST)

Die genauen Daten der Teilstrecken und die Bezeichnungen der Waypoints sind in den entsprechenden Abbildungen der Streckenausschnitte des Flight Planner sowie in dem Flugdurchführungsplan (s. S. 129 und 130) zu sehen.

Flughöhen

Die Flughöhen legen wir je nach Höhen der Hindernisse entlang der Flugstrecken in einem Korridor von etwa 5 NM links und rechts der Kurslinie für jeden Flugabschnitt einzeln fest.

Da wir beim Flug nach Eggenfelden nach den Halbkreisflugregeln eine konstante Flughöhe von 5.500 ft und beim Flug nach Strasbourg Entzheim eine konstante Flughöhe von 4.500 ft gewählt haben, entfallen die Eingaben für Teilstreckenhöhen.

Aus den ICAO-Karten ergibt sich, daß wir bei diesen Flughöhen ausreichend über den höchsten Erhebungen und Hindernissen fliegen.

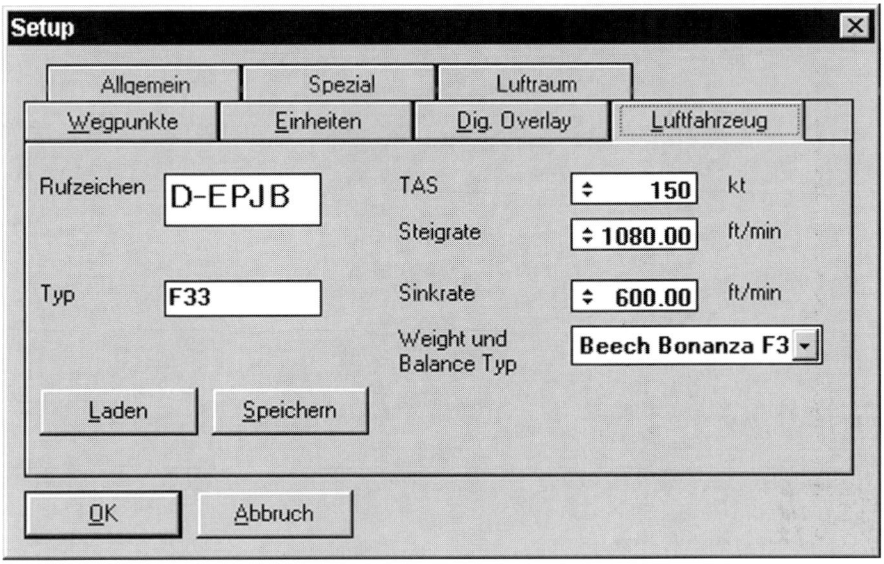

Abb. 3.8: Eingabefenster für Flugzeugdaten im Setup des Flight Planner. Weitere Setup-Eingabefenster sind auf Seite 124 und 125 in verkleinertem Maßstab abgebildet (Quelle: Flight Planner).

Flugzeiten

Die Flugzeiten für beide Flüge errechnet der Flight Planner anhand der Eingaben in das Setup-Eingabefenster für die Flugzeugdaten (Abb. 3.8) und der Distanzen der Teilstrecken. Die Werte erscheinen auch im Flugdurchführungsplan.

Ausweichflugplätze

Auch wenn für VFR-Flüge die Festlegung eines Ausweichflugplatzes nicht vorgeschrieben ist, so sollte man diesen doch immer in die Planung mit einbeziehen.

Wir wählen für den Flug 1 (EDFC - EDME) den von EDME 11,2 NM entfernten Verkehrslandeplatz Mühldorf/Inn (EDMY) und für den Flug 2 (EDFC - LFST) den 13,2 NM von LFST entfernt liegenden Verkehrslandeplatz Offenburg (EDTO) als Ausweichflugplätze.

Beide Ausweichflugplätze sind im Falle einer verhinderten Landung auf den vorgesehenen Zielflugplätzen (technische Gründe, Wetterlagen u.ä.) gut erreichbar.

Flugplanaufgabe

Wie bereits zu Beginn dieses Kapitels erwähnt, sollen hier für beide Flüge keine amtlichen Flugpläne veröffentlicht werden, da die Verfahren ausführlich in Kapitel 2 beschrieben sind. Ein Flugplan wäre ohnehin nur für den Flug nach Strasbourg erforderlich.

Flugdurchführungsplan

Der VFR-Flugdurchführungsplan wird vom Flight Planner automatisch anhand der Eingaben unter den Menüpunkten Setup, Wind und Schwerpunkt sowie nach den in der digitalen ICAO-Karte abgesteckten (bzw. automatischen) Flugroute und dem Eintrag der Reiseflughöhe im Menüpunkt Höhenprofil ermittelt. Da bei den hier beschriebenen Flügen der Wind mit 0°/0 kts angenommen wurde, fehlen diese Angaben im Flugdurchführungsplan ebenso wie die Ortsmißweisung, die in den Gebieten der beiden Flüge 0,5° bis 1,0° W beträgt und somit vernachlässigt werden kann.

Auf der Rückseite des VFR-Flugdurchführungsplanes werden dabei die Werte der Weight-and-Balance-Eingaben ebenfalls automatisch abgedruckt. Die anderen Felder für Notizen zur Flugsicherungsberatung (z.B. für den Flug nach Strasbourg), für Wetterberatungsdaten sowie Tabellen zur Berechnung der Start- und Landestrecke können (müssen aber nicht) manuell ausgefüllt werden.

Flugzeugcheck

Vor jedem Flug - auch für eine normale oder erweiterte Platzrunde - muß das Flugzeug anhand der Maßgaben im Flugzeug-Flughandbuch gründlich überprüft werden. Die Checks umfassen im wesentlichen eine eingehende Außenprüfung von Zelle, Flächen, Rudern, Tanks, Fahrwerk, Staurohren, Antennen usw.) sowie die Checks im Cockpit (Instrumente, Avionic, Motor etc.).

Ein Standlauf kurz vor dem Start mit Prüfung der Vorwärmeinrichtung, der Zündmagnete, des Verstellpropellers, der Leistungsannahme des Motors, der Rudergängigkeit und der Bremsen schließt den Flugzeugcheck ab. Nur wenn alle Überprüfungen positiv verlaufen sind, darf gestartet werden.

Allgemeine Setup-Eingabefenster beim Flight Planner

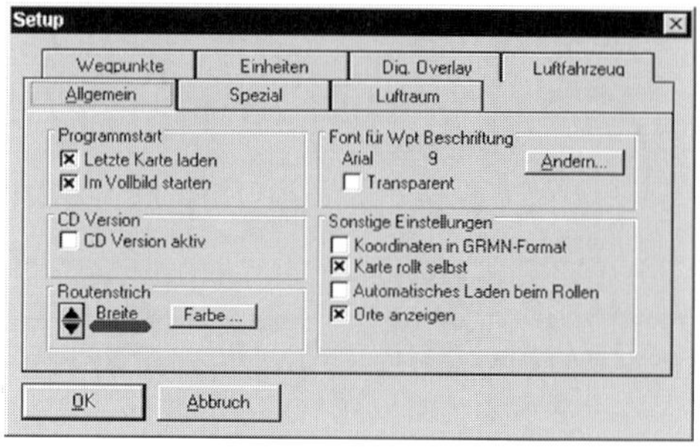

Abb. 3.9: Eingabefenster für allgemeine Software-Merkmale und Kartendarstellungen (Quelle: Flight Planner).

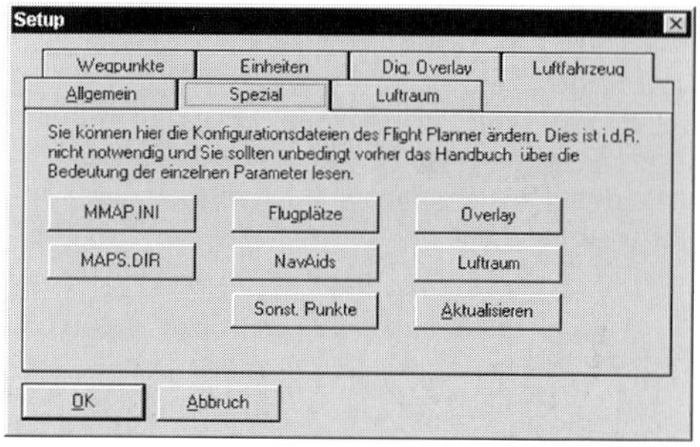

Abb. 3.10: Eingabefenster für Konfigurationsdateien der Datenbanken (Quelle: Flight Planner).

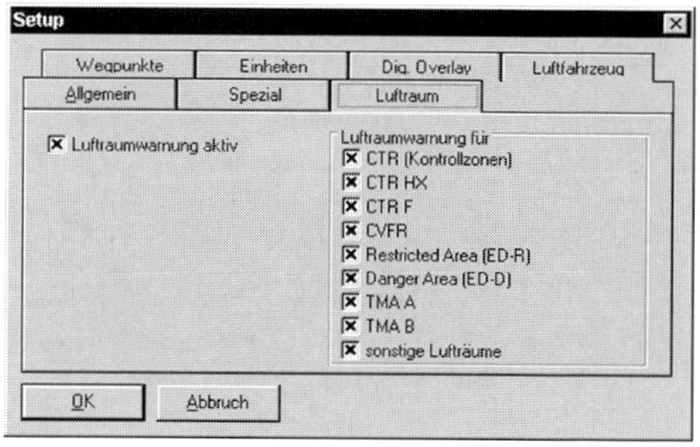

Abb. 3.11: Eingabefenster für Lauftraumwarnungen (Quelle: Flight Planner).

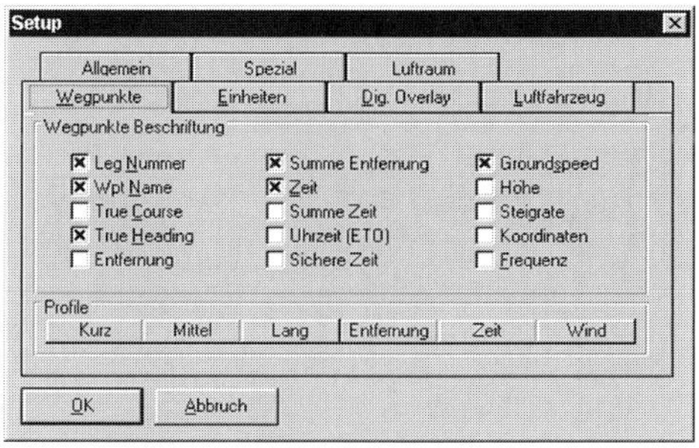

Abb. 3.12: Eingabefenster für den Umfang der Beschriftungen der Flugplatz- und Waypointfenster in den Ansichten der ICAO-Karten (Quelle: Flight Planner).

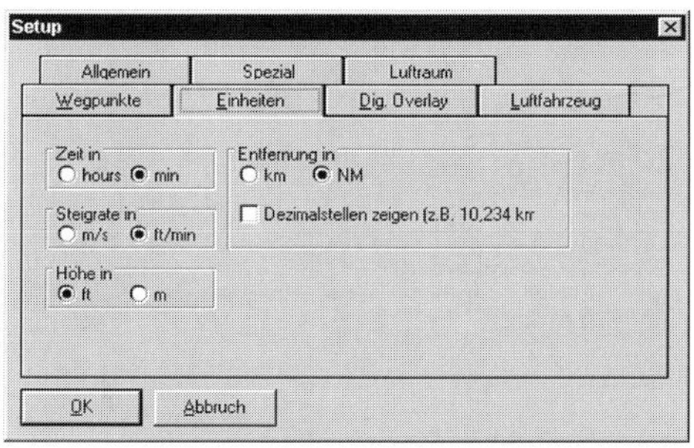

Abb. 3.13: Eingabefenster für die Einstellung angelsächsischer oder metrischer Maße (Quelle: Flight Planner).

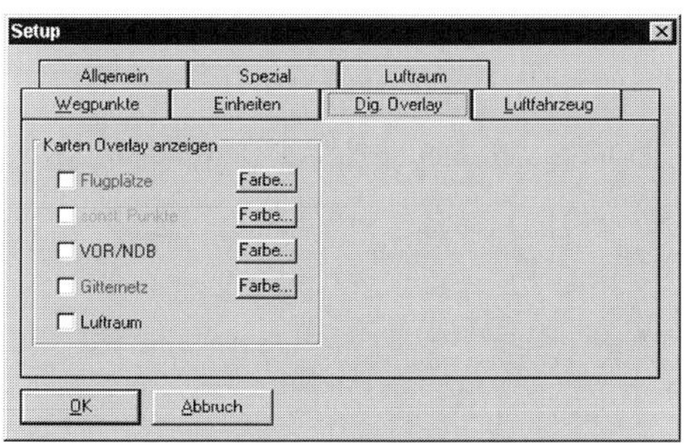

Abb. 3.14: Eingabefenster für die farbliche Gestaltung der Flugplätze, Funkfeuer und der Lufträume. Die so erstellten Overlays können wahlweise ein- oder ausgeblendet werden (Quelle: Flight Planner).

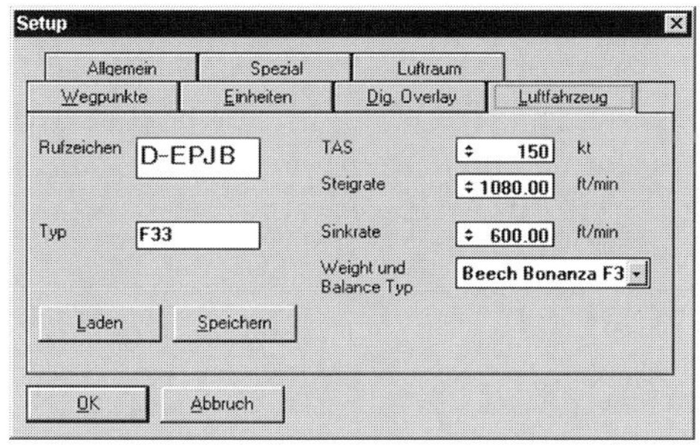

Abb. 3.15: Eingabefenster für Flugzeugdaten. Diese Daten sind grundlegender Teil für die gesamte Flugplanung (s.a. Seiten 122 und 123), da TAS, Steig- und Sinkrate sowie der Weight-and-Balance-Typ unmittelbar für alle Flugparameter übernommen werden (Quelle: Flight Planner).

Zusätzliche Eingabefenster beim Flight Planner

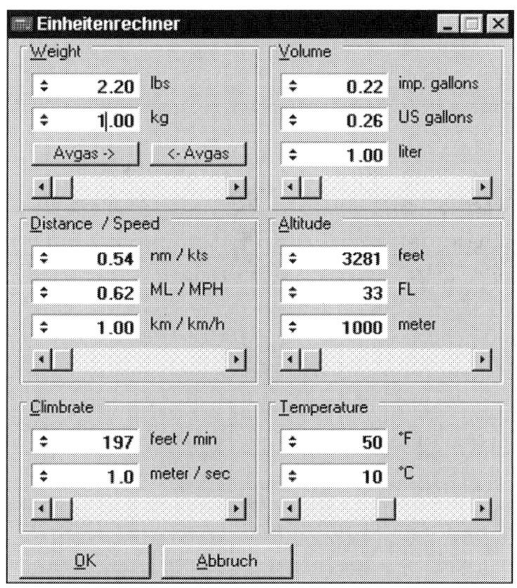

Abb. 3.16: Eingabefenster für die Umrechnung von Gewichten, Geschwindigkeiten, Steigraten, Volumina, Höhen und Temperaturen von angelsächsischen in metrische (und umgekehrt) Maße (Quelle: Flight Planner).

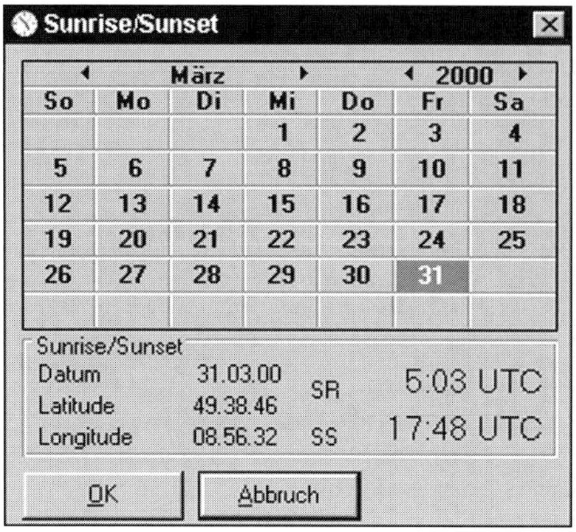

Abb. 3.17: Ablesefenster für Sonnenauf- und -untergangszeiten (Quelle: Flight Planner).

GPS-Setup-Eingabefenster beim Flight Planner

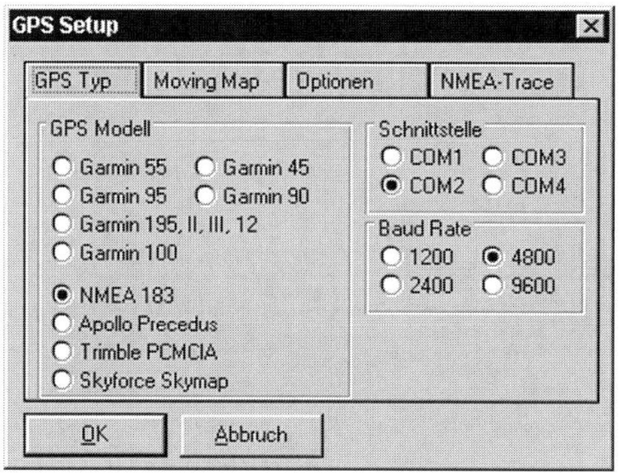

Abb. 3.18: Eingabefenster für verschiedene GPS-Empfängertypen, die über die serielle Schnittstelle (COM-Ports) des PC empfangene GPS-Signale zur Verarbeitung an die Software weitergeben. Die Daten werden zur Darstellung der Flugzeugposition und Flugbewegungen auf den digitalisierten Karten aufbereitet. Entscheidend ist hier die Wahl des korrekten Übertragungsprotokolls und der Übertragungsgeschwindigkeit (Quelle: Flight Planner).

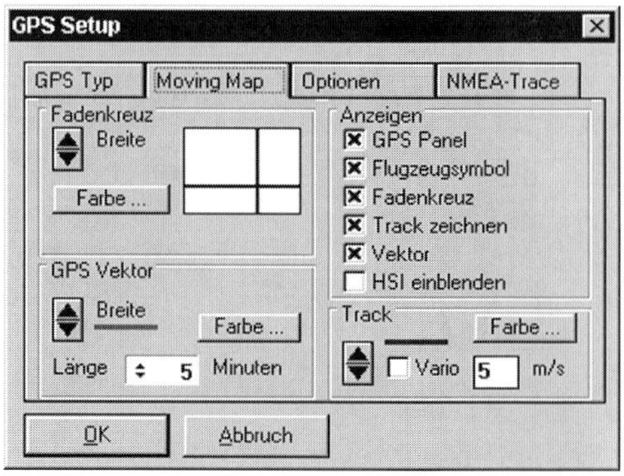

Abb. 3.19: Eingabefenster für Moving Map (Quelle: Flight Planner).

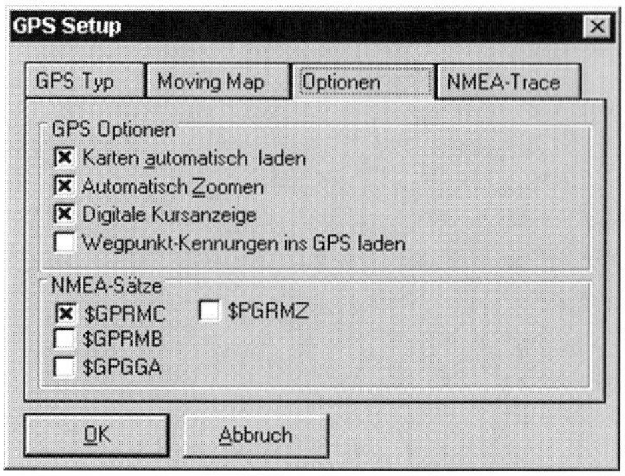

Abb. 3.20: Eingabefenster für optionale GPS-Angaben (Quelle: Flight Planner).

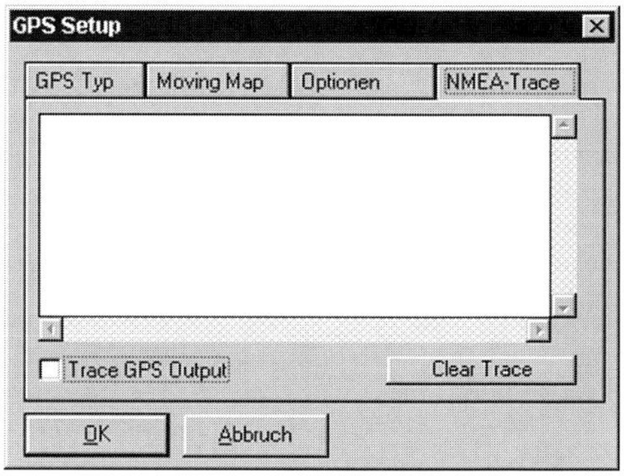

Abb. 3.21: Eingabefenster für die Darstellung von GPS-Tracks (Quelle: Flight Planner).

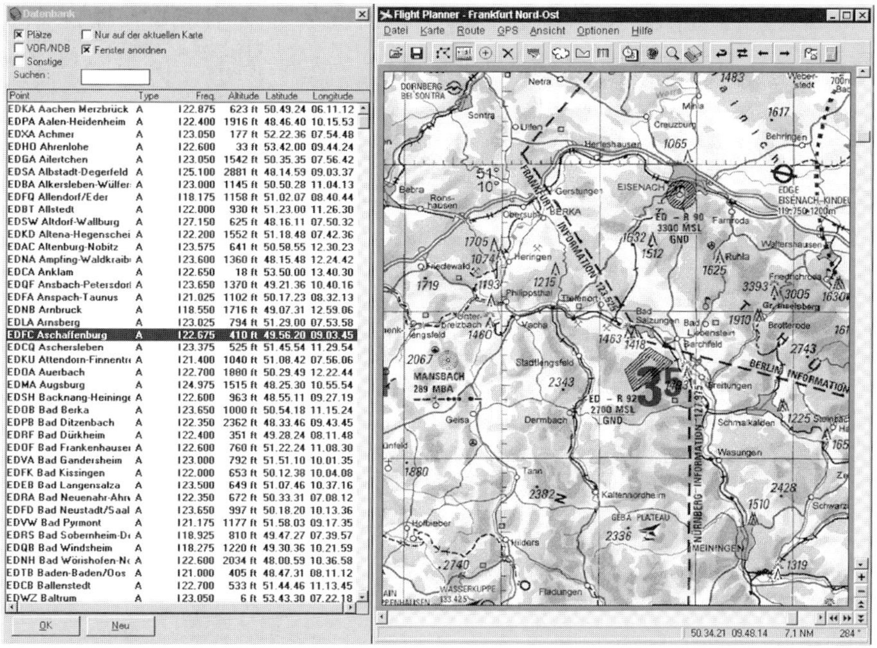

Abb. 3.22: Darstellung eines Ausschnitts der ICAO-Karte 1:500.000 in Verbindung mit einem Datenbankfenster, bei dem die Anzeige von Flugplätzen aktiviert ist. Wahlweise können auch Funkfeuer und sonstige Punkte entweder separat oder in einer vollständigen Übersicht aufgelistet werden (Quelle: Flight Planner).

Flugpläne, Karten und Routen-Screenshots

Abb. 3.23 - 3.24 (Seite 128): Routenpläne Aschaffenburg-Eggenfelden und Aschaffenburg-Strasbourg (Quelle: Flight Planner).

Abb. 3.25 (Seite 129): Flugdurchführungsplan Seite 1, Flug Aschaffenburg-Eggenfelden (Quelle: Flight Planner).

Abb. 3.26 (Seite 130): Flugdurchführungsplan Seite 2, Flug Aschaffenburg-Eggenfelden (Quelle: Flight Planner).

Abb. 3.27 (Seite 131): Sichtan- und -abflugkarte Aschaffenburg (Quelle: DFS).

Abb. 3.28 - 3.33 (Seiten 132 - 134): Flugrouten Aschaffenburg-Eggenfelden (Quelle: Flight Planner).

Abb. 3.34 (Seite 135): Sichtan- und -abflugkarte Eggenfelden (Quelle: DFS).

Abb. 3.35 - 3.38 (Seiten 136 - 137): Flugrouten Aschaffenburg-Strasbourg (Quelle: Flight Planner).

Abb. 3.39 (Seite 138): Ausschnitt aus der Sichtan- und -abflugkarte Strasbourg (Quelle: Jeppesen Sanderson, Inc.).

<u>Wichtiger Hinweis:</u> Alle genannten Flugpläne, Karten und Routen-Screenshots dienen ausschließlich der Information und sind nicht zur Navigation geeignet.

VFR Route from EDFC Aschaffenburg to EDME Eggenfelden with D-EPJB

ETD :	14:00	Airtime :	01:12
ETA :	15:12	Save Airtime :	04:08
TAS :	150 kt		
Fuel :	55,0 l/h	Fuel Capacity :	255 l

Leg	Name	Entfernung	TC	MH	GS	Zeit	Summe	ETO	Save	Alt.	Frequenz
0	EDFC Aschaffenburg	0 NM	0 °	0 °	0 kt		00:00	14:00	04:08	410 ft	122.675
1	EDEW Walldürn	25 NM	148 °	148 °	150 kt	10 min	00:10	14:10	03:58	5500 ft	122.750
2	DKB Dinkelsbühl DVORTAC	42 NM	128 °	128 °	150 kt	17 min	00:26	14:26	03:41	5500 ft	117.80
3	EDNO Nördlingen	19 NM	147 °	147 °	150 kt	8 min	00:34	14:34	03:33	5500 ft	133.075
4	WLD Walda DVOR/DME	30 NM	125 °	125 °	150 kt	12 min	00:46	14:46	03:21	5500 ft	112.80
5	EDML Landshut	36 NM	96 °	96 °	150 kt	14 min	01:01	15:01	03:07	5500 ft	129.800
6	EDME Eggenfelden	28 NM	104 °	104 °	150 kt	11 min	01:12	15:12	02:55	1342 ft	120.300
	Total :	181 NM				73 min	01:12	15:12			

VFR Route from EDFC Aschaffenburg to LFST Strasbourg (Entzheim) with D-EPJB

ETD :	14:00	Airtime :	00:46
ETA :	14:46	Save Airtime :	04:08
TAS :	150 kt		
Fuel :	55,0 l/h	Fuel Capacity :	255 l

Leg	Name	Entfernung	TC	MH	GS	Zeit	Summe	ETO	Save	Alt.	Frequenz
0	EDFC Aschaffenburg	0 NM	0 °	0 °	0 kt		00:00	14:00	04:08	410 ft	122.675
1	EDFO Michelstadt/Ode	16 NM	192 °	192 °	150 kt	6 min	00:06	14:06	04:02	4500 ft	123.650
2	Rothenberg Odenwaldk	12 NM	187 °	187 °	150 kt	5 min	00:11	14:11	03:57	4500 ft	123.150
3	EDGX Walldorf	15 NM	225 °	225 °	150 kt	6 min	00:17	14:17	03:51	4500 ft	118.275
4	EDRI Linkenheim	14 NM	226 °	226 °	150 kt	6 min	00:22	14:22	03:45	4500 ft	122.600
5	EDTK Karlsruhe-Forch	10 NM	194 °	194 °	150 kt	4 min	00:26	14:26	03:41	4500 ft	125.700
6	EDTB Baden-Baden/Oos	13 NM	206 °	206 °	150 kt	5 min	00:32	14:32	03:36	4500 ft	121.000
7	EDTO Offenburg	23 NM	206 °	206 °	150 kt	9 min	00:41	14:41	03:27	4500 ft	122.600
8	ECHO	7 NM	284 °	284 °	150 kt	3 min	00:44	14:44	03:24	4500 ft	
9	LFST Strasbourg (Entzheim)	6 NM	307 °	307 °	150 kt	2 min	00:46	14:46	03:22	502 ft	126.875
	Total :	116 NM				46 min	00:46	14:46			

Flugdurchführungsplan VFR	Datum:	von:	nach:	LFZ-Muster:	LFZ-Kennz:
	08.04.00	EDFC Aschaffenbur	EDME Eggenfelden	F33	D-EPJB

Freigaben/Wetter/Info:	Frequenzen/Frequencies	
	Startflugplatz/Aerodrome of Departure	Zielflugplatz/Destination
	Rollkontr./Ground	Turm/Tower
	Turm/Tower	Rollkontr./Ground
	Info 122.675	Info 120.300

ATIS Platzwetter	Code	Startbahn RWY	Überg.FL TL	Zeit Time UTC	Wind	Sicht Visibility	Wolken Clouds	Temp./Taup. Temp./Dewp.	QNH	Tendenz/Weitere Information Trend/Additional Information

ETD	14:00	ATD	
ETA	15:13	ATA	
SS:	17:45	UTC	

04:08 Sichere Flugzeit (max. Flugzeit minus 30 min.)

Startflugplatz Aerodrome of Departure / Kontrollpunkte Checkpoints	VOR NDB	Sicherh. Höhe Safe Alt.	Geplante Höhe Cruis. Alt.	VE TAS knots	Wind W/V Wind W/S	rwK TC	WCA	VAR	mwSK MH	mwK MC	Entfernung Distance Abschnitt Leg. NM	Accum. Remain.	VG GS knots	Zeiten Times Abschnitt Leg.	Accum. Remain.	Überflugzeit Time overhead ETO	ATO	Bemerkungen
EDFC Aschaffenbur	122.675											181			73			
EDEW Walldürn	122.750		5500 ft	150	-	148	0	0	148		25	156	150	10	62	10		
DKB Dinkelsbühl [	117.80		5500 ft	150	-	128	0	0	128		42	114	150	17	46	26		
EDNO Nördlingen	133.075		5500 ft	150	-	147	0	0	147		19	95	150	8	38	34		
WLD Walda DVOF	112.80		5500 ft	150	-	125	0	0	125		30	65	150	12	26	46		
EDML Landshut	129.800		5500 ft	150	-	96	0	0	96		36	28	150	14	11	01		
EDME Eggenfelden	120.300		1342 ft	150	-	104	0	0	104		28	0	150	11	0	12		

Ausweichflugplatz Alternate

Flugsicherungs-Beratung

Wetter-Beratung

GAFOR : Individuelle Beratung: (gültig bis _ _ : _ _ UTC)

Flugplatz-Daten aus AIP	Bahn-richtg.	Bahn-länge (m)	Strecke (15 m)	Höhe (ft)	Temp. (°C)	Wind (°/kt)	Neigung + / -	Belag	Gras-bahn	Oberflächenzustand	Beschränkungen

Kraftstoffberechnung	Flugzeit	Kraftstoff (l)
Reiseflug (Startort-Landeort)	01:13	66,9
Zuschlag, Anlassen, Rollen		4,6
Zuschlag, Steigflug	00:15	13,8
An- und Abflug (mind. 10 min.)	00:10	9,2
Ausweichflugplatz	00:30	27,5
Reserve (mind. 30 min.)	00:30	27,5
Mindest-Kraftstoffbedarf		149,4
Extra-Kraftstoff	01:55	105,6
Kraftstoff-Vorrat	max. 04:38	255,0
Sichere Flugzeit (=max.Flugzeit minus 30 min.)	04:08	
Daten über Verbrauch: 55,0 Liter/Stunde		

Masse-/Schwerpunkt-Berechnung (Hebelarm s. Flughandbuch)	Masse kg	Moment kg*m
Leer (2,057 m)	1039,0	2137,2
PIC und Co (2,260 m)	154,0	348,0
Paxe (3,230 m)	100,0	323,0
Gepäck (3,810 m)	15,0	57,1
Tank (1,900 m)	198,8	377,7
Startmasse	1506,8	3243,1

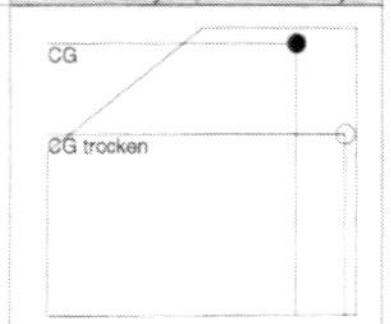

Envelope Kopie von Beech Bonanza F33A

Start- und Landestrecken-Berechnung	Start: Roll-strecke(m)	Start: Start-strecke(m)	Landung: Lande-strecke(m)	Landung: Roll-strecke(m)
Grunddaten aus AIP				
vorhandene Bahnlänge				
Verfügb. Strecke(15m)				
aus Flughandbuch:				
Grundstrecken				
Höhenzuschlag				
Temperaturzuschlag				
Windeinfluß				
Neigungszuschlag				
Grasbahnzuschlag				
Oberflächenzuschlag				
Benötigte Strecke				

FIS
FRANKFURT RADAR
119.150

VDF 122.675

ASCHAFFENBURG INFO
122.675 En/Ge (15 NM 3000 ft GND)

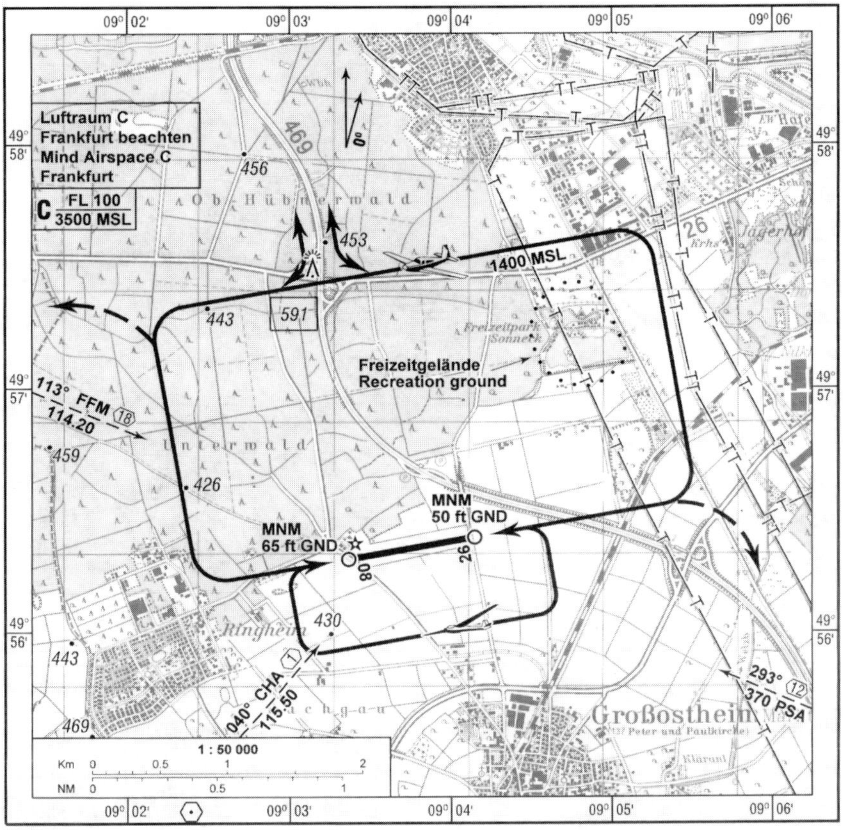

Berichtigung: Hindernis.
Correction: Obstacle.

Überflüge von Flugplatz Babenhausen 4 NM WNW (Segelflug-Windenstarts) unter 2500 MSL vermeiden. Umliegende Ortschaften sowie markiertes Freizeitgelände nicht überfliegen.

Avoid overflights of Babenhausen AD 4 NM WNW (glider winch launching) below 2500 MSL. Surrounding villages and the marked recreation ground shall not be overflown.

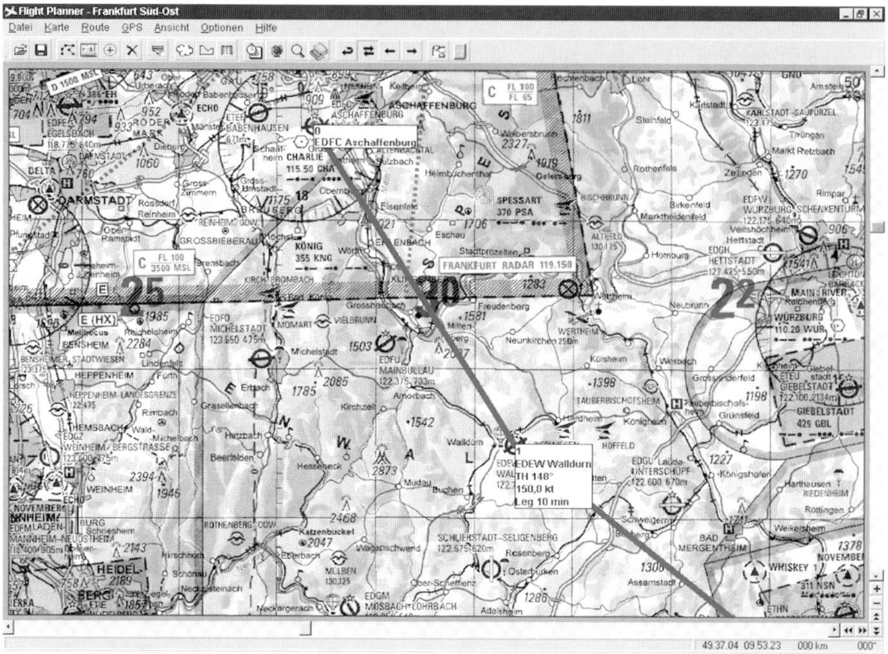
Flight Planner - Frankfurt Süd-Ost
Datei Karte Route GPS Ansicht Optionen Hilfe
0
EDFC Aschaffenburg
1
EDEW Walldurn
TH 148°
150,0 kt
Leg 10 min
FRANKFURT RADAR 119.150
49.37.04 09.53.23 000 km 000°

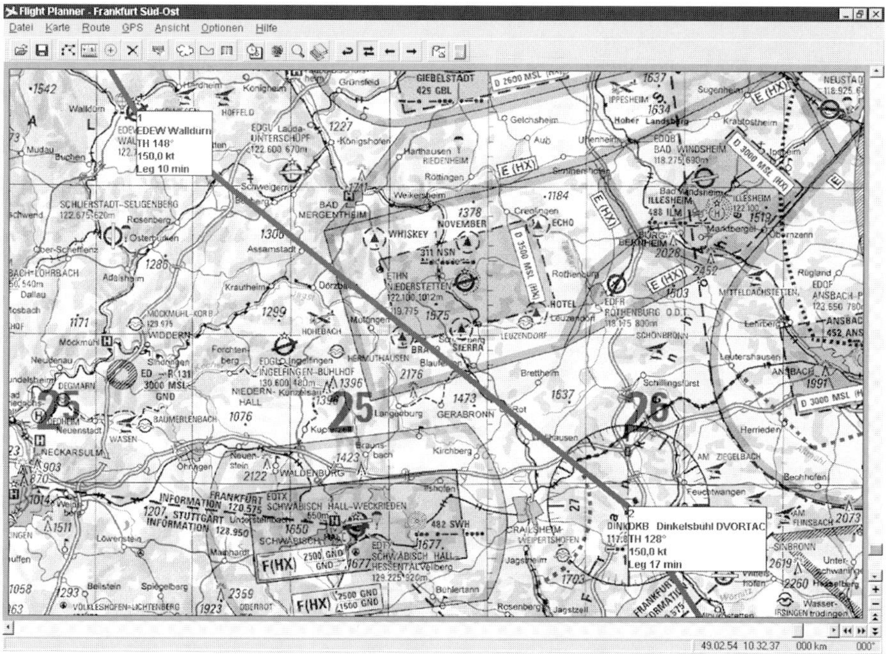
Flight Planner - Frankfurt Süd-Ost
Datei Karte Route GPS Ansicht Optionen Hilfe
1
EDEW Walldurn
TH 148°
150,0 kt
Leg 10 min
DKB Dinkelsbühl DVORTAC
TH 128°
150,0 kt
Leg 17 min
49.02.54 10.32.37 000 km 000°

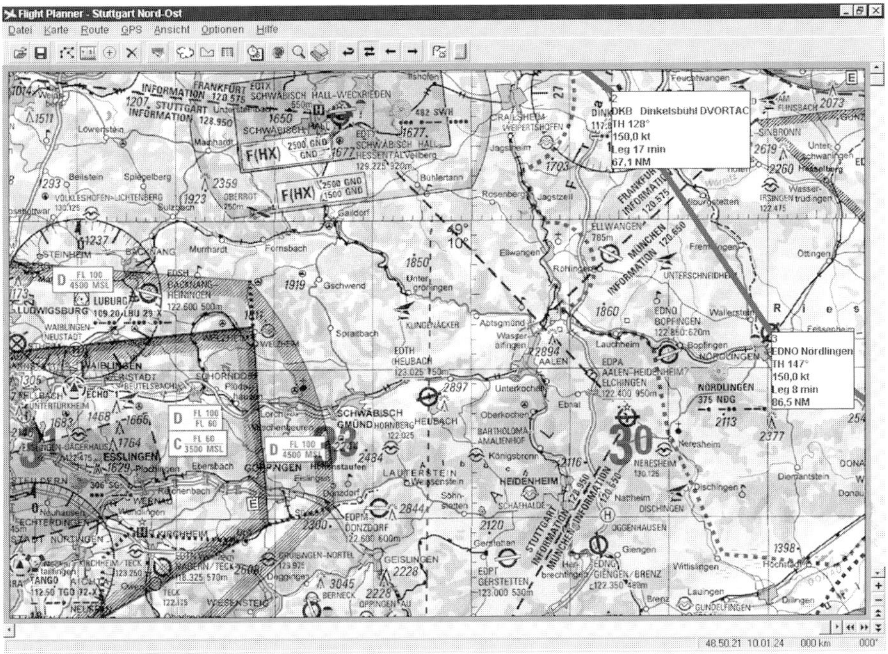
Flight Planner - Stuttgart Nord-Ost
Datei Karte Route GPS Ansicht Optionen Hilfe
DKB Dinkelsbuhl DVORTAC
TH 128°
150,0 kt
Leg 17 min
67,1 NM
EDNO Nordlingen
TH 147°
150,0 kt
Leg 8 min
86,5 NM
SCHWÄBISCH GMÜND
AALEN
HEIDENHEIM
ESSLINGEN
NÖRDLINGEN
48.50.21 10.01.24 000 km 000°

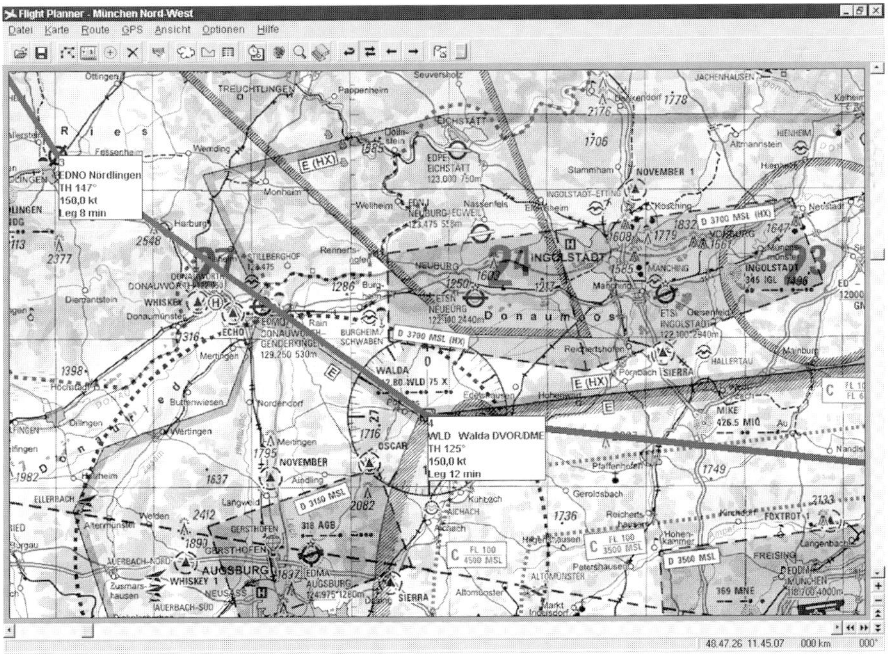
Flight Planner - München Nord-West
Datei Karte Route GPS Ansicht Optionen Hilfe
EDNO Nordlingen
TH 147°
150,0 kt
Leg 8 min
WLD Walda DVOR/DME
TH 125°
150,0 kt
Leg 12 min
INGOLSTADT
AUGSBURG
EICHSTÄTT
48.47.26 11.45.07 000 km 000°

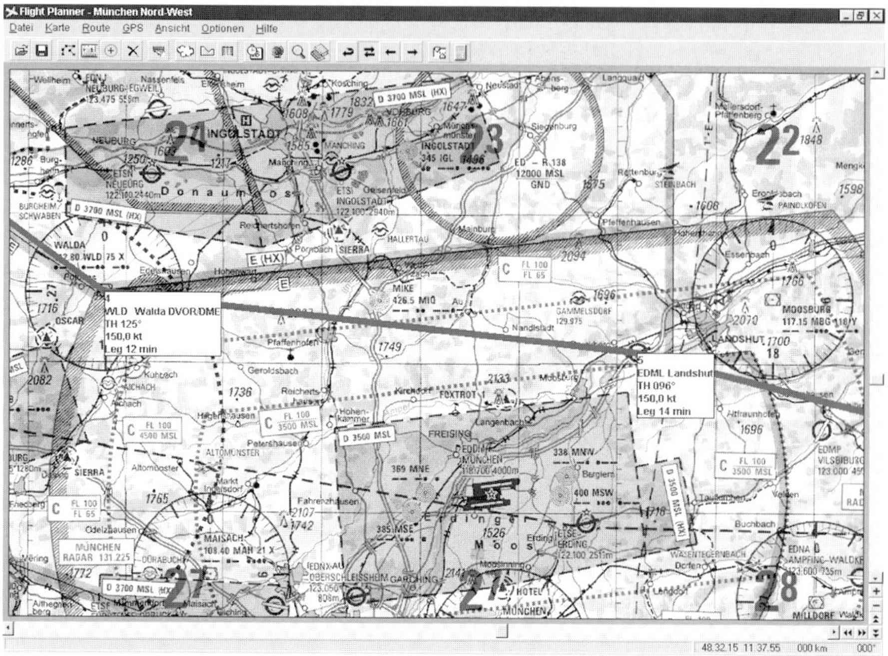
Flight Planner - München Nord-West
Datei Karte Route GPS Ansicht Optionen Hilfe
WLD Walda DVOR/DME
TH 125°
150,0 kt
Leg 12 min
EDML Landshut
TH 096°
150,0 kt
Leg 14 min
48.32.15 11.37.55 000 km 000°

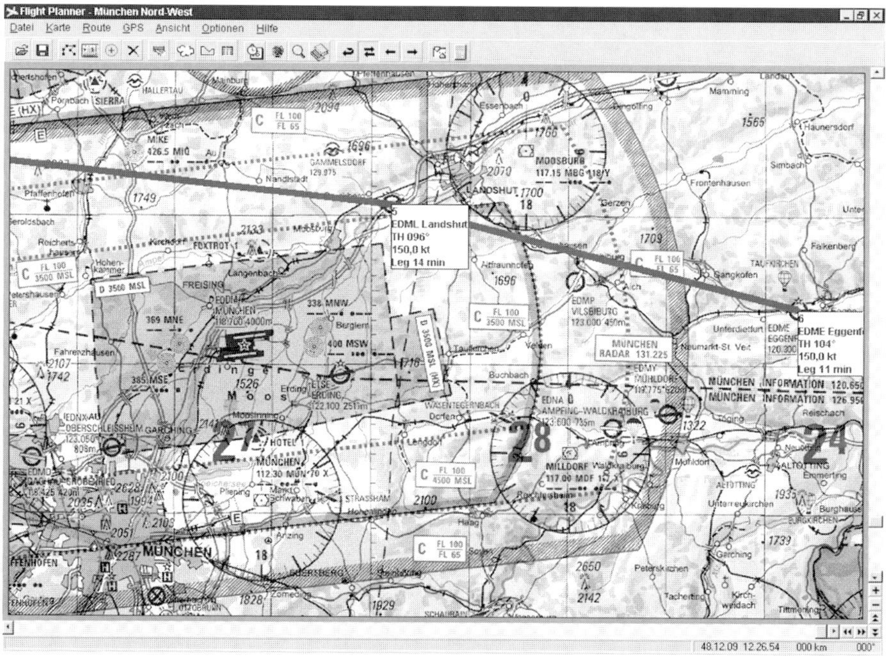
Flight Planner - München Nord-West
Datei Karte Route GPS Ansicht Optionen Hilfe
EDML Landshut
TH 096°
150,0 kt
Leg 14 min
TH 104°
150,0 kt
Leg 11 min
48.12.09 12.26.54 000 km 000°

EGGENFELDEN
EDME

N 48° 23,76'
E 12° 43,41'

Sichtanflugkarte
Visual Approach Chart

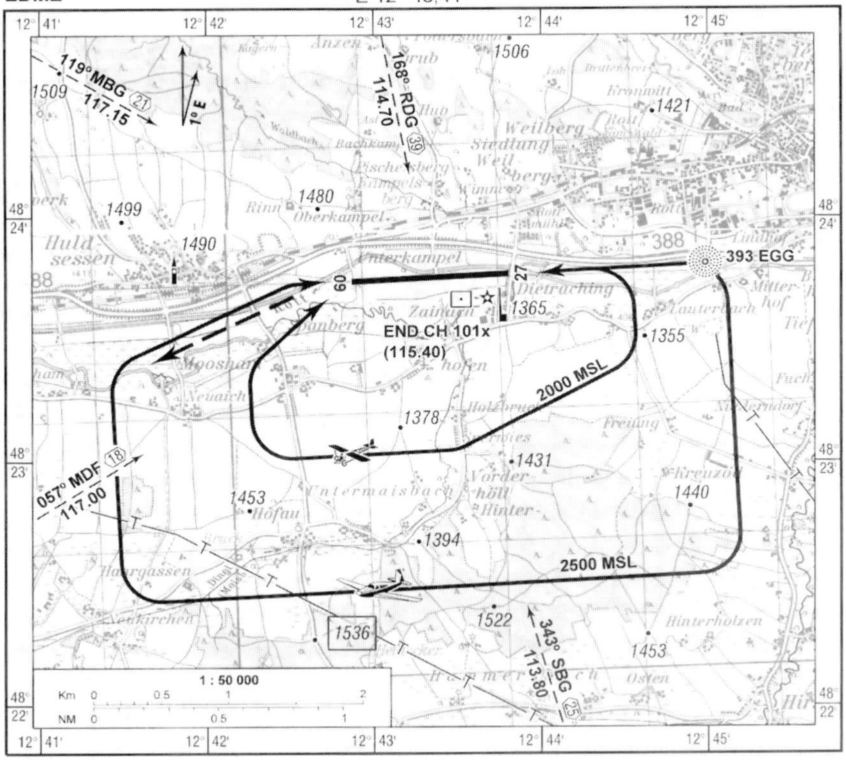

Berichtigung: RWY, Platzrunden, Bemerkung.
Correction: RWY, traffic circuits, remark.

RWY MAG	Abmessungen Dimensions	Belag Surface	Tragfähigkeit Strength	TKOF	LDG
086	1160 x 23 m	ASPH	9000 kg MPW	*1100 m	1120 m
266				**1120 m	1100 m

* 80 m befestigte Fläche vor Bahnbeginn kann zum Starten mitbenutzt werden.
** 60 m befestigte Fläche vor Bahnbeginn kann zum Starten mitbenutzt werden.
Vom 1 APR bis 30 SEP 1200 - 1400 (1100 - 1300) sind an Sun und HOL Platzrundenflüge, Flüge von weniger als 20 MIN und Schwebeflüge von HEL untersagt.
Durchführung Probeläufe von Triebwerken (Ausnahme Stellung "Leerlauf") nur an den von der Luftaufsichtsstelle genehmigten Abstellplätzen und nicht an: Sun, HOL; Sat vor 0700 (0600) und ab 1100 (1000); werktags 1700-0700 (1600 -0600).
Zugewiesene Flugzeugstandplätze können auch nichtmarkierte Abstellflächen mit Verankerungsmöglichkeiten sein (Grasflächen).

* 80 m paved area in front of beginning of RWY can be used for take off.
** 60 m paved area in front of beginning of RWY can be used for take off.
1 APR - 30 SEP 1200-1400 (1100-1300) on Sun and HOL flights in traffic circuit, circling flights of less than 20 MIN as well as helihovering are not allowed.

Engine test-runs (EXC idle test-runs) only on the parking positions approved by the Luftaufsicht and not on: Sun, HOL; Sat before 0700 (0600) and from 1100 (1000); work-days 1700-0700 (1600-0600).
Non-marked parking areas with facilities for mooring (grass areas) may also be assigned for parking.

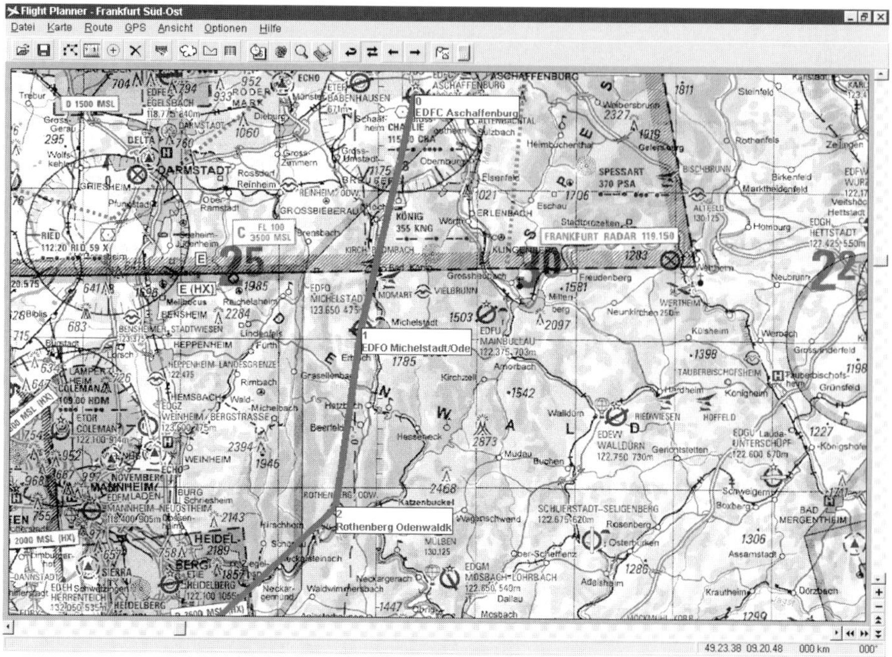
Flight Planner - Frankfurt Süd-Ost
Datei Karte Route GPS Ansicht Optionen Hilfe
0 EDFC Aschaffenburg
1 EDFO Michelstadt/Ode
2 Rothenberg Odenwaldk
FRANKFURT RADAR 119.150
49.23.38 09.20.48 000 km 000°

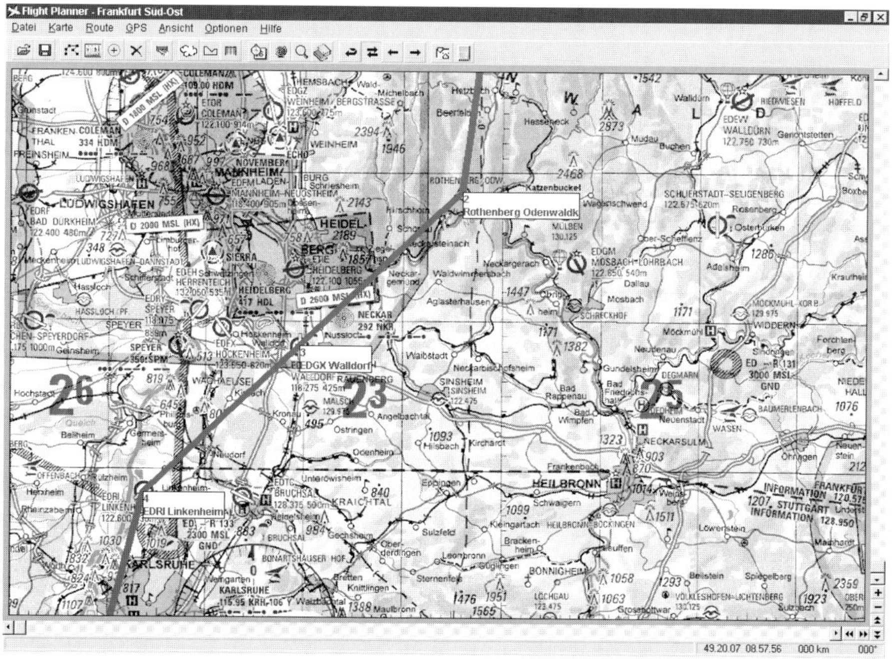
Flight Planner - Frankfurt Süd-Ost
Datei Karte Route GPS Ansicht Optionen Hilfe
2 Rothenberg Odenwaldk
3 EDGX Walldorf
4 EDRI Linkenheim
49.20.07 08.57.56 000 km 000°

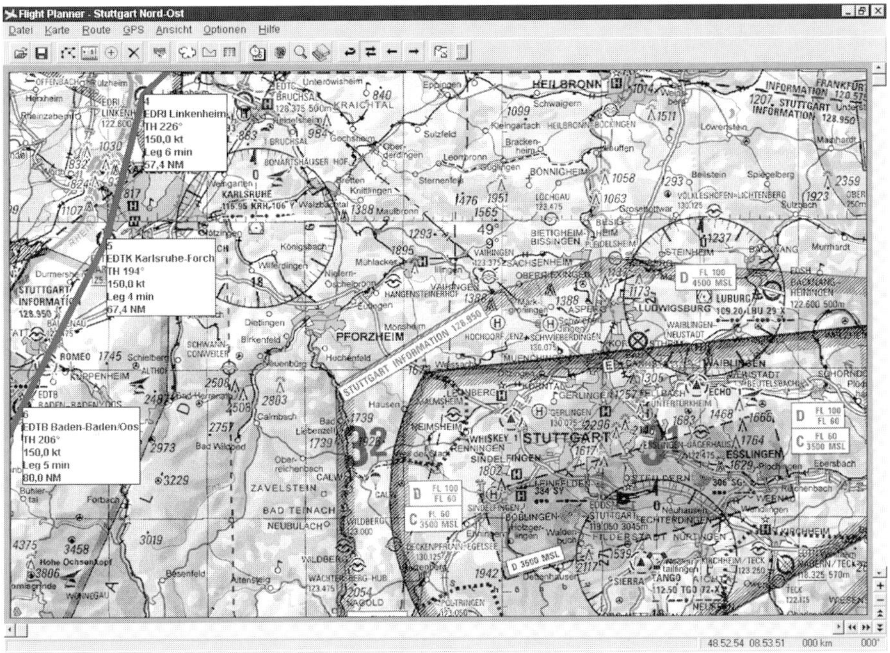
Flight Planner - Stuttgart Nord-Ost
Datei Karte Route GPS Ansicht Optionen Hilfe
EDRI Linkenheim
TH 226°
150,0 kt
Leg 6 min
57,4 NM
EDTK Karlsruhe-Forch
TH 194°
150,0 kt
Leg 4 min
67,4 NM
EDTB Baden-Baden/Oos
TH 206°
150,0 kt
Leg 5 min
80,0 NM
HEILBRONN
PFORZHEIM
STUTTGART
STUTTGART INFORMATION 128.950
48.52.54 08.53.51 000 km 000°

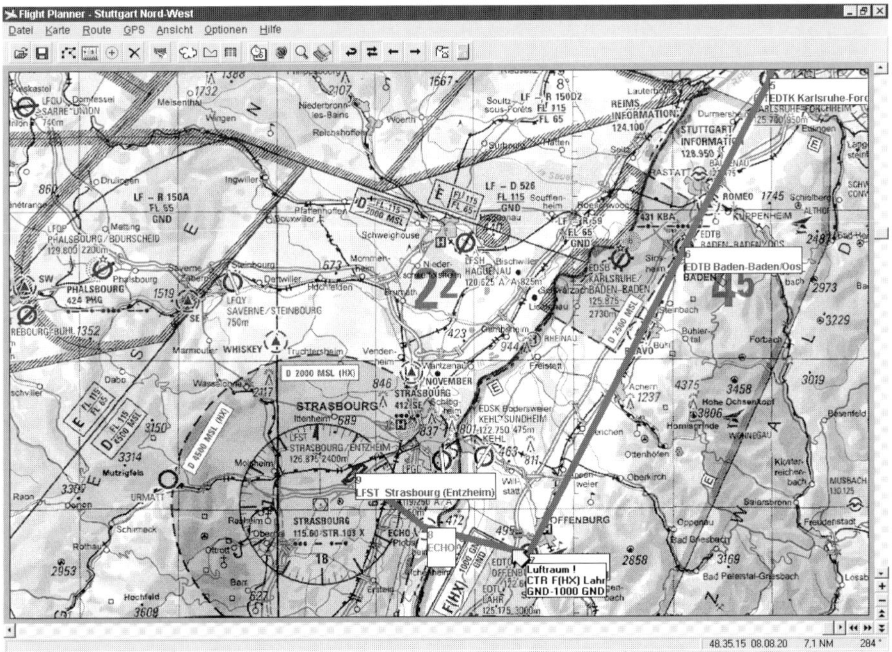
Flight Planner - Stuttgart Nord-West
Datei Karte Route GPS Ansicht Optionen Hilfe
EDTK Karlsruhe-Forc
EDTB Baden-Baden/Oos
LFST Strasbourg (Entzheim)
ECHO
Luftraum !
CTR F(HX) Lahr
GND-1000 GND
STRASBOURG
OFFENBURG
48.35.15 08.08.20 7,1 NM 284°

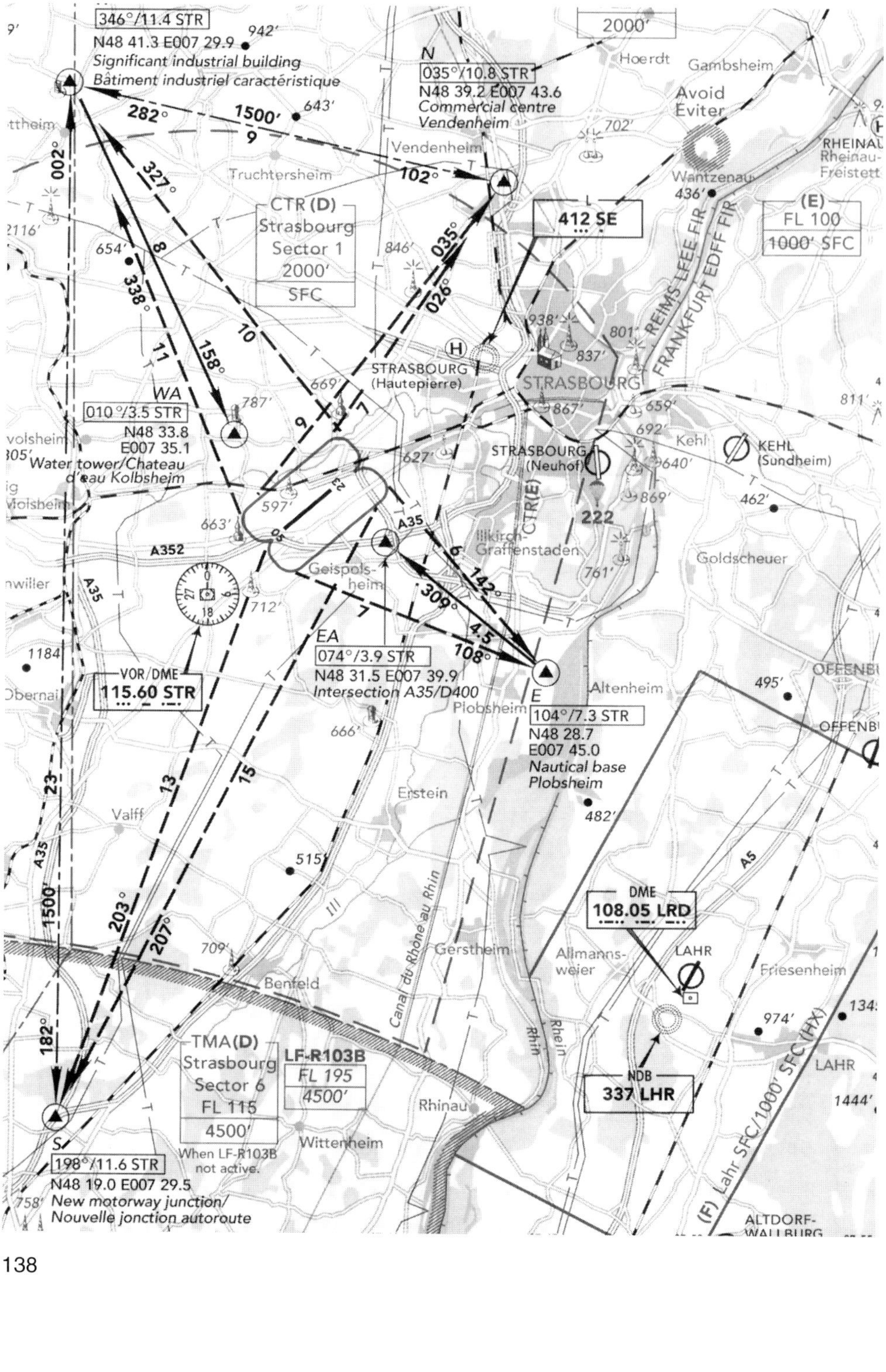
346°/11.4 STR
N48 41.3 E007 29.9
Significant industrial building
Bâtiment industriel caractéristique
035°/10.8 STR
N48 39.2 E007 43.6
Commercial centre
Vendenheim
CTR (D)
Strasbourg
Sector 1
2000'
SFC
412 SE
(E)
FL 100
1000' SFC
Avoid
Eviter
REIMS LFEE FIR
FRANKFURT EDFF FIR
STRASBOURG
(Hautepierre)
STRASBOURG
(Neuhof)
222
KEHL
(Sundheim)
010°/3.5 STR
N48 33.8
E007 35.1
Water tower/Chateau
d'eau Kolbsheim
074°/3.9 STR
N48 31.5 E007 39.9
Intersection A35/D400
VOR/DME
115.60 STR
104°/7.3 STR
N48 28.7
E007 45.0
Nautical base
Plobsheim
DME
108.05 LRD
LAHR
NDB
337 LHR
TMA (D)
Strasbourg
Sector 6
FL 115
4500'
When LF-R103B
not active.
LF-R103B
FL 195
4500'
198°/11.6 STR
N48 19.0 E007 29.5
New motorway junction/
Nouvelle jonction autoroute
(F) Lahr SFC/1000' SFC (HX)
ALTDORF-
WALLBURG

Flugplanungssoftware Flight Planner 4.0 im Detail

Flight Planner ist die elektronische Form der ICAO-Karte. Er nimmt die Arbeit der Entnahme von Koordinaten und Entfernungen aus der Karte ab. Durch einfaches Anklikken mit der Maus können Entfernungen und Kurse bestimmt, Routen geplant und Winddreiecke berechnet werden. Durch die intuitive Bedieneroberfläche ist es möglich, verschiedene Routenplanungen in Echtzeit zu erstellen.

Arbeiten mit Original-Luftfahrtkarten

Der Flight Planner arbeitet auf Basis von gescannten Kartenblättern. Die Karten werden auf dem Bildschirm originalgetreu dargestellt. Das Kartenhandling ist einfach:

- Wenn man sich an den Rand einer Karte bewegt, wird automatisch die passende Anschlußkarte zur aktuellen Karte geladen. Eine manuelle Wahl aus der Kartendatenbank ist ebenso möglich.
- Karten können mit einer niedrigeren bzw. höheren Auflösung geladen werden, um sich einen Überblick über die Gesamtstrecke zu verschaffen oder Details zu betrachten.
- Eine Übersichtskarte stellt die aktuelle Karte in einem Fenster verkleinert dar. Durch Anklicken auf der Übersichtskarte wird der entsprechende Ausschnitt der großen Karte in das Blickfeld gerollt.
- In einem Positionsfenster werden jederzeit die Weltkoordinaten der aktuellen Mausposition auf der ICAO-Karte in Länge und Breite oder UTM-REF, die Maximum Elevation Figure (MEF) und die Luftraumstruktur-Informationen angezeigt.
- Durch die offene Kartenschnittstelle können auch eigene Karten gescannt und in den Flight Planner eingebunden werden.

Ausführliche Datenbank

Zum Lieferumfang gehören eine Datenbank mit den Daten von Flugplätzen, topographischen Punkten, NavAids und Luftraumstrukturen. Die Datenbank kann individuell erweitert werden. Sobald man sich mit der Maus auf der Karte in die Nähe eines Punktes bewegt, der in der Datenbank gespeichert ist, wird dieser in der Statuszeile angezeigt. Auch ein Flug ist direkt mit der Datenbank planbar. Dazu gibt man über das Datenbankfenster die gewünschten Wegpunkte ein. Anschließend erscheinen diese Punkte automatisch auf der Karte.

Leichte Streckenplanung

Bei der Streckenplanung klickt man mit der Maus auf die gewünschten Punkte der Karte. Für jeden Streckenabschnitt wird u.a. das Heading, die Entfernung und die Flugzeit angezeigt. Die abgesteckte Strecke ist direkt auf der Karte sichtbar. Bei der Planung stehen viele hilfreiche Funktionen zur Verfügung:

- Einfügen, Löschen und Verschieben von Wegpunkten auf der Karte.
- Rasten der Wegpunkte auf Flugplätze oder NavAids: Versetzt den gewählten Wegpunkt auf den nächstgelegenen Flugplatz oder NavAid.
- Mit dem Auto-Router kann - ausgehend von einem Start- und Zielflugplatz - automatisch ein Streckenvorschlag erstellt werden.

- Beim Abstecken der Route warnt der Flight Planner vor einer Luftraumverletzungen, wenn die Route durch einen in der Datenbank gespeicherten Luftraum verläuft.

- Bei Eingabe verschiedener Windwerte werden WCA und TH in Echtzeit berechnet.

- Es kann eine beliebige Anzahl von Routen gespeichert werden.

- Die Streckenplanung kann auf einem LBA-Formular ausgedruckt werden.

Gewichts- und Schwerpunktberechnung

Die Gewichts- und Schwerpunktberechnung umfaßt eine graphische Darstellung des Kabinen-Layouts und des Envelope sowie eine Kraftstoffberechnung auf Basis einer Zuschlagskalkulation. Die Planungen können in zwei verschiedenen Varianten ausgedruckt werden (LBA-Formular).

Weitere Funktionen

- Die Anzeigeoptionen des Flight Planner können individuell konfiguriert und für eigene Flugzeugtypen vorgenommen werden.

- Für beliebige Orte und frei wählbare Termine können die Zeiten für SR und SS bestimmt werden.

- Benutzerdefinierte Symbole können über die ICAO-Karten gelegt werden (z.B. für NOTAMs, Wettermeldungen usw.).

- Im Höhenprofil werden die Flughöhen für die Route festgelegt. Top of Climb (TOP) und Begin of Sink (BOS) können automatisch berechnet werden.

Einfache GPS Anbindung

Bei einem an den PC angeschlossenen GPS-Empfänger kann man sich auch bei der Flugdurchführung vom Flight Planner unterstützen lassen. Den Flug plant man mit Hilfe der Software. Dann schließt man ein Garmin- oder Apollo-GPS mit einem seriellen Datenkabel an den PC an und programmiert über die Download-Funktion die Koordinaten des geplanten Fluges als User-Waypoints in das GPS. Der Flug selbst wird dann nur mit dem GPS durchgeführt.

Steht ein Garmin- oder Apollo-GPS mit einer Track-Speicher-Funktion zur Verfügung, kann der Flug mit dem GPS aufgezeichnet werden. Der Flight Planner spielt den aufgezeichneten Flug auf Wunsch wieder ab.

Moving-Map-Funktion

Die Moving-Map-Funktion des Flight Planner kann mit jedem GPS-Gerät mit NMEA-183-Schnittstelle genutzt werden. Im Moving-Map-Modus werden Position, Geschwindigkeit, Uhrzeit und der aktuelle Kurs angezeigt. Gleichzeitig lädt der Flight Planner eine Karte, auf der die aktuelle Position sichtbar ist und kennzeichnet den Flugweg und das Heading. Auch ein Horizontal Situation Indicator (HSI) kann eingeblendet werden.

Systemvoraussetzungen

Windows 95 oder Windows 3.11; mindestens 8 MB RAM (empfohlen 16 MB), mindestens 4 MB Plattenplatz (empfohlen 90 MB); CDROM-Laufwerk (bei ausreichendem Plattenplatz nur zur Installation); Bildschirm mindestens 640 x 480 Pixel bei 256 Farben (besser 800 x 600 Pixel).

Kapitel 4

Tabellen, Listen und Symbole

Flughäfen und Flugplätze Deutschland

Die folgende Tabelle enthält die Flughäfen und Verkehrs-/Sonderlandeplätze in Deutschland, alphabetisch nach Namen sortiert, mit ICAO-Ortskennung, Platzkoordinaten Nord (N) und Ost (E), der Platzhöhe in Fuß und der Sprechfunkfrequenz (Info) in MHz. Die Koordinaten werden in Grad, Minuten und Sekunden angegeben (z.B. Aachen Merzbrück, 50 Grad 49 Minuten und 24 Sekunden Nord, 6 Grad 11 Minuten und 12 Sekunden Ost. Diese Koordinaten sind nicht immer völlig identisch mit denen der entsprechenden Flugplatzkarten der AIP VFR. Die Abweichung ist für VFR-Flüge aber ohne praktische Bedeutung. Auch die Karten der AIP VFR liefern keine absolut korrekten Werte. Erst im Laufe der Zeit werden diese Karten im Rahmen der normalen AIP-Updates mit GPS-vermessenen Koordinaten (in Grad und dezimalen Minuten/Sekunden-Werten) neu herausgegeben.

Flugplatz	Kennung	Koord N	Koord E	Elev ft	Frequenz
Aachen Merzbrück	EDKA	50 49 24 N	06 11 12 E	623	122.875
Aalen-Heidenheim	EDPA	48 46 40 N	10 15 53 E	1.916	122.400
Achmer	EDXA	52 22 36 N	07 54 48 E	177	123.050
Ahrenlohe	EDHO	53 42 00 N	09 44 24 E	33	122.600
Ailertchen	EDGA	50 35 35 N	07 56 42 E	1.542	123.050
Albstadt-Degerfeld	EDSA	48 14 59 N	09 03 37 E	2.881	125.100
Alkersleben-Wülfershausen	EDBA	50 50 28 N	11 04 13 E	1.145	123.000
Allendorf/Eder	EDFQ	51 02 07 N	08 40 44 E	1.158	118.175
Allstedt	EDBT	51 23 00 N	11 26 30 E	930	122.000
Altdorf-Wallburg	EDSW	48 16 11 N	07 50 32 E	625	127.150
Altena-Hegenscheid	EDKD	51 18 48 N	07 42 36 E	1.552	122.200
Altenburg-Nobitz	EDAC	50 58 55 N	12 30 23 E	641	123.575
Ampfing-Waldkraiburg	EDNA	48 15 48 N	12 24 42 E	1.360	123.600
Anklam	EDCA	53 50 00 N	13 40 30 E	18	122.650
Ansbach-Petersdorf	EDQF	49 21 36 N	10 40 16 E	1.370	123.650
Anspach-Taunus	EDFA	50 17 23 N	08 32 13 E	1.102	121.025
Arnbruck	EDNB	49 07 31 N	12 59 06 E	1.716	118.550

Flugplatz	Kennung	Koord N	Koord E	Elev ft	Frequenz
Arnsberg	EDLA	51 29 00 N	07 53 58 E	794	123.025
Aschaffenburg	EDFC	49 56 20 N	09 03 45 E	410	122.675
Aschersleben	EDCQ	51 45 54 N	11 29 54 E	525	123.375
Attendorn-Finnentrop	EDKU	51 08 42 N	07 56 06 E	1.040	121.400
Auerbach	EDOA	50 29 49 N	12 22 44 E	1.880	122.700
Augsburg	EDMA	48 25 30 N	10 55 54 E	1.515	124.975
Backnang-Heiningen	EDSH	48 55 11 N	09 27 19 E	963	122.600
Bad Berka	EDOB	50 54 18 N	11 15 24 E	1.000	123.650
Bad Ditzenbach	EDPB	48 33 46 N	09 43 45 E	2.362	122.350
Bad Dürkheim	EDRF	49 28 24 N	08 11 48 E	351	122.400
Bad Frankenhausen-Udersleben	EDOF	51 22 24 N	11 08 30 E	760	122.600
Bad Gandersheim	EDVA	51 51 10 N	10 01 35 E	792	123.000
Bad Kissingen	EDFK	50 12 38 N	10 04 08 E	653	122.000
Bad Langensalza	EDEB	51 07 46 N	10 37 16 E	649	123.500
Bad Neuenahr-Ahrweiler	EDRA	50 33 31 N	07 08 12 E	672	122.350
Bad Neustadt/Saale-Grasberg	EDFD	50 18 20 N	10 13 36 E	997	123.650
Bad Pyrmont	EDVW	51 58 03 N	09 17 35 E	1.177	121.175
Bad Sobernheim-Domberg	EDRS	49 47 27 N	07 39 57 E	810	118.925
Bad Windsheim	EDQB	49 30 36 N	10 21 59 E	1.220	118.275
Bad Wörishofen-Nord	EDNH	48 00 59 N	10 36 58 E	2.034	122.600
Baden-Baden/Oos	EDTB	48 47 31 N	08 11 12 E	405	121.000
Ballenstedt	EDCB	51 44 46 N	11 13 45 E	533	122.700
Baltrum	EDWZ	53 43 30 N	07 22 18 E	6	123.050
Barßel	EDXL	53 09 53 N	07 47 37 E	9	122.000
Barth	EDBH	54 20 17 N	12 42 36 E	22	118.075

Flugplatz	Kennung	Koord N	Koord E	Elev ft	Frequenz
Bautzen	EDAB	51 11 36 N	14 31 12 E	550	129.150
Bayreuth	EDQD	49 59 04 N	11 38 19 E	1.601	127.525
Beilngries	EDNC	49 01 18 N	11 29 06 E	1.210	118.350
Bergneustadt/A.d.Dümpel	EDKF	51 03 06 N	07 42 24 E	1.604	123.650
Berlin-Schönefeld	EDDB	52 22 43 N	13 31 14 E	154	120.025
Berlin-Tegel	EDDT	52 33 35 N	13 17 16 E	121	124.525
Berlin-Tempelhof	EDDI	52 28 25 N	13 24 06 E	163	119.575
Betzdorf-Kirchen	EDKI	50 49 06 N	07 49 57 E	1.126	122.750
Biberach a.d. Riß	EDMB	48 06 43 N	09 45 50 E	1.903	122.750
Bielefeld-Windelsbleiche	EDLI	51 57 57 N	08 32 47 E	453	118.350
Bienenfarm-Nauen	EDOI	52 39 37 N	12 44 52 E	102	122.850
Binningen	EDSI	47 47 57 N	08 43 14 E	1.594	130.600
Blaubeuren	EDMC	48 25 12 N	09 47 56 E	2.217	130.600
Blomberg-Borkhausen	EDVF	51 55 05 N	09 06 48 E	535	118.925
Blumberg	EDSL	47 50 45 N	08 34 00 E	2.291	123.050
Böhlen	EDOE	51 12 55 N	12 22 04 E	430	123.000
Bohmte-Bad Essen	EDXD	52 21 03 N	08 19 50 E	148	122.500
Bonn/Hangelar	EDKB	50 46 08 N	07 09 50 E	197	119.250
Bopfingen	EDNQ	48 50 54 N	10 20 02 E	2.028	122.850
Bordelum	EDWA	54 37 37 N	08 55 49 E	3	
Borkenberge	EDLB	51 46 43 N	07 17 07 E	158	125.875
Borken-Hoxfeld	EDLY	51 51 12 N	06 48 53 E	159	122.925
Borkum	EDWR	53 35 44 N	06 42 34 E	3	123.000
Bottenhorn	EDGT	50 47 41 N	08 27 49 E	1.657	120.375
Braunschweig	EDVE	52 19 09 N	10 33 22 E	291	119.350

Flugplatz	Kennung	Koord N	Koord E	Elev ft	Frequenz
Breitscheid	EDGB	50 40 46 N	08 10 22 E	1.833	122.600
Bremen	EDDW	53 02 50 N	08 47 12 E	13	134.825
Bremerhaven/Am Luneort	EDWB	53 30 19 N	08 34 29 E	10	122.375
Bremgarten	EDTG	47 54 11 N	07 37 04 E	695	122.000
Brilon/Hochsauerland	EDKO	51 24 09 N	08 38 31 E	1.510	129.375
Bronkow Krs.Calau	EDBQ	51 40 12 N	13 57 36 E	443	130.325
Bruchsal	EDTC	49 08 06 N	08 33 49 E	364	128.375
Burg bei Magdeburg	EDBG	52 14 30 N	11 51 22 E	173	122.050
Burg Feuerstein	EDQE	49 47 42 N	11 08 04 E	1.674	130.775
Celle-Arloh	EDVC	52 41 27 N	10 06 33 E	207	123.650
Chemnitz-Jahnsdorf	EDCJ	50 44 56 N	12 50 09 E	1.198	122.500
Coburg-Brandensteinsebene	EDQC	50 15 48 N	10 59 42 E	1.485	134.900
Coburg-Steinrücken	EDQY	50 13 49 N	10 59 45 E	1.184	129.800
Cochstedt-Schneidlingen	EDBC	51 51 18 N	11 25 08 E	594	131.125
Cottbus-Drewitz	EDCD	51 53 22 N	14 31 54 E	271	118.650
Dachau-Gröbenried	EDMD	48 13 43 N	11 25 23 E	1.608	118.425
Dahlemer Binz	EDKV	50 24 20 N	06 31 44 E	1.896	122.375
Damme	EDWC	52 29 15 N	08 11 10 E	151	133.300
Dedelow	EDBD	53 21 22 N	13 47 01 E	164	122.600
Deggendorf	EDMW	48 49 52 N	12 52 53 E	1.030	122.025
Dessau	EDAD	51 49 55 N	12 11 25 E	187	118.175
Dierdorf-Wienau	EDRW	50 34 03 N	07 39 17 E	951	128.925
Dingolfing	EDPD	48 39 34 N	12 29 54 E	1.165	123.600
Dinkelsbühl-Sinbronn	EDND	49 03 58 N	10 24 08 E	1.598	118.425
Dinslaken-Schwarze Heide	EDLD	51 36 59 N	06 51 56 E	217	122.700

Flugplatz	Kennung	Koord N	Koord E	Elev ft	Frequenz
Donaueschingen-Villingen	EDTD	47 58 25 N	08 31 20 E	2.227	124.250
Donauwörth-Genderkingen	EDMQ	48 42 14 N	10 51 08 E	1.312	129.250
Donzdorf-Messelberg	EDPM	48 40 45 N	09 50 41 E	2.272	122.600
Dortmund-Wickede	EDLW	51 31 06 N	07 36 44 E	417	134.175
Dresden	EDDC	51 08 00 N	13 46 08 E	755	122.925
Düsseldorf	EDDL	51 16 52 N	06 45 26 E	147	118.300
Ebern-Sendelbach	EDQR	50 02 23 N	10 49 22 E	828	122.500
Egelsbach	EDFE	49 57 39 N	08 38 37 E	384	118.775
Eggenfelden	EDME	48 23 46 N	12 43 25 E	1.342	120.300
Eggersdorf	EDCE	52 28 45 N	14 05 00 E	220	123.000
Eichstätt	EDPE	48 52 39 N	11 11 00 E	1.685	123.000
Eisenach-Kindel	EDGE	50 59 25 N	10 28 50 E	1.112	119.750
Eisenhüttenstadt	EDAE	52 11 40 N	14 35 17 E	148	122.000
Elz	EDFY	50 25 41 N	08 00 43 E	699	123.600
Emden	EDWE	53 23 28 N	07 13 32 E	0	122.500
Erbach	EDNE	48 20 34 N	09 55 04 E	1.558	118.275
Erfurt	EDDE	50 58 48 N	10 57 29 E	1.036	121.150
Essen-Mülheim	EDLE	51 24 08 N	06 56 14 E	424	119.750
Fehmarn-Neujellingsdorf	EDNE	54 27 24 N	11 06 36 E	33	122.050
Fehrbellin	EDBF	52 47 36 N	12 45 24 E	138	122.500
Finow	EDAV	52 49 38 N	13 41 37 E	121	119.050
Finsterwalde	EDAS	51 38 06 N	13 40 30 E	384	123.500
Flensburg-Schäferhaus	EDXF	54 46 24 N	09 22 44 E	130	122.850
Frankfurt	EDDF	50 02 00 N	08 34 13 E	364	119.900
Freiburg im Breisgau	EDTF	48 01 12 N	07 50 00 E	799	118.250

Flugplatz	Kennung	Koord N	Koord E	Elev ft	Frequenz
Friedersdorf	EDCF	52 17 01 N	13 48 12 E	115	122.850
Friedrichshafen	EDNY	47 40 13 N	09 30 42 E	1.366	124.350
Fulda-Jossa	EDGF	50 28 32 N	09 26 31 E	1.558	122.400
Fuldatal (Heli)	EDVZ	51 21 38 N	09 30 13 E	560	130.700
Fürstenwalde	EDAL	52 23 20 N	14 05 50 E	184	122.500
Fürstenzell	EDMF	48 30 50 N	13 20 52 E	1.345	122.000
Ganderkesee Atlas Airfield	EDWQ	53 02 15 N	08 30 22 E	96	118.625
Gardelegen	EDOC	52 31 40 N	11 21 15 E	230	122.850
Gelnhausen	EDFG	50 11 50 N	09 10 12 E	413	123.050
Gera-Leumnitz	EDAJ	50 52 55 N	12 08 20 E	1.015	122.425
Gerstetten	EDPT	48 37 20 N	10 03 44 E	1.975	123.000
Giengen/Brenz	EDNG	48 38 10 N	10 13 00 E	1.695	122.350
Gießen-Lützellinden	EDFL	50 32 42 N	08 35 28 E	756	122.500
Gießen-Reiskirchen	EDGR	50 34 05 N	08 52 15 E	702	123.650
Görlitz	EDBX	51 09 32 N	14 57 01 E	778	122.000
Gotha-Ost	EDEG	50 58 20 N	10 43 50 E	990	122.500
Gransee (Fallschirm)	EDOG	53 00 20 N	13 12 15 E	164	126.725
Grefrath-Niershorst	EDLF	51 20 02 N	06 21 34 E	105	123.625
Greiz	EDOT	50 38 45 N	12 10 25 E	1.246	122.000
Griesau	EDPG	48 57 17 N	12 25 22 E	1.060	122.600
Großenhain	EDAK	51 18 30 N	13 33 24 E	417	122.700
Großrückerswalde	EDAG	50 38 38 N	13 07 35 E	2.198	123.000
Grube	EDHB	54 14 43 N	11 01 29 E	6	122.600
Günzburg-Donauried	EDMG	48 29 17 N	10 17 05 E	1.457	118.125
Gunzenhausen-Reutberg	EDMH	49 06 43 N	10 46 55 E	1.591	118.550

Flugplatz	Kennung	Koord N	Koord E	Elev ft	Frequenz
Güstrow	EDCU	53 48 24 N	12 13 54 E	46	122.000
Güttin	EDCG	54 23 02 N	13 19 32 E	69	123.000
Hahn	EDFH	49 56 54 N	07 15 51 E	1.649	119.650
Halle/Oppin	EDAQ	51 33 07 N	12 03 10 E	347	124.750
Hamburg	EDDH	53 37 49 N	09 59 17 E	53	121.275
Hamburg-Finkenwerder	EDHI	53 32 07 N	09 50 08 E	15	123.250
Hamm-Lippewiesen	EDLH	51 41 24 N	07 49 00 E	190	122.625
Hannover	EDDV	52 27 37 N	09 41 01 E	183	120.175
Harle	EDXP	53 42 25 N	07 49 17 E	7	122.400
Hartenholm	EDHM	53 54 54 N	10 02 26 E	108	127.100
Haßfurt	EDQT	50 01 05 N	10 31 46 E	718	119.800
Heide-Büsum	EDXB	54 09 18 N	08 54 10 E	7	122.600
Helgoland-Düne	EDXH	54 11 07 N	07 54 57 E	8	122.450
Heringsdorf	EDAH	53 52 43 N	14 09 08 E	92	132.825
Herrenteich	EDEH	49 20 42 N	08 29 16 E	308	132.050
Herten-Rheinfelden	EDTR	47 33 27 N	07 44 27 E	925	123.250
Herzogenaurach	EDQH	49 35 01 N	10 52 25 E	1.070	122.850
Hettstadt	EDGH	49 47 55 N	09 50 13 E	1.050	122.425
Hetzleser Berg	EDQX	49 38 32 N	11 09 42 E	1.749	123.600
Heubach	EDTH	48 48 12 N	09 55 43 E	1.423	123.025
Hildesheim	EDVM	52 10 46 N	09 56 46 E	293	118.300
Hirzenhain	EDFI	50 47 22 N	08 23 37 E	1.706	118.325
Hockenheim	EDFX	49 19 31 N	08 31 43 E	315	123.650
Hodenhagen	EDVH	52 45 45 N	09 36 30 E	79	119.000
Hof	EDQM	50 17 24 N	11 51 23 E	1.958	124.350

Flugplatz	Kennung	Koord N	Koord E	Elev ft	Frequenz
Hölleberg	EDVL	51 36 45 N	09 23 55 E	837	122.000
Hoppstädten-Weiersbach	EDRH	49 36 41 N	07 11 06 E	1.093	120.600
Höxter-Holzminden	EDVI	51 48 24 N	09 22 42 E	934	123.625
Hünsborn	EDKH	50 55 49 N	07 54 00 E	1.306	130.125
Hüttenbusch	EDXU	53 17 11 N	08 56 50 E	10	122.850
Idar-Oberstein/Göttschied	EDRG	49 43 58 N	07 20 17 E	1.575	122.850
Illertissen	EDMI	48 14 10 N	10 08 20 E	1.680	129.500
Ingelfingen-Bühlhof	EDGI	49 19 20 N	09 39 26 E	1.375	130.600
Jena-Schöngleina	EDBJ	50 54 50 N	11 42 45 E	1.247	122.050
Jesenwang	EDMJ	48 10 28 N	11 07 30 E	1.861	122.425
Juist	EDWJ	53 40 56 N	07 03 31 E	8	120.500
Kamenz	EDCM	51 17 46 N	14 07 40 E	495	122.050
Kamp Lintfort	EDLC	51 31 44 N	06 32 10 E	89	123.000
Karlshöfen	EDWK	53 20 03 N	09 01 44 E	20	118.925
Karlsruhe/Baden-Baden	EDSB	48 46 43 N	08 04 47 E	407	125.875
Karlsruhe-Forchheim	EDTK	48 58 47 N	08 19 52 E	380	125.700
Kassel-Calden	EDVK	51 24 24 N	09 22 27 E	907	118.100
Kehl-Sundheim	EDSK	48 33 31 N	07 51 01 E	452	122.750
Kempten-Durach	EDMK	47 41 37 N	10 20 22 E	2.340	122.000
Kiel-Holtenau	EDHK	54 22 46 N	10 08 43 E	101	119.975
Kirchdorf/Inn	EDNK	48 14 22 N	12 58 42 E	1.138	118.625
Klein Mühlingen	EDOM	51 56 45 N	11 46 52 E	171	122.000
Klietz-Scharlibbe	EDCL	52 42 34 N	12 04 24 E	95	122.375
Klix-Bautzen	EDCI	51 16 25 N	14 30 23 E	486	122.200
Koblenz-Winningen	EDRK	50 19 28 N	07 31 39 E	640	122.650

Flugplatz	Kennung	Koord N	Koord E	Elev ft	Frequenz
Köln/Bonn	EDDK	50 51 58 N	07 08 34 E	302	124.975
Konstanz	EDTZ	47 40 58 N	09 08 18 E	1.302	119.900
Korbach	EDGK	51 15 19 N	08 52 38 E	1.280	119.975
Köthen	EDCK	51 43 21 N	11 56 50 E	304	123.650
Krefeld-Egelsberg	EDLK	51 23 15 N	06 35 09 E	141	122.850
Kührstedt-Bederkesa	EDXZ	53 34 04 N	08 47 26 E	26	122.625
Kulmbach	EDQK	50 08 06 N	11 27 31 E	1.660	118.525
Kyritz	EDBK	52 55 15 N	12 25 40 E	130	122.725
Lachen-Speyerdorf	EDRL	49 19 51 N	08 12 19 E	394	118.175
Lager Hammelburg	EDFJ	50 05 55 N	09 53 01 E	1.133	118.425
Lahr	EDTL	48 22 09 N	07 49 40 E	508	125.175
Laichingen	EDPJ	48 29 47 N	09 38 21 E	2.434	127.700
Landshut	EDML	48 30 46 N	12 02 06 E	1.312	129.800
Langenlonsheim	EDEL	49 54 30 N	07 54 28 E	295	122.875
Langeoog	EDWL	53 44 34 N	07 29 55 E	7	122.025
Langhennersdorf	EDOH	50 56 50 N	13 15 42 E	1.266	122.300
Laucha	EDBL	51 14 45 N	11 41 35 E	738	122.475
Lauenbrück	EDHU	53 12 26 N	09 34 26 E	98	123.650
Lauf-Lillinghof	EDQI	49 36 17 N	11 17 02 E	1.788	122.000
Lauterbach	EDFT	50 40 59 N	09 24 37 E	1.210	122.175
Leck	EDXK	54 47 14 N	08 57 53 E	24	122.600
Leer-Papenburg	EDWF	53 16 25 N	07 26 38 E	3	130.775
Leipzig/Halle	EDDP	51 24 59 N	12 13 43 E	463	121.100
Lemwerder	EDWD	53 08 35 N	08 37 25 E	20	122.350
Leutkirch-Unterzeil	EDNL	47 51 32 N	10 00 52 E	2.099	122.875

Flugplatz	Kennung	Koord N	Koord E	Elev ft	Frequenz
Leverkusen	EDKL	51 01 00 N	07 00 25 E	157	122.425
Lichtenfels	EDQL	50 08 54 N	11 02 50 E	853	123.000
Linkenheim	EDRI	49 08 28 N	08 23 41 E	325	122.600
Lübeck-Blankensee	EDHL	53 48 19 N	10 43 09 E	53	128.700
Lüchow-Rehbeck	EDHC	53 00 55 N	11 08 39 E	50	122.500
Lüneburg	EDHG	53 14 49 N	10 27 38 E	161	122.175
Lüsse	EDOJ	52 08 35 N	12 39 50 E	215	129.975
Magdeburg	EDBM	52 04 40 N	11 37 30 E	267	119.300
Mainbullau	EDFU	49 41 46 N	09 10 59 E	1.501	122.375
Mainz-Finthen	EDFZ	49 58 11 N	08 08 56 E	760	122.925
Mannheim-Neuostheim	EDFM	49 28 21 N	08 30 56 E	309	122.150
Marburg-Schönstadt	EDFN	50 52 30 N	08 48 53 E	833	123.000
Marl-Loemühle	EDLM	51 38 55 N	07 09 52 E	241	122.000
Meinerzhagen	EDKZ	51 06 04 N	07 35 59 E	1.548	130.600
Melle-Grönegau	EDXG	52 12 03 N	08 22 40 E	236	123.650
Mengen-Hohentengen	EDTM	48 03 14 N	09 22 22 E	1.819	122.375
Mengeringhausen	EDVG	51 22 40 N	08 58 56 E	1.190	121.025
Merseburg	EDAM	51 21 47 N	11 56 27 E	340	122.900
Meschede-Schüren	EDKM	51 18 08 N	08 14 14 E	1.436	122.050
Michelstadt/Odenwald	EDFO	49 40 41 N	08 58 26 E	1.140	123.650
Mindelheim-Mattsies	EDMN	48 06 35 N	10 31 32 E	1.857	122.975
Mönchengladbach	EDLN	51 13 49 N	06 30 16 E	125	118.125
Mosbach-Lohrbach	EDGM	49 24 00 N	09 07 30 E	1.083	122.850
Mosenberg	EDEM	51 03 46 N	09 25 19 E	1.315	123.050
Mühldorf/Inn	EDMY	48 16 44 N	12 30 17 E	1.325	119.775

Flugplatz	Kennung	Koord N	Koord E	Elev ft	Frequenz
Mühlhausen (Bollstedter Höhe)	EDEQ	51 12 52 N	10 32 33 E	814	122.850
München	EDDM	48 21 14 N	11 47 10 E	1.486	118.700
Münster-Osnabrück	EDDG	52 08 05 N	07 41 05 E	159	129.800
Münster-Telgte	EDLT	51 56 41 N	07 46 22 E	177	122.850
Nabern/Teck	EDTN	48 36 46 N	09 28 38 E	1.215	118.325
Nannhausen	EDRN	49 58 12 N	07 28 45 E	1.223	130.600
Nardt	EDAT	51 27 01 N	14 11 58 E	384	123.000
Nauen	EDCN	52 37 35 N	12 54 44 E	110	119.750
Neubiberg (geschlossen)	EDPN	48 04 25 N	11 38 17 E	1.811	118.500
Neuburg-Egweil	EDNJ	48 46 56 N	11 13 15 E	1.345	123.475
Neuhausen	EDAP	51 41 05 N	14 25 23 E	279	122.725
Neumagen-Dhron	EDRD	49 50 34 N	06 54 58 E	879	118.175
Neumarkt/Opf.	EDPO	49 17 08 N	11 26 41 E	1.394	119.975
Neumünster	EDHN	54 04 43 N	09 56 26 E	72	123.000
Neustadt/Aisch	EDQN	49 35 16 N	10 34 40 E	1.198	118.925
Neustadt-Glewe	EDAN	53 21 40 N	11 36 55 E	115	123.375
Nienburg-Holzbalge	EDXI	52 42 35 N	09 09 45 E	82	122.000
Nittenau-Bruck/Opf.	EDNM	49 13 21 N	12 17 47 E	1.161	118.925
Nordenbeck	EDGN	51 14 07 N	08 49 08 E	1.453	122.500
Norden-Norddeich	EDWS	53 38 05 N	07 11 25 E	3	120.500
Norderney	EDWY	53 42 31 N	07 13 46 E	6	122.600
Nordhausen	EDAO	51 29 40 N	10 50 05 E	689	118.625
Nordholz-Spieka	EDXN	53 46 01 N	08 38 37 E	72	121.025
Nordhorn-Lingen	EDWN	52 27 33 N	07 11 09 E	87	122.650
Nördlingen	EDNO	48 52 22 N	10 30 19 E	1.384	133.075

Flugplatz	Kennung	Koord N	Koord E	Elev ft	Frequenz
Northeim	EDVN	51 42 24 N	10 02 20 E	404	118.700
Nürnberg	EDDN	49 29 59 N	11 04 45 E	1.045	118.300
Obermehler-Schlotheim	EDCO	51 16 04 N	10 38 05 E	909	122.900
Ober-Mörlen	EDFP	50 21 42 N	08 42 38 E	812	122.850
Oberpfaffenhofen	EDMO	48 04 53 N	11 16 59 E	1.947	119.550
Oberschleißheim	EDNX	48 14 23 N	11 33 22 E	1.596	123.050
Ochsenfurt	EDGJ	49 40 27 N	10 04 17 E	814	123.000
Oehna	EDBO	51 53 56 N	13 03 21 E	287	122.500
Oerlinghausen	EDLO	51 55 57 N	08 39 52 E	557	122.175
Offenburg	EDTO	48 26 59 N	07 55 29 E	509	122.600
Oldenburg-Hatten	EDWH	53 04 08 N	08 18 49 E	26	118.175
Oppenheim	EDGP	49 50 26 N	08 22 37 E	279	122.000
Oschatz	EDOQ	51 17 46 N	13 04 42 E	502	122.200
Oschersleben	EDOL	52 02 25 N	11 12 10 E	315	122.400
Osnabrück-Atterheide	EDWO	52 17 11 N	07 58 24 E	287	118.675
Ottengrüner Heide	EDQO	50 13 33 N	11 43 57 E	1.880	123.000
Paderborn-Haxterberg	EDLR	51 41 23 N	08 46 33 E	800	129.000
Paderborn-Lippstadt	EDLP	51 36 50 N	08 36 58 E	699	118.275
Pasewalk-Franzfelde	EDCV	53 30 15 N	13 56 54 E	72	123.650
Peenemünde	EDCP	54 09 28 N	13 46 22 E	7	122.300
Pegnitz-Zipser Berg	EDQZ	49 45 44 N	11 34 29 E	1.792	132.025
Peine-Eddesse	EDVP	52 24 09 N	10 13 44 E	250	122.600
Pennewitz	EDOS	50 40 12 N	11 02 48 E	1.429	123.050
Pfarrkirchen	EDNP	48 25 13 N	12 51 53 E	1.266	119.975
Pfullendorf	EDTP	47 54 31 N	09 15 06 E	2.301	123.250

Flugplatz	Kennung	Koord N	Koord E	Elev ft	Frequenz
Pinnow/Schwerin	EDBP	53 36 55 N	11 33 40 E	144	122.500
Pirmasens	EDRP	49 15 56 N	07 29 27 E	1.247	122.350
Pirna-Pratzschwitz	EDAR	50 58 41 N	13 54 53 E	400	118.625
Plettenberg-Hüinghausen	EDKP	51 11 31 N	07 47 29 E	980	122.925
Porta-Westfalica	EDVY	52 13 20 N	08 51 46 E	148	122.375
Pritzwalk-Sommersberg	EDBU	53 11 15 N	12 11 30 E	289	122.600
Purkshof	EDCX	54 09 39 N	12 14 55 E	66	122.400
Rechlin-Lärz	EDAX	53 18 19 N	12 45 08 E	220	123.050
Regensburg-Oberhub	EDNR	49 08 31 N	12 04 55 E	1.298	118.625
Reichelsheim	EDFB	50 20 09 N	08 52 41 E	397	119.000
Reinsdorf	EDOD	51 54 05 N	13 11 46 E	335	122.850
Rendsburg-Schachtholm	EDXR	54 13 05 N	09 36 12 E	23	123.650
Renneritz	EDOX	51 35 35 N	12 14 14 E	308	123.475
Rerik-Zweedorf	EDCR	54 04 51 N	11 39 20 E	30	123.000
Rheine-Eschendorf	EDXE	52 16 33 N	07 29 29 E	131	122.050
Riesa-Göhlis	EDAU	51 17 37 N	13 21 22 E	322	122.600
Rinteln	EDVR	52 10 25 N	09 03 26 E	180	122.925
Roitzschjora	EDAW	51 34 40 N	12 29 14 E	289	122.000
Rosenthal-Field-Plössen	EDQP	49 51 47 N	11 47 16 E	1.496	127.450
Rotenburg-Wümme	EDXQ	53 07 40 N	09 20 55 E	97	122.050
Rothenburg o.d.Tauber	EDFR	49 23 26 N	10 13 08 E	1.309	118.175
Rothenburg/Oberlausitz	EDBR	51 21 47 N	14 57 00 E	517	123.250
Rottweil-Zepfenhahn	EDSZ	48 11 11 N	08 43 16 E	2.444	120.075
Rudolfstadt-Groschwitz	EDOK	50 44 00 N	11 14 30 E	1.535	122.600
Saarbrücken	EDDR	49 12 52 N	07 06 34 E	1.058	118.350

Flugplatz	Kennung	Koord N	Koord E	Elev ft	Frequenz
Saarlouis-Düren	EDRJ	49 18 45 N	06 40 26 E	1.120	122.600
Saarmund	EDCS	52 18 32 N	13 06 02 E	164	123.650
Salzgitter-Drütte	EDVS	52 09 20 N	10 25 40 E	328	122.850
Saulgau	EDTU	48 01 46 N	09 30 26 E	1.907	123.600
Schameder	EDGQ	51 00 01 N	08 18 25 E	1.788	122.025
Schleswig-Kropp	EDXC	54 25 38 N	09 32 30 E	54	118.650
Schmallenberg-Rennefeld	EDKR	51 09 41 N	08 15 38 E	1.530	122.425
Schmidgaden/Opf.	EDPQ	49 25 47 N	12 05 48 E	1.247	123.000
Schmoldow	EDBY	53 58 14 N	13 20 38 E	105	122.850
Schönebeck-Zackmünde	EDOZ	51 59 47 N	11 47 32 E	167	123.000
Schönhagen	EDAZ	52 12 25 N	13 09 24 E	131	122.700
Schwabach-Heidenberg	EDPH	49 16 07 N	11 00 34 E	1.181	135.425
Schwäbisch Hall-Hessental	EDTY	49 07 05 N	09 46 39 E	1.309	129.225
Schwäbisch Hall-Weckrieden	EDTX	49 07 26 N	09 46 53 E	1.295	129.225
Schwabmünchen	EDNS	48 10 46 N	10 42 10 E	1.805	122.500
Schwandorf	EDPF	49 20 30 N	12 11 10 E	1.270	119.900
Schwarzheide-Schipkau	EDBZ	51 29 23 N	13 52 46 E	330	129.975
Schweighofen	EDRO	49 01 58 N	07 59 27 E	492	123.000
Schweinfurt-Süd	EDFS	50 00 44 N	10 15 05 E	685	119.975
Schwenningen am Neckar	EDTS	48 03 56 N	08 34 17 E	2.169	122.850
Schwerin-Parchim	EDOP	53 25 37 N	11 47 01 E	166	120.000
Seedorf	EDXS	53 20 08 N	09 15 34 E	72	119.650
Segeletz (Brandenburg)	EDAI	52 49 30 N	12 33 06 E	142	123.500
Siegerland	EDGS	50 42 28 N	08 04 59 E	1.966	124.275
Sierksdorf/Hof Altona	EDXT	54 04 10 N	10 44 40 E	80	122.000

Flugplatz	Kennung	Koord N	Koord E	Elev ft	Frequenz
Soest-Bad Sassendorf	EDLZ	51 34 41 N	08 12 53 E	394	122.600
Sömmerda-Dermsdorf	EDBS	51 11 56 N	11 11 33 E	451	122.000
Sonnen	EDPS	48 40 56 N	13 41 41 E	2.674	122.050
Speyer	EDRY	49 18 17 N	08 27 05 E	312	118.075
Sprossen	EDCH	51 02 40 N	12 13 30 E	673	123.425
St. Michaelisdonn	EDXM	53 58 42 N	09 08 36 E	124	122.500
St. Peter-Ording	EDXO	54 18 32 N	08 41 13 E	5	119.150
Stade	EDHS	53 33 34 N	09 29 53 E	62	123.000
Stadtlohn-Wenningfeld	EDLS	51 59 50 N	06 50 29 E	157	119.200
Stendal-Borstel	EDOV	52 37 44 N	11 49 12 E	184	122.400
Stralsund	EDBV	54 20 19 N	13 02 49 E	49	118.625
Straubing-Wallmühle	EDMS	48 54 04 N	12 31 05 E	1.046	124.650
Strausberg	EDAY	52 34 49 N	13 54 54 E	263	123.050
Stuttgart	EDDS	48 41 23 N	09 13 19 E	1.267	119.050
Suhl-Goldlauter	EDQS	50 37 58 N	10 43 38 E	1.923	122.725
Tannheim	EDMT	48 00 42 N	10 06 07 E	1.902	122.825
Taucha	EDCT	51 23 41 N	12 32 13 E	492	122.000
Thalmässing-Waizenhofen	EDPW	49 03 52 N	11 12 34 E	1.892	123.650
Thannhausen	EDNU	48 17 14 N	10 26 39 E	1.611	118.175
Traben-Trabach	EDRM	49 57 55 N	07 06 55 E	919	123.000
Treuchtlingen-Bubenheim	EDNT	48 59 46 N	10 53 05 E	1.345	122.600
Trier-Föhren	EDRT	49 51 48 N	06 47 17 E	665	122.050
Uelzen	EDVU	52 58 59 N	10 27 55 E	246	122.850
Uetersen	EDHE	53 38 49 N	09 42 15 E	22	122.700
Unterschüpf	EDGU	49 31 00 N	09 40 10 E	1.154	122.600

Flugplatz	Kennung	Koord N	Koord E	Elev ft	Frequenz
Varrelbusch	EDWU	52 54 25 N	08 02 27 E	128	123.000
Verden-Scharnhorst	EDWV	52 57 55 N	09 17 03 E	144	122.400
Vilsbiburg	EDMP	48 25 35 N	12 20 44 E	1.450	123.000
Vilshofen	EDMV	48 38 07 N	13 11 44 E	991	119.175
Vogtareuth	EDNV	47 56 46 N	12 12 17 E	1.535	121.025
Wahlstedt	EDHW	53 58 07 N	10 13 25 E	128	121.025
Walldorf	EDGX	49 18 18 N	08 39 36 E	346	118.275
Walldürn	EDEW	49 34 58 N	09 24 12 E	1.312	122.750
Wangerooge	EDWG	53 47 14 N	07 54 57 E	6	122.400
Waren-Vielist	EDOW	53 33 55 N	12 39 24 E	282	130.325
Weiden/Opf.	EDQW	49 40 44 N	12 06 59 E	1.330	118.200
Weimar-Umpferstedt	EDOU	50 57 53 N	11 24 01 E	971	122.400
Weinheim	EDGZ	49 34 03 N	08 36 40 E	317	123.600
Weißenhorn	EDNW	48 17 25 N	10 08 29 E	1.642	119.975
Welzow	EDCY	51 34 37 N	14 08 13 E	375	134.850
Werdohl-Küntrop	EDKW	51 17 54 N	07 49 04 E	1.037	122.675
Werneuchen	EDBW	52 38 00 N	13 46 00 E	263	122.600
Wershofen/Eifel	EDRV	50 27 07 N	06 47 10 E	1.582	122.300
Wesel-Römerwardt	EDLX	51 39 46 N	06 35 44 E	72	122.025
Weser-Wümme	EDWM	53 03 20 N	09 12 35 E	59	122.600
Westerland-Sylt	EDXW	54 54 48 N	08 20 36 E	51	119.750
Westerstede-Felde	EDWX	53 17 20 N	07 55 48 E	30	123.650
Wilhelmshafen-Mariensiel	EDWI	53 30 17 N	08 03 12 E	16	129.250
Winzeln-Schramberg	EDTW	48 16 50 N	08 25 48 E	2.202	123.650
Wipperfürth-Neye	EDKN	51 07 25 N	07 22 27 E	863	122.400

Flugplatz	Kennung	Koord N	Koord E	Elev ft	Frequenz
Wismar-Müggenburg	EDCW	53 54 47 N	11 30 00 E	27	123.050
Wolfhagen-Granerberg	EDGW	51 18 30 N	09 10 35 E	1.027	127.450
Worms	EDFV	49 36 23 N	08 22 01 E	295	124.600
Wriezen-Neuhardenberg	EDON	52 36 47 N	14 14 33 E	33	122.050
Würzburg-Schenkenturm	EDFW	49 49 05 N	09 53 50 E	991	122.175
Wyk auf Föhr	EDXY	54 41 13 N	08 31 58 E	25	118.250
Zweibrücken	EDRZ	49 12 34 N	07 24 04 E	1.132	123.825
Zwickau	EDBI	50 42 15 N	12 27 40 E	1.050	122.900

Funknavigationsanlagen

Auf den folgenden neun Seiten sind alle zur Zeit in Deutschland verfügbaren Funknavigationsanlagen aufgelistet. Die einzelnen Spalten haben diese Bedeutung:

Station	Name und Betreiber der Anlage	
Anlage	Art der Anlage	
	DME	Distance Measuring Equipment (Entfernungsmeßgerät)
	DVOR	Doppler VOR (VOR, arbeitet nach dem Doppler-Prinzip)
	DVORTAC	Kombinationsanlage aus DVOR und TACAN
	L	Locator (NDB im Anflugbereich, mit geringer Reichweite)
	LO	Locator, Outer (Position am ILS-Voreinflugzeichen)
	NDB	Non Directional Beacon (Ungerichtetes Funkfeuer)
	TACAN	Tactical Air Navigation (Militärische Funknavigationsanlage)
	TVOR	Terminal VOR (VOR im Flugplatzbereich, mit geringer Reichweite)
	VOR	HF-Omnidirectional Radio Range (UKW-Drehfunkfeuer)
	VORTAC	Kombinationsanlage aus VOR und TACAN
ID	Kennung der Anlage, beim Rasten der Frequenz ist diese Kennung im Morse-Alphabet hörbar	
FREQ	Frequenz in MHz und Frequenzkanal (CH ...)	
HR	Betriebszeit in Stunden (z.B. HR 24 = 24 Stunden am Tag)	
Koordinaten	Geografische Koordinaten, angegeben in *Grad Minuten Sekunden Nord* und *Grad Minuten Sekunden Ost*	
Reichweite	Reichweite der Anlage in Nautischen Meilen	

Funknavigationsanlagen / Radio Navigational Aids

Funknavigationsanlagen sind nur innerhalb der angegebenen Reichweite benutzbar. Außerhalb der Reichweite können Navigationsfehler auftreten.

* Fiktive Frequenz

Radio Navigational Aids can only be used within the designated operational range. Outside this range, navigational errors may occur.

* Ghost frequency

Station	Anlage Facility	ID	FREQ	HR	Koordinaten Coordinates	Reichweite Coverage
Allersberg DFS	VOR/DME	ALB	111.20 CH 49x	H 24	49 12 52 N 11 13 17 E	60 NM
Alster DFS	DME	ALF	CH 105x (115.80*)	H 24	53 38 07 N 09 59 39 E	25 NM
Altenburg-Nobitz Flugplatz Altenburg-Nobitz GmbH	NDB	ABU	330	H 24	50 59 38 N 12 31 16 E	25 NM
	DME	AGD	CH 100x (115.30*)	H 24	50 58 58 N 12 30 44 E	25 NM
Ansbach Mil	NDB	ANS	452	H 24	49 18 35 N 10 37 58 E	25 NM
Arpe DFS	DVOR	ARP	112.00	H 24	51 00 58 N 08 18 20 E	40 NM
Augsburg Luftamt Südbayern	NDB	AGB	318	H 24	48 25 27 N 10 55 59 E	25 NM
	DME	AUG	CH 106x	H 24	48 25 27 N 10 55 59 E	25 NM
Barmen DFS	DVORTAC	BAM	113.60 CH 83x	H 24	51 19 40 N 07 10 37 E	40 NM
Barth Ostsee-Flughafen Stralsund-Barth GmbH	NDB	BTH	373	H 24	54 20 18 N 12 41 10 E	30 NM
	DME	BHD	CH 101x (115.40*)	H 24	54 20 26 N 12 42 35 E	25 NM
Bautzen Flugplatz Bautzen – Betreibergesellschaft	NDB	BA	359	H 24	51 11 55 N 14 32 45 E	25 NM
Bayreuth DFS	VOR	BAY	110.60	H 24	49 59 07 N 11 38 12 E	40 NM
Stadt Bayreuth – Tiefbauverwaltung	DME	BAY	CH 43x (110.60*)	H 24	49 59 09 N 11 38 17 E	25 NM
	NDB	BAZ	420	H 24	49 57 28 N 11 33 56 E	25 NM
Berlin-Schönefeld DFS	DME	SDD	CH 91x (114.40*)	H 24	52 22 28 N 13 30 13 E	25 NM
	NDB	SLN	362	H 24	52 23 33 N 13 34 12 E	25 NM
	LO	SL	299	H 24	52 24 01 N 13 37 21 E	15 NM
	LO	MW	309	H 24	52 20 40 N 13 23 15 E	15 NM
Berlin-Tegel DFS	DVOR/DME	TGL	112.30 CH 70	H 24	52 33 41 N 13 17 15 E	80 NM
(Tegel-West) DFS	NDB	RW	392	H 24	52 32 43 N 13 09 04 E	100 NM
(Tegel-East) DFS	NDB	GL	321	H 24	52 34 20 N 13 25 34 E	25 NM
Berlin-Tempelhof DFS	DVOR/DME	TOF	114.10 CH 88x	H 24	52 28 23 N 13 24 19 E	80 NM

Station	Anlage Facility	ID	FREQ	HR	Koordinaten Coordinates	Reich-weite Coverage
Bottrop DFS	NDB	BOT	406.5	H 24	51 35 09 N 07 01 24 E	30 NM
Braunschweig Flughafengesellschaft m.b.H. Braunschweig	NDB	BRU	427	H 24	52 19 20 N 10 36 22 E	20 NM
Bremen DFS	NDB	BMN	346.5	H 24	53 02 58 N 08 54 32 E	25 NM
	LO	BW	276.5	H 24	53 02 39 N 08 40 12 E	25 NM
	TVOR/DME	BMN	117.45 CH 121y	H 24	53 02 39 N 08 46 56 E	60 NM
Brünkendorf DFS	DVOR/DME	BKD	117.70 CH 124x	H 24	53 02 04 N 11 32 46 E	80 NM
Bückeburg Mil	NDB	BYC	368	H 24	52 17 28 N 09 05 28 E	25 NM
Celle DFS	NDB	CEL	311	H 24	52 36 02 N 10 07 02 E	25 NM
Charlie DFS	VOR	CHA	115.50	H 24	49 55 16 N 09 02 23 E	60 NM
Cola DFS	DVORTAC	COL	108.80 CH 25x	H 24	50 47 01 N 07 35 39 E	40 NM
Coleman Mil	TVOR	HDM	109.00	H 24	49 34 00 N 08 27 53 E	25 NM
	NDB	HDM	334	H 24	49 32 04 N 08 23 26 E	25 NM
Diepholz Mil	NDB	DP	325	H 24	52 35 32 N 08 27 11 E	35 NM
Dinkelsbühl DFS	DVORTAC	DKB	117.80 CH 125x	H 24	49 08 34 N 10 14 18 E	60 NM
Donaueschingen Flugplatz Donaueschingen-Villingen GmbH	NDB	DVI	490	H 24	47 57 40 N 08 31 32 E	25 NM
Dortmund DFS	DVOR/DME	DOM	112.70 CH 74x	H 24	51 42 34 N 07 35 14 E	40 NM
Dortmund-Wickede Flughafen Dortmund GmbH	NDB	DWI	357	H 24	51 31 34 N 07 38 04 E	25 NM
	DME	DWD	CH 123x (117.60*)	H 24	51 31 34 N 07 38 05 E	25 NM
Dresden DFS	DME	DND	CH 101x (115.40*)	H 24	51 07 46 N 13 45 27 E	25 NM
	DVOR/DME	DRN	114.35 CH 90y	H 24	51 00 56 N 13 35 56 E	60 NM
	LO	FS	374	H 24	51 11 35 N 13 51 00 E	15 NM
Drewitz Flughafen Süd Brandenburg Cottbus GmbH	NDB	DRW	355	H 24	51 53 48 N 14 33 45 E	25 NM
Düsseldorf DFS	VOR/DME	DUS	115.15 CH 98y	H 24	51 16 59 N 06 45 13 E	40 NM
	LO	LI	417	H 24	51 20 49 N 06 53 29 E	25 NM
	LO	DY	284.5	H 24	51 14 04 N 06 39 16 E	25 NM

Station	Anlage Facility	ID	FREQ	HR	Koordinaten Coordinates	Reich-weite Coverage
Egelsbach Hessische Flugplatz GmbH Egelsbach	NDB	EH	386	H 24	49 57 36 N 08 38 33 E	15 NM
Eggenfelden Flugplatz GmbH Eggenfelden	NDB	EGG	393	H 24	48 23 49 N 12 44 59 E	25 NM
	DME	END	CH 101x (115.40*)	H 24	48 23 40 N 12 43 32 E	25 NM
Elbe DFS	VOR/DME	LBE	115.10 CH 98x	H 24	53 39 15 N 09 35 42 E	60 NM
Erfurt DFS	DME	EFD	CH 57y (112.05*)	H 24	50 58 57 N 10 57 28 E	25 NM
	DVOR/DME	ERF	113.85 CH 85y	H 24	50 57 03 N 11 14 12 E	40 NM
	NDB (LO)	ERT	425	H 24	50 58 57 N 10 55 23 E	30 NM
Erlangen DFS	VOR/DME	ERL	114.90 CH 96x	H 24	49 39 19 N 11 09 03 E	60 NM
Eurach DFS	DVOR/DME	EUR	115.20 CH 99x	H 24	47 44 06 N 11 14 58 E	60 NM
Faßberg Mil	NDB	FSB	284	H 24	52 54 56 N 10 11 17 E	30 NM
Flensburg Flensburger Flughafen-betriebsgesellschaft m.b.H.	L	FLB	380	H 24	54 45 03 N 09 29 33 E	15 NM
Frankfurt (Main) DFS	DVORTAC	FFM	114.20 CH 89x	H 24	50 03 14 N 08 38 14 E	50 NM
	DME	FRD	CH 106x (115.90*)	H 24	50 01 50 N 08 34 01 E	25 NM
	LO	FR	297	H 24	50 03 57 N 08 41 01 E	15 NM
	LO	FW	382	H 24	50 00 18 N 08 25 46 E	15 NM
Friedland DFS	DVOR/DME	FLD	117.15 CH 118y	H 24	53 45 46 N 13 33 47 E	60 NM
Friedrichshafen Flughafen Friedrichshafen GmbH	NDB	FHA	473	H 24	47 40 53 N 09 32 16 E	40 NM
	DME	FHD	CH 73x (112.6*)	H 24	47 39 59 N 09 30 32 E	25 NM
Fritzlar Mil	NDB	FTZ	468	H 24	51 06 41 N 09 16 54 E	35 NM
Fürstenwalde DFS	VOR/DME	FWE	113.30 CH 80x	H 24	52 24 41 N 14 07 50 E	50 NM
Fulda DFS	DVOR/DME	FUL	112.10 CH 58x	H 24	50 35 33 N 09 34 20 E	100 NM
Gedern DFS	DVORTAC	GED	110.80 CH 45x	H 24	50 24 43 N 09 14 57 E	70 NM
Germinghausen DFS	DVOR/DME	GMH	115.40 CH 101x	H 24	51 10 14 N 07 53 31 E	60 NM
Giebelstadt Mil	NDB	GBL	429	H 24	49 38 56 N 09 58 55 E	15 NM
Gießen DFS	NDB	GIN	314	H 24	50 38 08 N 08 49 10 E	40 NM
Glückstadt DFS	NDB	GLX	365	H 24	53 50 59 N 09 27 14 E	30 NM
Gotem DFS	DVOR/DME	GOT	115.25 CH 99y	H 24	51 20 35 N 11 35 51 E	60 NM

Station	Anlage Facility	ID	FREQ	HR	Koordinaten Coordinates	Reich-weite Coverage
Grafenwöhr Mil	NDB	GRW	405	H 24	49 41 42 N 11 56 34 E	15 NM
Hahn Rhein-Mosel-Flughafen Hahn	NDB	HAN	376	H 24	49 57 54 N 07 16 51 E	25 NM
	DME	HND	CH 116y (116.950*)	H 24	49 56 44 N 07 16 04 E	25 NM
Hamburg DFS	NDB	HAM	339	H 24	53 40 37 N 10 05 00 E	30 NM
	DVORTAC	HAM	113.10 CH 78x	H 24	53 41 08 N 10 12 18 E	60 NM
	LO	FU	350.5	H 24	53 34 32 N 09 52 33 E	15 NM
	LO	GT	323	H 24	53 42 51 N 09 55 27 E	15 NM
Hamburg-Finkenwerder Deutsche Aerospace Airbus GmbH	DME	HFW	CH 22x (108.50*)	H 24	53 32 01 N 09 50 03 E	10 NM
Hamm DFS	DVOR/DME	HMM	115.65 CH 103y	H 24	51 51 25 N 07 42 30 E	40 NM
Hammelburg DFS	NDB	HAB	403	H 24	50 05 35 N 09 46 53 E	30 NM
Hanau Mil	NDB	HNU	432	H 24	50 09 45 N 09 09 15 E	25 NM
Hannover DFS	DME	HAD	CH 86y (113.95*)	H 24	52 28 08 N 09 41 41 E	25 NM
	LO	HA	320	H 24	52 27 51 N 09 48 18 E	15 NM
	LO	HW	358	H 24	52 28 07 N 09 32 47 E	15 NM
	LO	HAE	332	H 24	52 27 28 N 09 34 02 E	15 NM
Hehlingen DFS	DVOR/DME	HLZ	117.30 CH 120x	H 24	52 21 48 N 10 47 43 E	60 NM
Heidelberg Mil	NDB	HDL	417	H 24	49 23 10 N 08 36 00 E	25 NM
Helgoland DFS	VORTAC	DHE	116.30 CH 110x	H 24	54 11 09 N 07 54 39 E	60 NM
Helmholtz DFS	NDB	DBR	347	H 24	52 28 06 N 13 17 43 E	25 NM
Heringsdorf Flughafen Heringsdorf GmbH	DME	IHEW	CH 50x (111.30*)	H 24	53 52 41 N 14 09 04 E	25 NM
	NDB	HC	330	H 24	53 52 27 N 14 10 55 E	25 NM
Hermsdorf DFS	DVOR/DME	HDO	115.00 CH 97x	H 24	50 55 41 N 14 22 08 E	60 NM
Hof Stadt Hof	DME	HOD	CH 44x (110.70*)	H 24	50 17 23 N 11 51 19 E	25 NM
	NDB	HOF	484	H 24	50 17 05 N 11 45 41 E	15 NM
Hohenfels Mil	NDB	HFX	286	H 24	49 13 06 N 11 51 34 E	25 NM

Station	Anlage Facility	ID	FREQ	HR	Koordinaten Coordinates	Reich-weite Coverage
Hohn Mil	NDB	HN	344	H 24	54 19 35 N 09 40 10 E	25 NM
Holzdorf Mil	NDB	HOZ	406	H 24	51 46 17 N 13 05 51 E	25 NM
Illesheim Mil	NDB	ILM	488	H 24	49 28 32 N 10 23 25 E	25 NM
Ingolstadt/Manching Mil	NDB	IGL	345	H 24	48 44 16 N 11 38 40 E	50 NM
Itzehoe Mil	NDB	ITZ	359	H 24	53 59 04 N 09 34 16 E	25 NM
Jever Mil	NDB	JEV	390	H 24	53 31 08 N 08 00 51 E	50 NM
Karlsruhe DFS	DVOR/DME	KRH	115.95 CH 106y	H 24	48 59 35 N 08 35 03 E	40 NM
Karlsruhe/ Baden-Baden Baden Airport GmbH	NDB	KBA	431	H 24	48 47 53 N 08 05 51 E	30 NM
	DME	KBD	CH 105x (115.80*)	H 24	48 46 49 N 08 05 19 E	30 NM
Kassel Flughafen GmbH Kassel	DME	KSL	CH 26x (108.9*)	H 24	51 27 54 N 09 27 27 E	25 NM
	NDB	KSL	349	H 24	51 27 53 N 09 27 27 E	30 NM
Kempten DFS	DVOR/DME	KPT	109.6 CH 33x	H 24	47 44 45 N 10 20 59 E	60 NM
Kiel-Holtenau Kieler Flughafengesellschaft mbH	NDB	KIL	353	H 24	54 22 39 N 10 07 12 E	25 NM
	DME	KHD	CH 32x		54 22 44 N 10 08 44 E	25 NM
Kirn DFS	VORTAC	KIR	117.50 CH 122x	H 24	49 51 01 N 07 22 11 E	40 NM
Kitzingen Mil	TVOR	KTG	111.40	H 24	49 44 49 N 10 12 57 E	25 NM
Klasdorf DFS	DVOR/DME	KLF	115.15 CH 98y	H 24	52 01 11 N 13 33 50 E	60 NM
Köln-Bonn DFS	TVOR/DME	KBO	112.15 CH 58y	H 24	50 51 42 N 07 08 44 E	25 NM
	LO	LW	300.5	H 24	50 53 54 N 07 15 10 E	15 NM
	LO	LV	327	H 24	50 48 15 N 07 14 25 E	15 NM
	LO	LJ	365	H 24	50 55 37 N 07 03 44 E	25 NM
König DFS	NDB	KNG	355	H 24	49 45 44 N 09 05 30 E	40 NM
Lahr Flugplatz Lahr GmbH	DME	LRD	CH 17y (108.05*)	H 24	48 21 51 N 07 49 39 E	25 NM
	NDB	LHR	337	H 24	48 20 56 N 07 48 40 E	25 NM
Landsberg Mil	NDB	LQ	448	H 24	48 05 42 N 11 01 08 E	25 NM
Laupheim Mil	NDB	LUP	407	H 24	48 13 05 N 09 54 39 E	25 NM

Station	Anlage Facility	ID	FREQ	HR	Koordinaten Coordinates	Reich-weite Coverage
Leine DFS	DVOR/DME	DLE	115.20 CH 99x	H 24	52 15 01 N 09 53 01 E	60 NM
Leipzig/Halle DFS	LO	MA	357	H 24	51 23 42 N 12 20 36 E	15 NM
	LO	SK	434	H 24	51 26 05 N 12 07 00 E	15 NM
	VOR/DME	LEG	115.85 CH 105y	H 24	51 26 10 N 12 28 23 E	80 NM
	DME	LED	CH 58y (112.15*)	H 24	51 24 40 N 12 13 26 E	25 NM
Lemwerder Aircraft Services Lemwerder GmbH	DME	ILEM	CH 50x	H 24	53 09 10 N 08 37 02 E	25 NM
Lichtenau DFS	NDB	LAU	341	H 24	51 12 15 N 09 41 27 E	30 NM
Lima DFS	NDB	LMA	311	H 24	51 21 59 N 06 24 12 E	25 NM
Löwenberg DFS	DVOR/DME	LWB	114.55 CH 92y	H 24	52 54 37 N 13 08 05 E	80 NM
Luburg DFS	VOR/DME	LBU	109.20 CH 29x	H 24	48 54 47 N 09 20 24 E	40 NM
Lübars DFS	NDB	DLS	413.5	H 24	52 36 50 N 13 21 49 E	50 NM
Lübeck DFS	DVOR	LUB	110.60	H 24	53 56 27 N 10 40 04 E	65 NM
Lübeck-Blankensee Flughafen Lübeck GmbH	L	LYE	394	H 24	53 48 03 N 10 41 45 E	15 NM
	DME	LUD	CH 103y (115.65*)	H 24	53 48 23 N 10 43 07 E	25 NM
Magdeburg DFS	VOR/DME	MAG	110.45 CH 41y	H 24	51 59 42 N 11 47 40 E	80 NM
Flughafen Magdeburg GmbH	NDB	MU	367	H 24	52 04 27 N 11 38 54 E	35 NM
	DME	MGD	CH 101y (115.45*)	H 24	52 04 38 N 11 37 51 E	25 NM
Maisach DFS	DVOR/DME	MAH	108.40 CH 21x	H 24	48 15 48 N 11 18 43 E	40 NM
Mannheim Rhein-Neckar Flugplatz GmbH	DME	MND	CH 82y (113.55)	H 24	49 28 14 N 08 30 58 E	15 NM
Mansbach DFS	NDB	MBA	289	H 24	50 46 39 N 09 54 27 E	40 NM
Mendig Mil	NDB	NMN	331	H 24	50 22 05 N 07 18 53 E	25 NM
Mengen Flugplatz Mengen GmbH	NDB	MEG	401	H 24	48 03 16 N 09 22 03 E	25 NM
Metro DFS	VOR	MTR	110.00	H 24	50 16 35 N 08 50 55 E	60 NM
Michaelsdorf DFS	DVOR	MIC	112.20	H 24	54 18 20 N 11 00 19 E	60 NM
Mike DFS	NDB	MIQ	426.5	H 24	48 34 13 N 11 35 51 E	25 NM
Milldorf DFS	DVOR/DME	MDF	117.0 CH 117x	H 24	48 14 05 N 12 20 15 E	60 NM
Mönchengladbach Flughafengesellschaft	NDB	MGB	377	H 24	51 13 38 N 06 30 19 E	15 NM
Mönchengladbach GmbH	DVOR	MHV	109.80	H 24	51 14 14 N 06 29 25 E	40 NM
	DME	MHD	CH 72x (112.50*)	H 24	51 14 06 N 06 29 31 E	25 NM
Moosburg DFS	DVOR/DME	MBG	117.15 CH 118y	H 24	48 34 24 N 12 15 40 E	60 NM

Station	Anlage Facility	ID	FREQ	HR	Koordinaten Coordinates	Reichweite Coverage
München DFS	DME	DMN	CH 107x	H 24	48 22 01 N 11 47 38 E	25 NM
	DME	DMS	CH 23x	H 24	48 20 26 N 11 46 41 E	25 NM
	VOR/DME	MUN	112.30 CH 70x	H 24	48 10 49 N 11 48 58 E	40 NM
	LO	MNE	369	H 24	48 21 19 N 11 40 34 E	25 NM
	LO	MSE	385	H 24	48 20 00 N 11 39 10 E	25 NM
	LO	MNW	338	H 24	48 22 27 N 11 54 51 E	25 NM
	LO	MSW	400	H 24	48 21 09 N 11 54 14 E	25 NM
Münster/Osnabrück DFS	NDB	MYN	371	H 24	52 09 34 N 07 48 00 E	20 NM
	NDB	MST (Greven)	305	H 24	52 06 37 N 07 34 18 E	20 NM
	DME	MOD	CH 87y (114.05*)	H 24	52 08 17 N 07 41 14 E	25 NM
Nattenheim DFS	VORTAC	NTM	115.30 CH 100x	H 24	50 00 57 N 06 31 55 E	60 NM
Neckar DFS	NDB	NKR	292	H 24	49 20 12 N 08 43 59 E	50 NM
Neubrandenburg Flughafen Neubrandenburg-Trollenhagen GmbH	NDB	NRG	357	H 24	53 36 14 N 13 23 27 E	25 NM
Niederstetten Mil	NDB	NSN	311	H 24	49 23 41 N 09 57 54 E	25 NM
Nienburg DFS	VOR	NIE	116.50	H 24	52 37 33 N 09 22 19 E	40 NM
Nordholz Mil	NDB	NDO	372	H 24	53 47 08 N 08 48 24 E	30 NM
Nördlingen DFS	NDB	NDG	375	H 24	48 49 46 N 10 25 08 E	50 NM
Nörvenich Mil	VORTAC	NOR	116.20 CH 109x	H 24	50 50 28 N 06 41 38 E	60 NM
Nürnberg (Röthenbach) DFS	NDB	RTB	415	H 24	49 28 58 N 11 15 10 E	50 NM
	DME	NGD	CH 78x (113.10*)	H 24	49 30 04 N 11 04 49 E	25 NM
	LO	NB	295	H 24	49 30 41 N 10 57 22 E	15 NM
Oberpfaffenhofen DFS/Dornier	NDB	OBI	429	H 24	48 04 51 N 11 17 09 E	20 NM
	DME	OBI	CH 42x (110.50*)	H 24	48 04 50 N 11 17 07 E	25 NM
Osnabrück DFS	DVOR	OSN	114.30	H 24	52 12 00 N 08 17 08 E	60 NM
Paderborn/Lippstadt Regionalflughafen Südost-Westfalen GmbH, Paderborn	NDB/DME	PAD	354/CH22x (108.5*)	H 24	51 37 24 N 08 38 22 E	NDB: 30 NM DME: 25 NM

Station	Anlage Facility	ID	FREQ	HR	Koordinaten Coordinates	Reich-weite Coverage
Planter DFS	NDB	DIP	327	H 24	52 28 22 N 13 28 06 E	50 NM
Rheine-Bentlage Mil	NDB	BET	401.5	H 24	52 17 14 N 07 23 08 E	25 NM
Ried DFS	DVOR/DME	RID	112.20 CH 59x	H 24	49 46 54 N 08 32 29 E	40 NM
Roding DFS	DVORTAC	RDG	114.70 CH 94x	H 24	49 02 25 N 12 31 36 E	60 NM
Rothenburg/Görlitz Flugplatz Rothenburg/ Görlitz GmbH	NDB	RO	432	H 24	51 20 37 N 14 57 08 E	25 NM
Röthenbach DFS	NDB	RTB	siehe see	unter under	Nürnberg Nürnberg	
Rüdesheim DFS	NDB	RUD	338	H 24	50 01 56 N 07 56 40 E	25 NM
Saarbrücken DFS	NDB	SBN	343	H 24	49 13 08 N 07 07 06 E	40 NM
	DME	SAD	CH 114y (116.75*)	H 24	49 12 45 N 07 06 58 E	25 NM
(Ensheim)	LO	SR	360	H 24	49 13 04 N 07 13 10 E	25 NM
Schwäbisch Hall Flugplatz Schwäbisch Hall GmbH	NDB	SWH	482	H 24	49 07 32 N 09 52 48 E	25 NM
Schweinfurt Mil	NDB	SCF	363	H 24	50 03 12 N 10 10 22 E	25 NM
Schwerin-Parchim Flughafen Parchim-Mecklenburg GmbH	NDB	PI	333	H 24	53 27 41 N 11 54 26 E	25 NM
	DME	PMD	CH 122x (117.5*)	H 24	53 25 30 N 11 47 06 E	25 NM
Sembach Mil	NDB	SEX	428	H 24	49 34 07 N 08 02 38 E	25 NM
Siegerland Flughafen GmbH Siegerland	L	SIL	489	H 24	50 40 48 N 08 08 19 E	25 NM
	DME	SLD	CH 17y (108.05*)	H 24	50 42 24 N 08 04 43 E	25 NM
Solling DFS	NDB	SOG	374.5	H 24	51 41 14 N 09 30 45 E	50 NM
Spessart DFS	NDB	PSA	370	H 24	49 51 44 N 09 20 54 E	40 NM
Speyer Flugplatz Speyer/ Ludwigshafen GmbH	NDB	SPM	350	H 24	49 18 12 N 08 27 17 E	25 NM
Stuttgart DFS	LO	SY	384	H 24	48 40 09 N 09 06 51 E	25 NM
	LO	SG	306	H 24	48 42 41 N 09 20 06 E	25 NM
	DME	SGD	CH 101y (115.45*)	H 24	48 41 17 N 09 13 27 E	25 NM
Sulz DFS	DVOR	SUL	116.10	H 24	48 22 54 N 08 38 41 E	60 NM
Sylt Flughafen Sylt GmbH	NDB	SLT	siehe see	unter under	Westerland/Sylt Westerland/Sylt	
Tango DFS	DVORTAC	TGO	112.50 CH 72x	H 24	48 37 06 N 09 15 33 E	60 NM

Station	Anlage Facility	ID	FREQ	HR	Koordinaten Coordinates	Reich-weite Coverage
Taunus DFS	DVORTAC	TAU	116.70 CH 114x	H 24	50 15 02 N 08 09 45 E	40 NM
Tegel DFS	DVOR/DME	TGL	siehe see	unter under	Berlin-Tegel Berlin-Tegel	
Tempelhof DFS	DVOR/DME	TOF	siehe see	unter under	Berlin-Tempelhof Berlin-Tempelhof	
Trent DFS	VOR/DME	TRT	108.45 CH 21y	H 24	54 30 40 N 13 14 56 E	60 NM
Walda DFS	DVOR/DME	WLD	112.80 CH 75x	H 24	48 34 46 N 11 07 46 E	60 NM
Warburg DFS	DVOR/DME	WRB	113.70 CH 84x	H 24	51 30 21 N 09 06 39 E	80 NM
Weser DFS	VOR	WSR	112.90	H 24	53 20 51 N 08 52 31 E	60 NM
Westerland/Sylt Flughafen Sylt GmbH	NDB	SLT	387	H 24	54 51 25 N 08 24 36 E	25 NM
	DME	WES	111.50 CH 52x	H 24	54 54 38 N 08 20 23 E	25 NM
Wiesbaden Mil	NDB	WBD	399	H 24	50 02 54 N 08 19 48 E	25 NM
Wipper DFS	VOR	WYP	109.60	H 24	51 02 54 N 07 16 48 E	25 NM
Wunstorf Mil	NDB	WUN	419	H 24	52 27 33 N 09 27 17 E	25 NM
Würzburg DFS	VOR	WUR	110.20	H 24	49 43 03 N 09 56 49 E	60 NM
Zweibrücken Flugplatz	NDB	ZBN	435	H 24	49 13 39 N 07 25 00 E	25 NM
Zweibrücken GmbH	DME	ZND	CH 28x (109.10*)	H 24	49 12 34 N 07 23 45 E	25 NM
DFS	DVOR/DME	ZWN	114.80 CH 95x	H 24	49 13 45 N 07 25 04 E	60 NM

Kartenzeichen/Chart Symbols

Start- und Landebahnsystem auf Flughäfen
RWY pattern on airports

Flughafen
Airport

Landeplatz
Airfield

Militärflugplatz
Military aerodrome

Landeplatz (Zivil/Militär-)
Airfield (Civil/Military)

Ausrichtung der längsten befestigten Start- und Landebahn
Alignment of longest paved runway

Ausrichtung der längsten Gras-Start- und Landebahn
Alignment of longest grass runway

Segelfluggelände (Flugzeugschlepp/Windenschlepp)
Glider site (aero-tow/winch launching)

Flugplatz geschlossen
Airfield closed

Hubschrauberlandeplatz
Heliport

Sonder-Hubschrauberlandeplatz nur für Krankentransporte
Special Heliport for Ambulance only

Freiballongelände
Free balloon site

Hängegleiter
Hang glider

Befestigte Start- und Landebahn
Runway with hard surface

Befestigte Start- und Landebahn (mit versetzter Schwelle)
Runway with hard surface (with displaced threshold)

Gras-Start- und Landebahn
Grass runway

Gras-Start- und Landebahn (mit versetzter Schwelle)
Grass runway (with displaced threshold)

Segelflug-Start- und Landebahn
Glider strip

09 — Start- und Landebahnbezeichnung
Runway designator

WGS 84-Koordinaten (GPS)
WGS 84 Coordinates (GPS)

Motorflugbetrieb
Flight operations of powered aircraft

Segelflugbetrieb
Glider flying

Windenstart
Winch launching

Flugzeugschleppbetrieb
Aero-tow operations

Ultraleichtflugbetrieb
Ultra light flying

Hubschrauberflugbetrieb
Helicopter operations

Hubschrauberlandebereich
Helicopter alighting area

Fallschirmabsprunggebiet
Parachute drop zone

Modellflug
Model flying

Flugplatzleuchtfeuer
Aerodrome beacon

Hindernisfeuer
Obstruction light

Blitzfeuer
Flashing light

Punktfeuer
Point light

Gleitwinkelbefeuerung
VASIS/PAPI

Flugplatzbezugspunkt (FBP)
Aerodrome reference point (ARP)

Rollbahn und Vorfeld, befestigt
Taxiway and apron, hardened

Rollbahn und Vorfeld, gesperrt
Taxiway and apron, closed

S to — R — Rollbahnbezeichnung
Designation of taxiways

Flugplatzbegrenzung
Aerodrome boundary

Böschung, Damm
Slope, dam

Windrichtungsanzeiger, befeuert/unbefeuert
Wind direction indicator, lighted/unlighted

Windsack, befeuert/unbefeuert
Wind sock, lighted/unlighted

	Signal mit Lande-T Signal area with landing-T
	Tankanlage Refueling facility
C	Luftaufsicht oder/or Flugleitung
	NDB Ungerichtetes Funkfeuer Non-directional radio beacon
	VOR UKW-Drehfunkfeuer VHF omnidirectional radio range
	VORTAC VOR- und TACAN-Kombination VOR and TACAN combination
	DME Entfernungsmessgerät Distance measuring equipment
	VOR/DME VOR- und DME-Kombination VOR and DME combination
	Allgemeines Zeichen für Funkeinrichtung Basic radio facility symbol
	Pflichtmeldepunkt Compulsory reporting point
	Meldepunkt auf Anforderung On request reporting point
	Anflugstrecke Inbound route
	Abflugstrecke Outbound route
112° GMH 22 374.5 SOG	Missweisende Richtung, Kennung, Entfernung in NM und Frequenz von Funkeinrichtungen Magnetic bearing, ident, distance in NM and frequency from radio facilities
1°W	Missweisung Variation
ED–R37	Gebiete mit Flugbeschränkungen und Gefahrengebiete Restricted Areas and Danger Areas
	Luftraum F Airspace F
	Luftraum C Airspace C
	Kontrollzone Luftraum D Control zone Airspace D

	Ausnahmegebiet in einer Kontrollzone Excepted area within a control zone
	Flugbetrieb mit Strahlflugzeugen Flight operations of jet aircraft
IFR	IFR-Flugbetrieb IFR operations
	Tiefluggebiet Low flying area
	An-/Abflugstrecke Hubschrauber APCH/DEP route helicopter
• 198	Höhenpunkt Spot elevation
	Hindernis, befeuert Obstacle, lighted
	Hindernis, unbefeuert Obstacle, unlighted
	Hindernisgruppe, befeuert/unbef. Group of obstacles, lighted/unlighted
• 208 1293	Höchstes Hindernis auf der Karte Highest obstacle on the chart
	Wind-Generator, befeuert/unbef. Wind generator, lighted/unlighted
	Leuchtturm, befeuert/unbefeuert Lighthouse, lighted/unlighted
	Tank befeuert/unbefeuert lighted/unlighted
	Kirche, befeuert/unbefeuert Church, lighted/unlighted
	Mühle Mill
	Hochhaus Tower block
	Hospital
T TT	Hochspannungs-Einfach- und Mehrfachleitung High tension line, single and multiple
	Seilbahn Funicular
	Schutzgebiet für Seevögel und Robben Reserve for sea-birds and seals
D	Industrieanlagen hoher Gefahrenklasse Industrial Plants of High Danger Category
O 50 ft GND	Mindest-Überflughöhe Minimum crossing height

Wetterschlüssel und Wettersymbole

Bodenwetterkarte

Synoptische Beobachtungen

Synoptische Beobachtungen sind die wichtigsten Wetterbeobachtungen für die Erstellung der Wetterkarten. Diese Beobachtungen finden zu den folgenden Zeiten statt: 0000, 0300, 0600, 0900, 1200, 1500, 1800, 2100 GMT. Sie umfassen folgende Punkte:

Symbole	Messungen
TTT	Temperatur der Luft in Zehntel ° C
$T_dT_dT_d$	Taupunkt in Zehntel ° C
$T_xT_xT_x$	Extreme Temperaturwerte in Zehntel ° C (am Abend um 1800 wird das Maximum,
$T_nT_nT_n$	oder am Morgen um 0600 das Minimum abgelesen)
PPP	Barometerdruck in Zehntel hPa; für Stationen, die unter 500 m ü. M. liegen, auf Meereshöhe reduziert
appp	Veränderung des Luftdruckes seit der letzten synoptischen Beobachtung in Zehntel hPa (a: Art der Veränderung)
dd	Windrichtung am Boden in Einheiten von zehn Graden (rechtw.)
ff	Windstärke am Boden in Knoten
RRR	Niederschlagsmenge in mm während der vorherigen Periode, angegeben um 0000, 0600, 1200,1800 GMT

Maritime Stationen beobachten den Zustand des Meeres, Bergstationen die unterhalb der Station liegenden Wolken. Diese verschiedenen Elemente werden in einer bestimmten Reihenfolge weitergegeben (Code SYNOP), mit zunehmender Tendenz von automatischen Stationen. Die Angaben können aber auch zu jeder Zeit von den Stationen abgerufen werden. Man unterscheidet drei Arten von Beobachtungsstationen:

- Automatische ohne Beobachter
- Automatische mit Beobachter
- Nur mit Beobachter

Durch die automatischen Stationen können die Messungen besser verteilt und die Arbeit der Beobachter erheblich erleichtert werden.

Symbole	Beobachtungen und Schätzungen
N	Gesamtbetrag der Bewölkung in Achteln
N_h	Betrag der tiefen Wolken in Achteln
C_L	Art der tiefen Wolken
h	Höhe der tiefen Wolken über der Station
C_M	Art der mittleren Wolken
C_H	Art der hohen Wolken
VV	Sichtweite (in m oder km)
ww	Gegenwärtiger Witterungscharakter
W_1W_2	Witterungscharakter seit der letzten synoptischen Beobachtung
E	Zustand der Erdoberfläche

Spezielle Beobachtungen für die Luftfahrt

An einigen Stationen (meistens Flugplätze) werden Beobachtungen vorgenommen, die Flugzeugen unterwegs und Flugwetterwarten übermittelt werden. Diese Beobachtungen sind zwar nicht so vollständig wie die synoptischen (alle 3 Stunden), sie werden aber in kürzeren Zeitabständen übermittelt (jede 1/2 oder volle Stunde). In der Zeit zwischen den Beobachtungen wird die Wetterlage von den Flugwetterwarten ständig überwacht. Bei gravierenden Veränderungen werden sofort entsprechende Meldungen weitergeleitet (SPECI). Die Beobachtungen der Flugwetterwarten umfassen vor allem folgende für die Luftfahrt wichtigen Elemente:

Symbole	Flugwetterwarten-Beobachtungen
dddff f_mf_m	Windrichtung und -geschwindigkeit mit Angaben des Windmaximums
VVVV	Horizontale Sichtweite
$V_RV_RV_RV_R$ D_RD_R	Pistenhöchstsicht (RVR) für Pistenrichtung

w´w´	Gegenwärtiger Witterungscharakter
 N_s CC h_sh_s	Bedeutsame Wolken: Betrag in Achteln Art Höhe
TT	Temperatur
T_dT_d	Taupunkt
$P_HP_HP_HP_H$	QNH (ganze hPa)

Diese Elemente werden, falls erforderlich, durch andere ergänzt, z.B. Pistenzustand (Wasser, Eis, Schnee etc.), Bremswirkung (SNOWTAM etc.) und TREND.

Die Wetterbeobachtungen werden mit einem Code verschlüsselt, wobei eine Wettermeldung aus einer Serie von Gruppen mit je 5 Zahlen besteht. Die bereits beschriebenen Symbole sind in jedem Code in einer bestimmten Reihenfolge angeordnet und werden in der Meldung durch Zahlen ersetzt, die das Ergebnis der Messungen und Beobachtungen sind. Man verwendet zur Übermittlung der synoptischen Beobachtungen folgenden Code (II = Kennzeichnung der betreffenden Region, iii =Kennziffer der Station):

SYNOP

(II)iii i_Ri_xhVV Nddff $1s_nTTT$

$2s_nT_dT_dT_d$

4PPPP 5appp $6RRRt_R$ $7wwW_1W_2$

$8N_hC_LC_MC_H$

- i_R: Diese Ziffer zeigt, ob Angaben über die Niederschläge in den übermittelten Beobachtungen enthalten oder nicht enthalten sind.
- i_x: Diese Ziffer gibt an, wie die Station betrieben wird (Personal oder automatisch) und wie wwW1W2 ermittelt wird.
- s_n: Für $s_n = 0$, sind TTT oder T_dTdT_d positiv oder gleich Null; für $s_n = 1$ sind sie negativ; für $s_n = 9$ folgt die Angabe der relativen Feuchtigkeit (UUU) anstelle von $T_dT_dT_d$).
- t_R: Zeitspanne der Messung

Sollte es notwendig sein, die Höhe der tiefsten Wolken über der Station mit einer Genauigkeit von 30 m anzugeben, kann die zusätzliche Gruppe 9hh// hinzugefügt werden. Die Gruppen $1s_nT_xT_xT_x$ und $2s_nT_nT_nT_n$ können eingesetzt werden, um die höchsten (1800 GMT) bzw. tiefsten (0600 GMT) Temperaturen zu übermitteln. Dieser neue SYNOP-Code wurde durch die WMO anstelle des bisherigen Codes eingeführt, um die Beobachtungsauswertung mit elektronischen Verfahren besser zu realisieren.

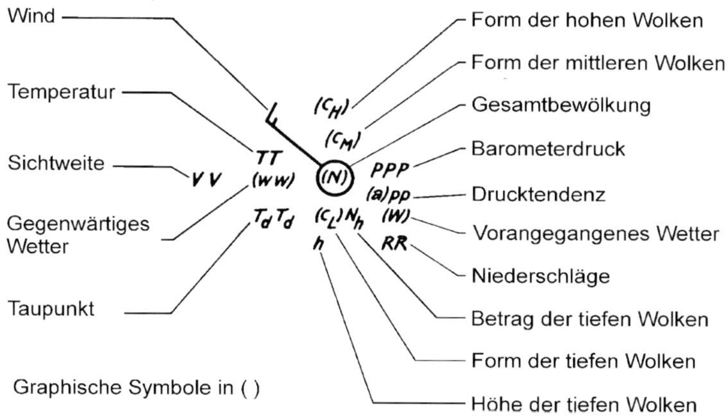

Abb. 4.1: Stationskreis mit Legende.

Stationskreis

Mit einer Gruppe von Symbolen kann man das Wetter an einem bestimmten Ort mit dem Stationskreis beschreiben. Das Zentrum dieses Kreises, in dem die Gesamtbewölkung angegeben ist, ist der Ort. Mit dem Kreis verbunden ist das Zeichen für die Windrichtung und -stärke. Um den Kreis verteilt sind verschiedene Symbole, die den Wetterbeobachtungen entsprechen (Abb. 4.1).

Abbildung 5.2 zeigt beispielhaft eine Stationskreis-Meldung. An dieser Muster-Station ist der Himmel zur Hälfte mit 3/8 Cumulonimbus-Wolken und 1/8 Altostratus und Cirren bedeckt. Zwischen 1.000 m und 1.500 m über Grund liegt die Untergrenze der tiefen Wolken. Der Wind weht aus Nord-Nord-Ost mit 10 Knoten. Der Druck ist in den letzten 3 Stunden um 0,5 hPa gestiegen (im zweiten Teil dieser Periode schneller) und hat einen aktuellen Wert von 1010,7 hPa. Die Temperatur liegt bei 21°, der Taupunkt bei 11° Celsius. Im vorangegangenen Wetter gab es Schauer, aktuell herrscht mäßiges bis starkes Schauerwetter.

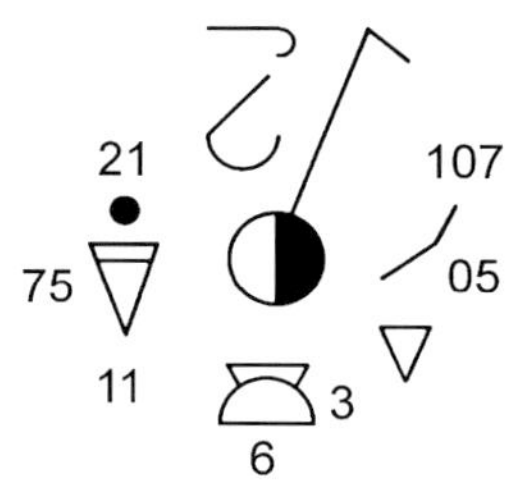

Abb. 4.2: Stationskreis.

Symbole der Bodenwetterkarte

1. Bedeckung N und N_h		
N	N_h	**Bedeckungsgrad**
	0	Wolkenlos
	1	Ein Achtel oder weniger
	2	Zwei Achtel
	3	Drei Achtel
	4	Vier Achtel
	5	Fünf Achtel
	6	Sechs Achtel
	7	Sieben Achtel oder mehr, noch nicht bedeckt
	8	Acht Achtel, bedeckt
	9	Himmel nicht sichtbar oder erkennbar

2. Höhe (h) der tiefen Wolken	
h	**Höhe über GND (ft)**
0	0 - 150
1	150 - 300
2	300 - 600
3	600 - 1000
4	1.000 - 2.000
5	2.000 - 3.000
6	3.000 - 5.000
7	5.000 - 6.500

8	6.500 - 8.000
9	8.000 oder höher, oder keine Wolken

3. Sicht (VV)	
VV	**Sicht**
01	100 m
09	900 m
10	1.000 m
50	5.000 m
56	6 km
57	7 km
60	10 km
70	20 km
80	30 km
81	35 km
82	40 km
88	70 km
89	mehr als 70 km

4. Luftdruck-Tendenz (a)		
Code	**a**	**Tendenz**
0		steigend, danach fallend
1		steigend, dann gleichbleibend
2		steigend

3		erst fallend, stark steigend
4	—	gleichbleibend, wie vor 3 Std.
5		fallend, dann steigend, Luftdruck niedriger als oder gleich hoch wie vor 3 Std.
6		fallend, dann gleichbleibend
7	\	fallend
8		steigend, dann stark fallend

5. Vergangenes Wetter (w)		
Code	**W**	**Vergangenes Wetter**
0	kein Symbol	Gesamtbedeckung nicht gößer als 4/8
1	kein Symbol	Zeitweise 4/8 oder weniger, zeitweise über 4/8
2	kein Symbol	Gesamtbedeckung dauernd größer als 4/8
3	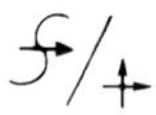	Sand-, Staubsturm und Schneetreiben
4	≡	Nebel oder Dunst, Sicht unter 1 km
5		Sprühregen, Nieseln
6	●	Regen oder Regen mit Sprühregen
7	✱	Schnee, Schneeregen, Schneegriesel oder Eiskörner
8	∇	Schauer
9		Gewitter mit oder ohne Niederschlag

6. Art der tiefen Wolken (C_L)		
Code	**C_L**	**Beschreibung**
1		Schönwetter-Cumulus (Cu)
2		Auftürmender Cumulus (Cu)
3		Cumulonimbus (Cb) ohne Amboß
4		Stratocumulus (Sc), entstanden aus Cumulus
5		Stratocumulus (Sc)
6	—	Stratus (St), Stratusdecke
7	- - -	Schlechtwetter-Fractostratus
8		Cumulus (Cu) und Stratocumulus (Sc) in verschiedenen Höhenschichten
9		Cumulonimbus mit Amboß

7. Art der mittelhohen Wolken (C_M)		
Code	**C_M**	**Beschreibung**
1		Durchsichtiger Altostratus (As)
2		Undurchsichtiger Altostratus (As) oder Nimbostratus (Ns)
3		Durchsichtiger Altocumulus (Ac)
4		Durchsichtiger Altocumulus (Ac) lenticularis in Bänken
5		Halbdurchsichtiger, aufziehender Altucumulus (Ac) in Bändern
6		Aus Cumulus entstandener Altocumulus (Ac)
7		Durchsichtige oder undurchsichtige Altocumulus-Schichten - Ac mit Altostratus (As) oder Nimbostratus (Ns)
8		Altocumulus castellanus (Ac cast) oder Ac floccus
9		Altocumulus (Ac) in verschiedenen Höhen bei chaotischem Himmel

8. Art der hohen Wolken (C_H)		
Code	**C_H**	**Beschreibung**
1		Faserige Cirren
2		Dichte Cirren (Ci)
3		Dichte Cirren (Ci), entstanden aus Amboßform
4		Aufziehende, dichter werdende Cirren (Ci), in Hakenform
5		Aufziehender Cirrostratus (Cs), nicht über 45° Höhe
6		Aufziehender Cirrostratus (Cs), über 45° Höhe
7		Cirrostratus (Cs), der den ganzen Himmel bedeckt
8		Cirrostratus (Cs), der nicht den ganzen Himmel bedeckt
9		Cirrocumulus (Cc)

9. Windgeschwindigkeit in Knoten (ff)			
ff	**kts**	**ff**	**kts**
	Calm		40
	1 - 2		45
	5		50
	10		55
	15		60
	20		65
	25		70
	30		75
	35		105

10. Wettersymbole für w´w´	
	Rauch
∞	Dunst
=	Feuchter Dunst
	Staubsturm, Sandsturm
≡	Nebel
,	Sprühregen
λ	Regen
	Gefrierender Sprühregen, Regen
∗	Schnee
△	Hagel
▽	Schauer
	Gewitter

11. Weitere Wetterkartensymbole	
a) Frontensymbole	
Symbol	**Art und Farbe**
	Kaltfront (blau) Höhenkaltfront (blau)
	Warmfront (rot) Höhenwarmfront (rot)
	Okklusion (violett) Höhenokklusion (violett)
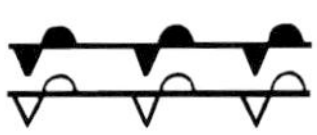	Stationäre Bodenfront (wechselweise rot und blau) Stationäre Höhenfront (wechselweise rot und blau)
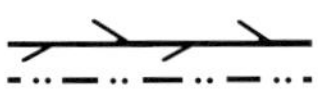	Konvergenzlinie (orange) Instabilitätslinie (schwarz)

b) Drucklinien		
Troglinien	schwarze, gestrichelte Linien	
Isobaren	schwarze Linien	
H	Antizyklone (Hochdruckgebiet)	
T	Zyklone (Tiefdruckgebiet)	
c) Niederschlagsgebiete		
Regengebiete		hellgrün schraffiert
Sprühregengebiete		hellgrün
Regenschauer		hellgrün
Schneefallgebiete		dunkelgrün schraffiert
Schneeschauer		dunkelgrün
Gewitter		rot oder blau
Nebelgebiete		gelb schraffiert

Significant Weather Chart (SWC)

In dieser Karte werden signifikante Wettererscheinungen dargestellt. Die SWC erscheint 4 x täglich um 0000, 0600, 1200 und 1800 UTC.

	Frontengebundene Wolkengebiete
	Nicht frontengebundene Wolkengebiete
Sc, Cu, Cb etc.	Wolkenarten (Abkürzungen)
z.B. <u>FL 110</u> **FL 080**	<u>Wolkenobergrenzen</u> Wolkenuntergrenzen (Angabe in Flight Level und Fuß)
BKN, LYR, OVC, SCT	Wolkenmenge mit diesen Abkürzungen
z.B.: **0° : FL 080**	Nullgradgrenze in Flugfläche 80
	Gewitter
	Mäßige Turbulenz
	Starke Turbulenz
	Leichte Vereisung
	Mäßige Vereisung
	Starke Vereisung
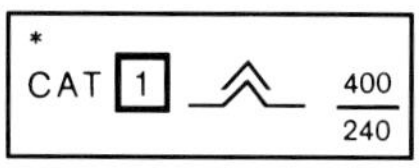	Im markierten Gebiet starke Turbulenz von FL 240 bis FL 400
	Diese Symbole werden jeweils am Kartenrand erläutert

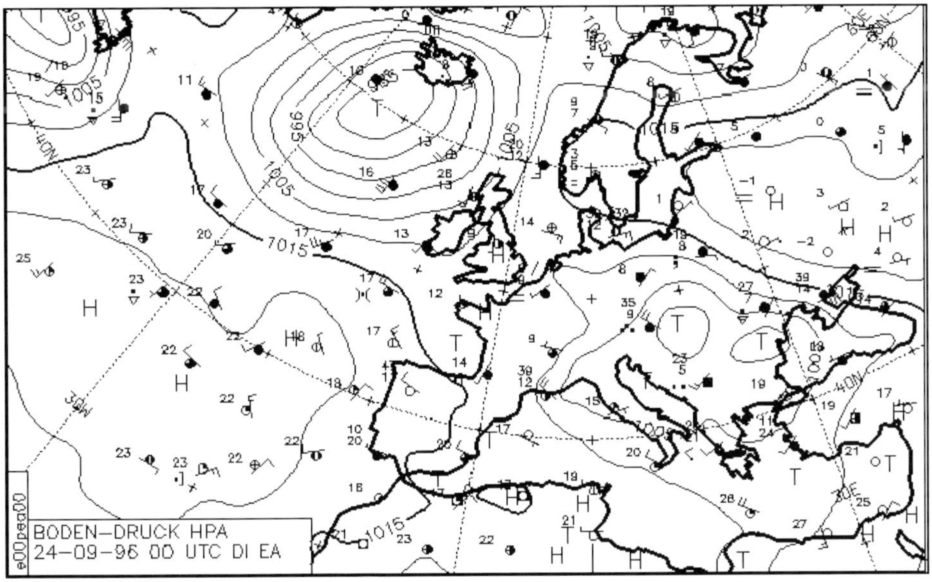

Abb. 4.3: Analysekarte E00PEA00.TIF ANA Boden, Stationswerte 00 UTC EUR/NAT-E (verkleinert und gekürzt, Quelle: pc_met-Mailbox, Deutscher Wetterdienst, Offenbach).

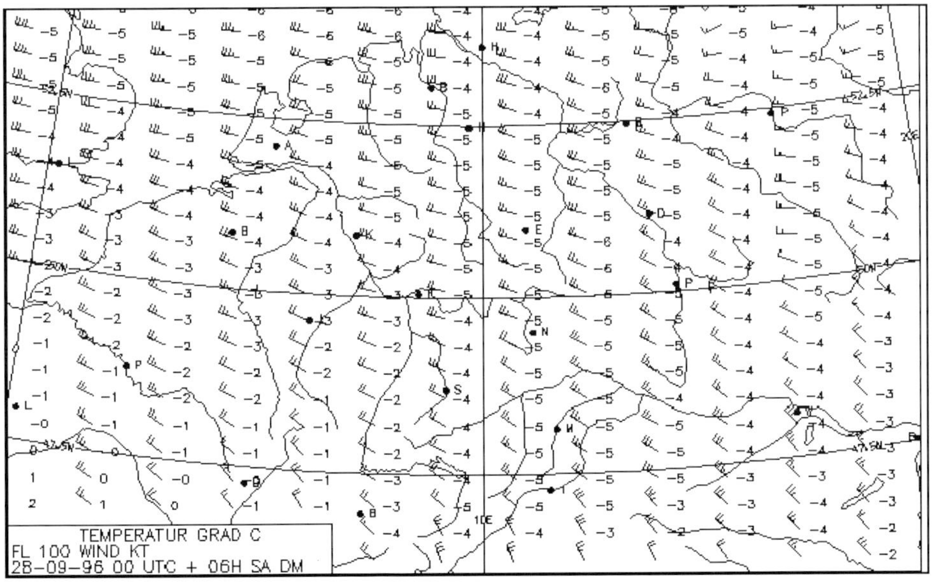

Abb. 4.4: Höhenwetterkarte I06WTA10.TIF VHS Wind/Temp FL100 VALID 06 UTC 00+06H EUR-C (verkleinert und gekürzt, Quelle: pc_met-Mailbox, Deutscher Wetterdienst, Offenbach).

METAR-Routinewettermeldung / SPECI-Sonderwettermeldung		
METAR / SPECI		Kennung für Art der Meldung
CCCC		ICAO-Ortskennung
GGggZ	YY	Monatstag des Beobachtungstermins nach UTC
GGggZ	GGgg	Beobachtungszeit in Stunden und Minuten
GGggZ	Z	Kennbuchstabe zur Kennzeichnung von UTC
Auto		Kennwort zur Kennzeichnung einer vollautomatischen Meldung
$dddffGf_mf_m$ KMH/KT/MPS	ddd	Mittlere Windrichtung auf 10er Grad gerundet / VRB = Variabel / 00000 = Calm
	ff	Mittlere Windgeschwindigkeit der letzten 10 Minuten oder nach Windsprung / 00000 = Calm
	G	Kennbuchstabe zur Kennzeichnung von Böen
	f_mf_m	Höchste Windspitze der letzten 10 Minuten vor der Beobachtungszeit
	KMH/KT/MPS	Kennbuchstaben zur Kennzeichnung der verwendeten Maßeinheit der Windgeschwindigkeit
$d_nd_nd_nVd_xd_xd_x$	$d_nd_nd_n$	Extremer Wert der Windrichtung entgegen dem Uhrzeigersinn / Gruppe folgt, wenn im 10-Minuten-Zeitraum vor der Beobachtung die Windrichtung um 60° und mehr schwankt und ff > 3 kt ist.
	V	Kennbuchstabe zur Kennzeichnung der Variabilität der Windrichtung / Gruppe folgt, wenn im 10-Minuten-Zeitraum vor der Beobachtung die Windrichtung um 60° und mehr schwankt und ff > 3 kt ist.
	$d_xd_xd_x$	Extremer Wert der Windrichtung im Uhrzeigersinn / Gruppe folgt, wenn im 10-Minuten-Zeitraum vor der Beobachtung die Windrichtung um 60° und mehr schwankt und ff > 3 kt ist.
$VVVVD_v$	VVVV	Schlechteste horizontale Sichtweite am Boden in Metern / Sicht 10 km und mehr, VVVV = 9999
	D_v	Wenn erforderlich, Richtung der minimalen Sichtweite / 8teilige Richtungsskala N, NE, E ....
$V_xV_xV_xV_xD_v$	$V_xV_xV_xV_x$	Maximale horizontale Sichtweite am Boden / Gruppe folgt, wenn minimale Sichtweite unter 1.500 m und maximale Sichtweite über 5.000 m ist.

	D_V	Richtung der max. Sichtweite / Gruppe folgt, wenn minimale Sichtweite unter 1.500 m und maximale Sichtweite über 5.000 m ist.
$RD_RD_R/V_RV_RV_RV_Ri$	R	Kennbuchstabe zur Kennzeichnung von RVR
	D_RD_R	Nummer der Start- und Landebahn / Anfügung von LL, L, C, R, RR bei parallelen Landebahnen (bis max. 5) / L = Linke, C = Mittlere, R = Rechte Landebahn
	$V_RV_RV_RV_R$	Landebahnsichtweite RVR / in Metern (10-Min-Mittel); SPECI: 1-Min-Mittelwert / P1500: 1.500 m und mehr, M0050: < 50 m
	i	Tendenz der RVR / Änderung innerhalb eines 10-Min-Mittelungszeitraums / U: Verbesserung, D: Verschlechterung, N: Keine deutliche Änderung
$RD_RD_R/$ $V_RV_RV_RV_RVV_RV_RV_RV_Ri$	R	Kennbuchstabe zur Kennzeichnung von RVR / Wird gemeldet, wenn signifikante Schwankung der RVR auftritt
	D_RD_R	Nummer der Start- und Landebahn / Siehe Gruppe oben / Wird gemeldet, wenn signifikante Schwankung der RVR auftritt
	$V_RV_RV_RV_R$	Landebahnsichtweite RVR in Metern / Niedrigstes 1-Min-Mittel der letzten 10 Minuten / Wird gemeldet, wenn signifikante Schwankung der RVR auftritt
	V	Kennbuchstabe zur Kennzeichnung der Variabilität / Wird gemeldet, wenn signifikante Schwankung der RVR auftritt
	$V_RV_RV_RV_R$	Landebahnsichtweite RVR in Metern / Höchstes 1-Min-Mittel der letzten 10 Minuten / Wird gemeldet, wenn signifikante Schwankung der RVR auftritt
	i	Tendenz der RVR / Siehe Gruppe oben / Wird gemeldet, wenn signifikante Schwankung der RVR auftritt
w´w´		Gegenwärtiges Wetter (siehe sep. Tabelle am Ende)
$N_sN_sN_sh_sh_sh_s$(CC) oder $VVh_sh_sh_s$ oder SKC oder NSC	$N_sN_sN_s$	Bedeckung des Himmels mit Wolken FEW = Gering 1-2/8 SCT = Aufgelockert 3-4/8 BKN = Durchbrochen 5-7/8 OVC = Bedeckt 8/8 / Nur CC = CB bei Cumulonimbus und CC = TCU bei aufgetürmtem Cumulus congestus
	$h_sh_sh_s$	Höhe der Untergrenze der Wolken in Metern auf 30m-Stufen (100 ft) bzw. 300m-Stufen (1.000 ft) abgerundet / Nur CC = CB bei Cumulonimbus und CC = TCU bei aufgetürmtem Cumulus congestus

	VV	Kennbuchstaben zur Kennzeichnung der Vertikalsicht / Gruppe wird gemeldet bei nicht erkennbarem Himmel
	$h_sh_sh_s$	Vertikalsicht in 30m-Stufen (100 ft) / /// = Vertikalsicht nicht verfügbar / Gruppe wird gemeldet bei nicht erkennbarem Himmel
	SKC	Kennbuchstaben für wolkenlos
	NSC	Kennbuchstaben für keine signifikanten Wolken (nur in Entwicklungsvorhersage)
CAVOK		Ersetzt VVVV, RVR, w´w´und Wolken, wenn 1. VVV 10 km und mehr, 2. kein CB und keine Wolken unter 1.500 m (5.000 ft) oder unterhalb der höchsten Sektor-Mindesthöhe und 3. keine Wettererscheinungen gemäß w´w´-Tabelle
$T'T'/T'_dT'_d$	$T'T'$	Temperatur in °-Celsius / bei negativen Werten $MT'T'$
	$T'_dT'_d$	Taupunkt-Temperatur in °-Celsius / bei negativen Werten $MT'_dT'_d$
$QP_HP_HP_HP_H$	Q(A)	Kennbuchstabe für QNH
	$P_HP_HP_HP_H$	QNH-Wert in hPa abgerundet auf den nächst niedrigen ganzen hPa-Wert / bei Kennung A: Wert in 1/100 Inch
REw´w´	RE	Kennbuchstaben für vergangenes Wetter
	w´w´	Vergangenes Wetter seit der letzten Routinemeldung, sofern für die Luftfahrt von Bedeutung
WS RWYD_RD_R oder WS ALL RWY	Kennbuch- staben	WS = Windscherung RWY = Start- und Landebahn ALL = Alle Start- und Landebahnen
	D_RD_R	Nummer der Start- und Landebahn / siehe links
Entwicklungsvorhersage (für die der Beobachtung folgenden 2 Stunden)		
TTTTT		Kennbuchstaben für Art der Änderung / BECMG = werden, TEMPO = zeitweise, NOSIG = keine signifikante Änderung
TTGGgg	TT	Kennbuchstaben zur Kennzeichnung des Zeitverlaufs / FM = Beginnend, TL = Endend, AT = Ab
	GGgg	Zeitpunkt der Änderung auf den neuen Zustand
	Es folgen Angaben zu den Gruppen	$dddffGf_mf_m$ und/oder VVVV und/oder w´w´und/oder $N_sN_sN_sh_sh_sh_s$ (CC) bzw. CAVOK (Bedeutung s. Zeile 1 und 2)

RMK		Kennbuchstaben, die anzeigen, daß nationale Informationen folgen
TAF-Flugplatzwettervorhersagen		
TAF		Kennung für Flugplatzvorhersage
CCCC		ICAO-Ortskennung
YYGGggZ	YY	Monatstag der Ausgabe des TAF
	GGgg	Uhrzeit der Ausgabe des TAF in Stunden und Minuten UTC
	Z	Kennbuchstabe zur Kennzeichnung von UTC
$Y_1Y_1G_1G_1G_2G_2$	Y_1Y_1	Monatstag des Beginns des Vorhersagezeitraums
	G_1G_1	Beginn des Vorhersagezeitraums in Stunden UTC
	G_2G_2	Ende des Vorhersagezeitraums in Stunden UTC
$dddffGf_mf_m$KMH/KT/MPS	ddd	Mittlere Windrichtung auf 10er Grad gerundet / VRB = Variabel / 00000 = Calm
	ff	Mittlere Windgeschwindigkeit
	G	Kennbuchstabe zur Kennzeichnung von Böen
	f_mf_m	Höchste Windspitze
	KMH/KT/MPS	Kennbuchstaben zur Kennzeichnung der verwendeten Maßeinheit bei der Windgeschwindigkeit
VVVV		Schlechteste horizontale Sichtweite am Boden in Metern / Sicht 10 km oder mehr, VVVV = 9999
w´w´ oder NSW	w´w´	Vorhergesagtes signifikantes Wetter (s. w´w´-Tabelle)
	NSW	Wenn Ende des signifikanten Wetters vorhergesagt wird
$N_sN_sN_sh_sh_sh_s$(CC) oder $VVh_sh_sh_s$ oder SKC oder NSC	$N_sN_sN_s$	Bedeckung des Himmels mit Wolken FEW = Gering 1-2/8 SCT = Aufgelockert 3-4/8 BKN = Durchbrochen 5-7/8 OVC = Bedeckt 8/8 / CC = Wolkengattung nur CC = CB
	$h_sh_sh_s$	Höhe der Untergrenze der Wolken in Metern auf 30m-Stufen (100 ft) bzw. 300m-Stufen (1.000 ft) abgerundet / CC = Wolkengattung nur CC = CB
	VV	Kennbuchstaben zur Kennzeichnung der Vertikalsicht / Gruppe wird gemeldet bei nicht erkennbarem Himmel

	$h_sh_sh_s$	Vertikalsicht in 30m-Stufen (100 ft) / /// = Vertikalsicht nicht vorhersagbar / Gruppe wird gemeldet bei nicht erkennbarem Himmel
	SKC	Kennbuchstaben für wolkenlos
	NSC	Kennbuchstaben für keine signifikanten Wolken
CAVOK		Steht für VVVV, w´w´und $N_sN_sN_sh_sh_sh_s$, wenn 1. VVVV 10 km und mehr, 2. kein CB und keine Wolken unter 1.500 m (5.000 ft) bzw. unterhalb der höchsten Sektor-Mindesthöhe und 3. keine Wettererscheinungen gemäß w´w´-Tabelle
$6I_ch_ih_ih_it_L$	6	Kennung für Vereisungsvorhersage / Gruppen werden nur gemeldet, wenn Vorhersage regional vereinbart.
	I_c	Art der Vereisung / Gruppen werden nur gemeldet, wenn Vorhersage regional vereinbart
	$h_ih_ih_i$	Untergrenze der Schicht der Vereisung in 30m-Stufen (100 ft) / Gruppen werden nur gemeldet, wenn Vorhersage regional vereinbart
	t_L	Dicke der Schicht in Tausender ft; t_L = 0, wenn bis zur Wolkenobergrenze / Gruppen werden nur gemeldet, wenn Vorhersage regional vereinbart
$(5Bh_sh_sh_st_L)$	5	Kennung für Turbulenzvorhersage / Gruppen werden nur gemeldet, wenn Vorhersage regional vereinbart
	B	Art der Turbulenz / Gruppen werden nur gemeldet, wenn Vorhersage regional vereinbart
	$h_sh_sh_s$	Untergrenze der Schicht der Turbulenz in 30m-Stufen (100 ft) / Gruppen werden nur gemeldet, wenn Vorhersage regional vereinbart
	t_L	Dicke der Schicht in Tausender ft; t_L = 0, wenn bis zur Wolkenobergrenze / Gruppen werden nur gemeldet, wenn Vorhersage regional vereinbart
$PROBC_2C_2$	signif. Änderung(en) der Vorhersage	Wahrscheinlichkeit für das Auftreten eines alternativen Wertes / Elements oder für zeitliche Schwankungen (TTTTT = TEMPO, C_2C_2 = 30 oder 40% / Nachfolgend werden die Gruppen gemeldet, für deren Elemente signifikante Änderungen vorhergesagt werden
GGG_eG_e und/oder TTTTT	signif. Änderung(en) der Vorhersage	GG = Beginn und G_eG_e = Ende des Zeitraums, für den PROB gilt in Stunden UTC / Nachfolgend werden die Gruppen gemeldet, für deren Elemente signifikante Änderungen vorhergesagt werden
	signif. Änderung(en) der Vorhersage	Art der siginifikanten Änderung / BECMG - Änderung auf den neuen Zustand vollzieht sich mehr oder weniger gleichmäßig, TEMPO - nur zeitweiliges Auftreten der neuen Bedingg. < 1 Std oder < 50% von GG bis G_eG_e / Nachfolgend werden die Gruppen gemeldet, für deren Elemente signifikante Änderungen vorhergesagt werden

GGG_eG_e	signif. Änderung(en) der Vorhersage	GG = Beginn und G_eG_e = Ende des Änderungszeitraums in Std UTC / Nachfolgend werden die Gruppen gemeldet, für deren Elemente signifikante Änderungen vorhergesagt werden
TTGGgg	TT	Kennbuchstaben für die Einleitung eines selbständigen Vorhersageabschnitts / TTGGgg ist immer = FMGGgg
	GGgg	Zeitpunkt des Beginns des selbständigen Vorhersageabschnitts / TTGGgg ist immer = FMGGgg
(TT_FT_F/G_FG_FZ)	T	Kennung für Temperaturvorhersage / Gruppe wird nur gemeldet, wenn Vorhersage regional vereinbart wurde
	T_FT_F	Temperaturvorhersage / Gruppe wird nur gemeldet, wenn Vorhersage regional vereinbart wurde
	G_FG_F	Zeitpunkt, für den T_FT_F vorhergesagt wird in Std UTC / Gruppe wird nur gemeldet, wenn Vorhersage regional vereinbart wurde
	Z	Kennung für UTC / Gruppe wird nur gemeldet, wenn Vorhersage regional vereinbart wurde

B - Intensität, Umgebung und Häufigkeit der Turbulenz

Schlüsselzahl	**Intensität**	**Umgebung**	**Häufigkeit**
0	Keine Turbulenz		
1	leicht	-	-
2	mäßig	in wolkenfreier Luft	selten
3	mäßig	in wolkenfreier Luft	häufig
4	mäßig	in Wolken	selten
5	mäßig	in Wolken	häufig
6	stark	in wolkenfreier Luft	selten
7	stark	in wolkenfreier Luft	häufig
8	stark	in Wolken	selten
9	stark	in Wolken	häufig

I_C - Intensität und Umgebung der Vereisung an Luftfahrzeugen

Schlüsselzahl	**Intensität**	**Umgebung**
0	Keine Vereisung	
1	leicht	-
2	leicht	in Wolken

3	leicht	in Niederschlag
4	mäßig	-
5	mäßig	in Wolken
6	mäßig	in Niederschlag
7	stark	-
8	stark	in Wolken
9	stark	in Niederschlag

w´w´ - Gegenwärtiges und vorhergesagtes signifikantes Wetter

		Wettererscheinungen		
1 - Intensität oder Nähe	**2 - Deskriptor**	**3 - Niederschlag**	**4 - Trübungserscheinungen**	**5 - Andere**
- leicht mäßig (ohne Symbol) **+** stark (bzw gut entwickelt, im Fall von Kleintromben (PO) oder Großtromben (FC)) **VC** In der Nähe	**MI** Flach **BC** -schwaden **DR** -fegen **PR** Teil des Flughafens bedeckend **BL** -treiben **SH** Schauer **TS** Gewitter **FZ** (gefrierend (unterkühlt)	**DZ** Sprühregen **RA** Regen **SN** Schnee **SG** Schneegriesel **IC** Eiskristalle (Diamantstaub) **PE** Eiskörner **GR** Hagel **GS** kleiner Hagel oder Reif-/Frostgraupel	**BR** Feuchter Dunst **FG** Nebel **FU** Rauch **VA** Vulkanasche **DU** Verbreitet Staub **SA** Sand **HZ** Trockener Dunst	**PO** Kleintrombe (Staub-, Sandwirbel, Sandteufel) **SQ** Böen **FC** Wolkenschlauch, Großtrombe (Tornado, Wind-/Wasserhose) **SS** Sandsturm **DS** Staubsturm

Hinweise zu w´w´

1. VC (in der Nähe) wird für Erscheinungen angewendet, die in einer Entfernung bis zu 8 km von der Flugplatzbegrenzung, jedoch nicht direkt am Flugplatz auftreten.
2. BR (feuchter Dunst) wird angewendet bei Sichtweite von 1.000 m oder mehr bis 5.000 m.
3. Bei einer Niederschlagskombination wird die intensitätsstärkere Niederschlagsart zuerst genannt. Beispiel: +RASN
4. Intensitätsangaben bei Gewitter mit Niederschlag beziehen sich auf Niederschlag. Tritt kein Niederschlag auf, ist TS ohne weitere Buchstabenabkürzung zu melden.

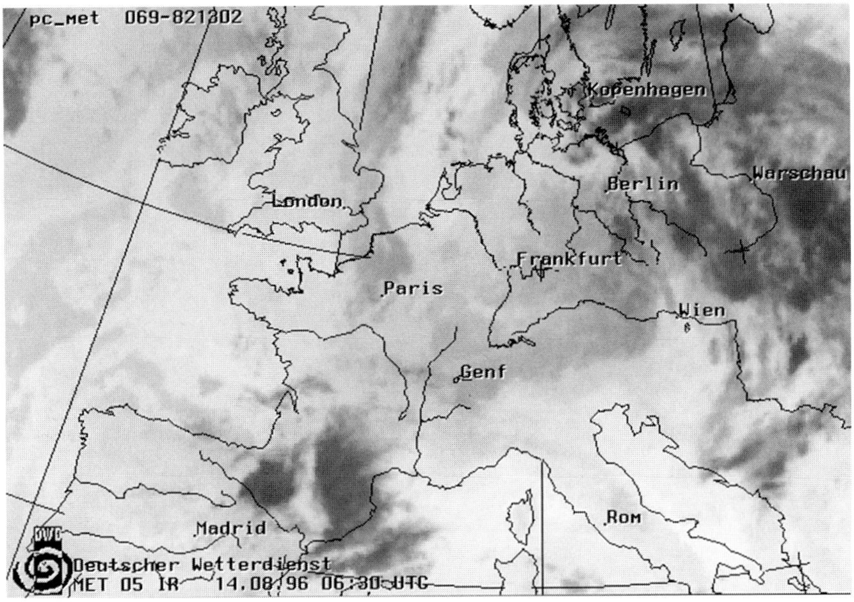

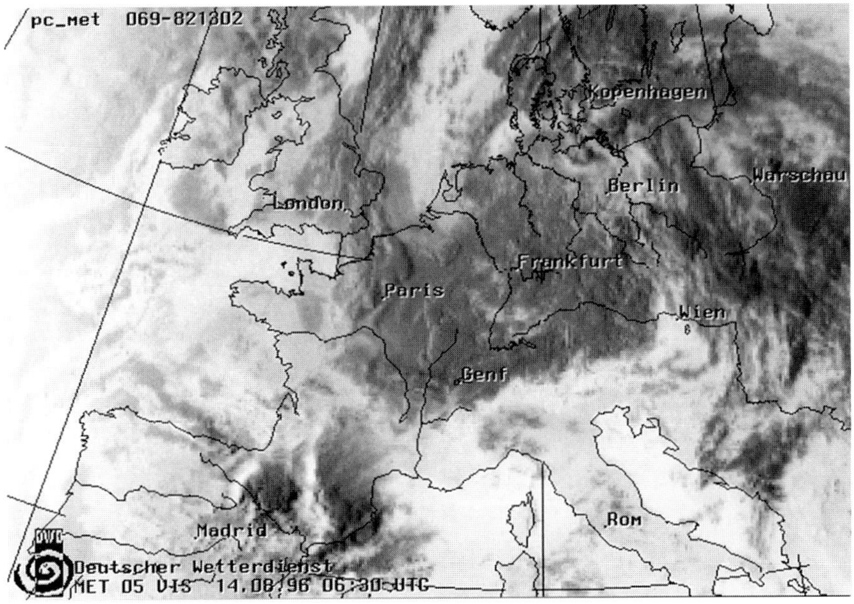

Abb. 4.5 (oben): Infrarot-Satellitenaufnahme (Quelle: pc_met-Mailbox, Deutscher Wetterdienst, Offenbach).
Abb. 4.6 (unten): Sichtbarkeits-Satellitenaufnahme (Quelle: pc_met-Mailbox, Deutscher Wetterdienst, Offenbach).

Kapitel 5

Anhang

Fachwörter und Glossar

Das folgende Verzeichnis enthält vorrangig Fachwörter und Akronyme, die in der Flugplanung und Flugpraxis vorkommen. Zusätzlich wurden einige Fachwörter mit ihren Akronymen aus der gesamten Luftfahrt übernommen, soweit sie auf die Thematik dieses Handbuchs anwendbar sind oder dazu in Beziehung stehen.

Akronyme sind Kunstwörter, die aus den Anfangsbuchstaben mehrerer Wörter gebildet sind (z.B. **A**eronautical **I**nformation **P**ublication = Luftfahrthandbuch, AIP). Akronyme sind immer in Versalien geschrieben. Die englischen Fachwörter sind immer großgeschrieben, um die Bildung der zugehörigen Akronyme zu verdeutlichen.

Doppelt erscheinende Fachwörter und Akronyme sind keine Satzfehler, sondern haben (meist im Englischen) verschiedene Bedeutungen und Bezeichnungen.

Es muß darauf hingewiesen werden, daß dieses Verzeichnis wegen der komplexen und die einzelnen Wissenschaftsbereiche übergreifenden Thematik nicht vollständig sein kann. Es ist lediglich eine grundlegende Orientierung über die typische Terminologie und liefert, soweit erforderlich, kurze Erläuterungen.

Für Anregungen und Ergänzungsvorschläge zu diesem Akronym- und Fachwörterverzeichnis, die in späteren Auflagen berücksichtigt werden, sind Autor und Verlag dankbar.

A

A > Amber > Gelb

A/A > Air-To-Air > Bord/Bord

A/G > Air-To-Ground > Bord/Boden

AAL > Above Aerodrome Level > Über Flugplatzhöhe

ABM > Abeam > Querab

ABN > Aerodrome Beacon > Flugplatzleuchtfeuer

Above > Über, oberhalb

Ac > Altocumulus

ACC > Area Control Centre > Bezirkskontrollstelle

ACFT > Aircraft > Luftfahrzeuge

ACPT > Accepted > Angenommen

ACT > Activated > Aktiviert, in Betrieb

AD > Aerodrome > Flughafen

ADA > Advisory Area > Beratungsbezirk

ADC > Air Data Computer > Luftdatenrechner

ADDN > Additional > Zusätzlich

ADF > Automatic Direction Finder > Automatisches Peilgerät

ADI > Attitude Direction Indicator > Fluglageanzeiger

ADJ > Adjacent > In Wolkennähe

Adjust > Anpassen

ADR > Advisory Route > Flugverkehrsberatungsstrecke

Advise > Melden

AF > Air Force > Luftwaffe

AFC > Automatic Frequency Control > Frequenzregelung, automatische

AFIL > Flight Plan Filed in the Air > Flugplanabgabe in der Luft

AFIS > Aerodrome Flight Information Service > Flugplatz-Fluginformationsdienst

AFS > Aeronautical Fixed Service > Fester Flugfernmeldedienst

AFTN > Aeronautical Fixed Telecommunication Network > Festes Flugfernmeldenetz

AFWA > Automatic Flight Weather Advisory > Automatische Flugwetteransage

AGA > Aerodromes, Air Routes and Ground Aids > Flughäfen, Luftstraßen u. Bodenhilfen (ICAO-Fachgebiet)

AGC > Automatic Gain Control > Verstärkungsregelung, automatische

AGL > Above Ground Level > Über Grund

Ahead > Vorne

AHRS > Attitude Heading Reference System > Fluglage- und Kursführungssystem zur Stützung und Ergänzung von GPS-Empfängern.

AI > Attitude Indicator > Fluglageanzeiger

AIC > Aeronautical Information Circular > Luftfahrtinformationsblatt

AIG > Accident Investigation > Flugunfalluntersuchung (ICAO-Fachgebiet)

Aileron > Querruder

AIP > Aeronautical Information Publication > Luftfahrthandbuch

AIP AMD > AIP Amendment > Nachtrag zum AIP

AIP SUP > AIP Supplement > Ergänzung zum AIP

AIP VFR > Aeronautical Information Publication VFR > Luftfahrthandbuch für die Durchführung von VFR-Flügen

AIR > Airworthiness > Lufttüchtigkeit (ICAO-Fachgebiet)

Air Speed > Geschwindigkeit

Air Traffic > Luftverkehr

Air Traffic Control Clearance > FS-Kontrollfreigabe

Air Traffic Control Service > FS-Kontrolldienst

Air Traffic Service > FS-Dienst

AIRAC > Aeronautical Information Regulation and Control > System zur Regelung der Verbreitung von Luftfahrtinformationen

Airborne > Gestartet

Aircraft Icing Indicator > Vereisungsanzeiger

AIREP > Air Report > Flugmeldung

Airliner > Linienflugzeug

Airport > Flughafen

Airport Surveillance Radar > Flughafenrundsichtradar

Airspeed Indicator > Fahrtmesser

AIS > Aeronautical Information Service > Flugberatungsdienst

ALERFA > Alert phase > Bereitschaftsstufe

ALM > Alarm

ALR > Alerting message > Alarmierungsmeldung

ALS > Approach Light System > Anflugbefeuerungssystem

ALT > Altitude > Höhe über Meeresspiegel

Alternate Aerodrome > Ausweichflughafen

Altimeter > Höhenmesser

Altimeter Setting > Höhenmessereinstellung

Altitude > Höhe über MSL

ALTN > Alternate Aerodrome > Ausweichflughafen

AMD > Amend or amended > Ändern, geändert

AMP > Amplifier > Verstärker

AMS > Avionics Management System > Avionic-Regelungssystem

AMSL > Above Mean Sea Level > Über mittlerer Meereshöhe

Aneroid Altimeter > Höhenmesser, barometrischer

Angle > Winkel

Angle of Attack Indicator > Anstellwinkelanzeiger

ANT > Antenna > Antenne

AOC > Aerodrome Obstruction Chart > Flugplatzhinderniskarte

AP > Automatic Pilot > Autopilot (Flugregler)

APP, APPR > Approach > Landeanflug

APPR > Approach > Anflug

Approach Control Office > Anflugkontrollstelle

Approach Control Service > Anflugkontrolldienst

Approve > Genehmigen

APR > Approach > Anflug

APR > Apron > Vorfeld

APRX > Approximate > Ungefähr, annähernd

APT > Airport > Flughafen

Area > Fläche

Area Control Service > Bezirkskontrolldienst

ARFOR > Area Forecast > Gebiets-Wettervorhersage

ARP > Aerodrome Reference Point > Flugplatzbezugspunkt

ARR > Arrival > Ankunft

ARS > Special Air Report > Sondermeldung

Artificial Horizon > Künstlicher Horizont

As > Altostratus

ASAP > As Soon As Possible > Sobald wie möglich
ASC > Ascending to > Aufsteigend bis
ASDA > Accelerate Stop Distance Available > Verfügbare Startabbruchstrecke
ASDE > Airport Surface Detection Equipment > Rollfeldüberwachungsradar
ASPH > Asphalt
ASR > Aerodrome Surveillance Radar > Flughafenrundsichtradar
ASR > Altimeter Setting Region > Gebiet mit einheitlich festgelegtem Luftdruckwert für die Höhenmessereinstellung
Assistance > Hilfe
AT > Air Transport > Luftverkehr (ICAO-Fachgebiet)
ATA > Actual Time of Arrival > Tatsächliche Ankunftszeit
ATC > Air Traffic Control > Flugverkehrskontrolle
ATD > Actual Time of Departure > Tatsächliche Abflugzeit
ATFM > Air Traffic Flow Management > Verkehrflußregelung
ATIS > Automatic Terminal Information Service > Automatische Ausstrahlung von Start- und Landeinformationen
ATO > Actual Time Over > Aktuelle Überflugzeit
ATPL > Air Transport Pilot Licence > Verkehrsflugzeugführerlizenz
ATS > Air Traffic Services > Flugverkehrsdienste
Attention > Achtung
ATTN > Attention > Achtung, beachten
ATZ > Aerodrome Traffic Zone > Flugplatzverkehrszone
Audio Control Panel > Aufschaltanlage
AUG > August > August
AUTO > Automatic > Automatisch (Anzeige, Schalterstellung)
AVBL > Available > Verfügbar
Avionic > Avionik (Flugzeug-Elektronik)
Avoid > Vermeiden
AWY > Airway > Luftstraße
AZ > Azimut (Winkel zwischen Radialstandlinie und Nordrichtung)
AZF > Allgemein gültiges Sprechfunkzeugnis für den Flugfunkdienst

B

B > Blue > Blau
BA > Braking Action > Bremswirkung
Backtrack > Zurückrollen
Bank Indicator > Wendezeiger
BAPT > Bundesamt für Post und Telekommunikation
BASE > Base of Clouds > Wolkenuntergrenze (Bestimmung z.B. Cumuli bei Sonne am Aufstiegsort der thermischen Konvektion: Spread x 400)
Base > Queranflug
BAT > Battery > Batterie
BC > Back Course > Rückseitiger Kurs (Kursangabe beim ILS)
BCMT > Beginning of Civil Morning Twilight > Beginn der bürgerlichen Morgendämmerung
BCN > Beacon > Leuchtfeuer
BCST > Broadcast > Rundsendung
BDRY > Boundary > Umgrenzung, Grenze
Beacon > Funkfeuer
Beam > Strahl
Bearing > Peilung
Beyond > Darüber
BFO > Beat Frequency Oscillator > Überlagerungsoszillator (Schalterstellung beim ADF)
BFS > Bundesanstalt für Flugsicherung (bis 31.12.1992) > Folgeorganisation: DFS Deutsche Flugsicherung GmbH
BKN > Broken > Aufgerissen (5/8-7/8)
BLO > Below Clouds > Unterhalb von Wolken
Blocked Out > Gesperrt
BLW > Below > Unter
BMV > Bundesminister(ium) für Verkehr
BMVg > Bundesminister(ium) für Verteidigung
Border > Rand, Umzäunung
Boundary > Grenze, Abgrenzung
Brake > Bremse, bremsen
Braking Action > Bremswirkung
Break > Unterbrechen
Break Down > Panne
BRG > Bearing > Peilung
BRG WPT > Bearing To Waypoint > Peilung zum Waypoint

BRKG > Braking > Bremsen
BRT > Bright > Hell
BTN > Between > Zwischen
BZF > Beschränkt gültiges Sprechfunkzeugnis für den Flugfunkdienst
BZF I > Beschränkt gültiges Sprechfunkzeugnis für den Flugfunkdienst I (englisch)
BZF II > Beschränkt gültiges Sprechfunkzeugnis für den Flugfunkdienst II (deutsch)
BZT > Bundesamt für die Zulassung in der Telekommunikation (früher: FTZ, Fernmeldetechnisches Zentralamt)

C

C > Degrees Celsius (Centigrade) > Celsiusgrade
Cabin Pressure Indicator > Kabinendruckanzeiger
Callsign > Rufzeichen
Calm > Ruhig
Cancel > Aufheben
Carburetor > Vergaser
CAS > Calibrated Airspeed > Fluggeschwindigkeit, berichtigte
CAT > Category > Kategorien automatischer Landeanflüge: CAT I, II, III a, b, c
CAT > Clear AirTurbulence > Turbulenz in wolkenfreier Luft
Caution > Vorsicht
CAVOK > Clouds And Visibility OK > Sicht, Wolken und gegenwärtiges Wetter besser als die vorgeschriebenen Werte oder Bedingungen
Cb > Cumulonimbus
Cc > Cirrocumulus
CC > Compass Course > Kompaß-Kurs
CDI > Course Deviation Indicator > Kursablageanzeiger (Teil des VOR)
CDROM > Massenspeicher (bis zu 650 Megabyte) für umfangreiche Datenmengen, z.B. digitalisierte Straßen- oder Seekarten, Databases usw.
CDU > Control and Display Unit > Kontroll- und Anzeigeeinheit
Certification > Zulassung
CEST > Central European Summer Time > Mitteleuropäische Sommerzeit, MESZ
CET > Central European Time > Mitteleuropäische Zeit, MEZ
CG > Center of Gravity > Schwerpunktlage
CH > Compass Heading > Kompaß-Steuerkurs
CHAN > Channel > Kanal
Change > Wechseln
Chart > Karte
Check > Überprüfung (Pilot, Flugzeug, Instrumente)
Ci > Cirrus
Circle > Kreisen, Kreis
Circuit > Platzrunde
CIV > Civil > Zivil
CLB > Climb > Steigflug
CLD > Clouds > Wolken
Clearance > Freigabe
Clearance Limit > Freigabegrenze
Climb > Steigen
Clock > Uhr (analoge und digitale Zeitanzeige)
Clockwise > Im Uhrzeigersinn
Close > Nahe, schließen
CLR > Cleared > Freigegeben
CLSD > Closed > Geschlossen
CN > Compass North > Kompaß-Nord
CNCL > Cancel > Löschen, Aufheben
CNS > Continuous > Zusammenhängend (8/8)
COM > Communications > Abkürzung für den AIP-Teil Aeronautical Telecommunication Service (Flugfernmeldedienst)
COM > Communications > Fernmeldewesen
COMM > Communication > Sprechfunk
Compass > Kompaß
Compass Heading > Kompaß-Steuerkurs
Complete > Abschließen
Compulsory > Pflichtgemäß, obligatorisch
Compulsory Reporting Point > Pflichtmeldepunkt
CONC > Concrete > Beton, Betonbahn
COND > Condition > Zustand
Confirm > Bestätigen
Connect > Verbinden
CONT > Continue > Fortsetzen
Continuous > Fortlaufend

Control Area > Kontrollbezirk

Control Tower > Kontrollturm

Control Zone > Kontrollzone

Controlled Airspace > Kontrollierter Luftraum

Controlled Flight > Kontrollierter Flug

Controls > Steuerung (Bedieneinrichtung)

COR > Correct or corrected or correction > Richtig, berichtigt, Berichtigung

Correct > Richtig

Counter Clockwise > Entgegen dem Uhrzeigersinn

Course > Kurs

COV > Cover, Covered, Covering > Decke, bedeckt, bedeckend

CPA > Closest Point of Approach > Nähester Anflugpunkt

CPU > Central Processing Unit > Zentraleinheit eines Computers

Crash > Zusammenstoß, Zusammenbruch

Cross > Kreuzen, überqueren

Crosswind > Seitenwind

CRS > Course > Kurs

Cruising Level > Reiseflughöhe

CS > Call Sign > Rufzeichen

Cs > Cirrostratus

CTA > Control Area > Kontrollbezirk

CTL > Control > Kontrolle, Überwachung

CTN > Caution > Vorsicht, Warnung

CTR > Control Zone > Kontrollzone

CTRL > Control > Kontrolle, Regelung

Cu > Cumulus

CUF > Cumuliform > Cumulusförmig

Current Flight Plan > Gültiger Flugplan

Customs > Zoll

CVFR > Controlled VFR-Flight > Kontrollierter VFR-Flug

CVR > Cockpit Voice Recorder > Tonaufnahmeanlage für Cockpit-Gespräche

CWC > Cross Wind Component > Querwindkomponente

Cylinder Head Temperature > Zylinderkopf-Temperatur

D

D... > Danger area (followed by identification) > Gefahrengebiet (mit näherer Bezeichnung)

D/T > Distance/Time > Entfernung/Zeit

DA > Density Altitude > Dichtehöhe

DAeC > Deutscher Aeroclub e.V.

Danger Area > Gefahrengebiet

Database > Datenbank

dB (A) > Kurzzeichen für Dezibel A

DBR > Differential Beacon Receiver > Separate Empfangseinheit für den Empfang von Korrektursignalen einer DGPS-Bodenstation.

DC > Direct Current > Gleichstrom

DEC > December > Dezember

DECCA > VLF-Navigationsverfahren

Decrease > Abnehmen

DEG > Degree > Grad

De-Icer > Enteiser

DEL > Delivery > Erteilung von (Freigaben)

Delay > Verspätung, Verzögerung

DEN ALT > Density Altitude > Dichtehöhe

DEP > Departure > Abflug

Departure Aerodrome > Startflugplatz

DESC > Descent > Sinkflug

DEST > Destination > Bestimmungsort, Ziel

Destination Aerodrome > Zielflugplatz

Deteriorate > Verschlechtern

DETRESFA > Distress Phase > Notrufstufe

DEV > Deviation > Kompaßablenkung (durch Flugzeug-Magnetismus)

Dewpoint > Taupunkt

DF > Direction Finder > Funkpeiler

DFS > Deutsche Flugsicherung GmbH

DG > Directional Gyro > Kreiselkompaß

DGPS > Differential Global Positioning System > GPS-Navigationsverfahren mit Genauigkeiten bis in den Zentimeterbereich

DH > Decision Height > Entscheidungshöhe

DIR > Direct > Direkt

Direction Finder > Funkpeiler

DISP > Display > Anzeige, Instrumententafel, Bildschirm

DIST > Distance > Entfernung

Disturb > Stören

DLA > Delayed > Verspätet
DLat > Difference of Latitude > Breitenunterschied
DLon > Difference of Longitude > Längenunterschied
DME > Distance Measuring Equipment > Entfernungsmeßgerät
DNG > Danger > Gefahr, gefährlich
DOC > Document > Dokument
DOPP > Doppler Radar
Downwind > Gegenanflug
DR NAV > Dead Reckoning Navigation > Koppelnavigation
DRG > During > Während
Drift > Abdrift
Drift Indicator > Abdriftanzeiger
DT > Direct To > Funktion zum direkten Abruf eines Waypoints auf GPS-Bediengeräten
DU > Display Unit > Anzeige-Einheit
DUR > Duration > Dauer
DVO > Durchführungsverordnung
DVOR > Doppler VOR
DVORTAC > Doppler VORTAC (Kombination aus DVOR und TACAN-Anlage)
DWD > Deutscher Wetterdienst

E

E > East > Ost
EADI > Electronic Attitude Direction Indicator > Fluglageanzeiger, elektronischer
EAT > Expected Approach Time > Voraussichtlicher Anflugzeitpunkt
ECAM > Electronic Centralised Aircraft Monitoring > Zentrale elektronische Flugzeugüberwachung
ED-D > Kennung für ein deutsches Gefahrengebiet
EDIT > Edit > Editieren, auch: Bearbeiten gespeicherter Daten
ED-R > Kennung für ein deutsches Flugbeschränkungsgebiet
EET > Estimated Elapsed Time > Voraussichtliche Flugdauer
EFIS > Electronic Flight Instrument System > Fluginformationssystem, elektronisches
EGT > Exhaust Gas Temperature Indicator > Abgastemperaturanzeiger
Elapsed > Vergangen
ELEV > Elevation > Ortshöhe über Meer
Elevation > Erhöhung, Höhe
Elevator > Höhensteuer
ELT > Emergency Locator Transmitter > Notsender
EMBD > Embedded > Eingelagert, eingebettet
EMERG > Emergency > Dringlichkeit, Notlage
Encoded Altimeter > Kodierter Höhenmesser (für Transponder-Modus C erforderlich)
Endurance > Benzinmenge (Flugdauer in Std.)
ENE > East-North-East > Ost-Nord-Ost
ENG > Engine > Triebwerk, Motor
Engine Manifold Pressure > Ladedruck
Engine Speed > Motordrehzahl
Engine-Failure > Motorpanne
Enroute Clearance > Streckenfreigabe
ENRT > Enroute > Auf Strecke, unterwegs
ENT > Enter > Eingabe, Bestätigung
Enter > Einfliegen
EQPT > Equipment > Ausrüstung, Gerät
ESE > East-South-East > Ost-Süd-Ost
EST > Estimate or Estimated or Estimated time over significant point > Schätzung, geschätzt, geschätzte Zeit über einem bestimmten Punkt
ETA > Estimated Time of Arrival > Voraussichtliche Ankunftszeit
ETD > Estimated Time of Departure > Voraussichtliche Abflugzeit
ETE > Estimated Time Enroute > Flugdauer
ETO > Estimated Time of Overfly > Voraussichtliche Überflugzeit
EUR > European Region > Europa Region
EXC > Except > Ausgenommen
Exceed > Überschreiten, übersteigen
EXP > Expect or Expected or Expecting > Erwarten, erwartet, erwartend
Expect > Erwarten
Expedite > Beschleunigen
EXTD > Extend, Extending > Ausdehnen, Erstrecken

F

F > Fahrenheit > Temperatureinheit
FAA > Federal Aviation Administration > US-Luftfahrtbehörde
FAC > Facilities > Einrichtungen, Anlagen
Facility > Einrichtung
FAF > Final Approach Fix > Endanflugfix
Failure > Versager, Panne
FAP > Final Approach Point > Endanflugpunkt
FAR > Federal Airworthiness Requirements > Lufttüchtigkeitsforderungen der USA
Fc > Fractocumulus
FCI > Flight Command Indicator > Flugkommandoanzeiger
FCST > Forecast > Wettervorhersage
FDI > Flight Director Indicator > Flugkommandoanzeiger
FDR > Flight Data Recorder > Flugdatenschreiber
Feathered > Segelstellung (Propeller)
FEB > February > Februar
FIC > Flight Information Centre > Fluginformationszentrale
Field > Flugplatz
Final > Endanflug
FIR > Flight Information Region > Fluginformationsgebiet
FIS > Flight Information Service > Fluginformationsdienst
FL > Flight Level > Flugfläche
Flag > Anzeigeflagge (z.B. OFF-Flagge bei VOR/LOC)
Flap Position Indicator > Landeklappen-Stellungsanzeiger
Flaps > Klappen
Flight Information > Fluginformationen
Flight Information Region > Fluginformationsgebiet
Flight Information Service > Fluginformationsdienst
Flight Level > Flugfläche
Flight Visibility > Flugsicht
Flow Meter > Durchflußmesser (Benzin, Flugbenzin, Kerosin)
FLP > Flight Plan > Flugplan
FLT > Flight > Flug
FLTCK > Flight Check > Überprüfung während des Fluges
FLW > Follows or Following > Folgt, folgend
FM > Fan-Marker > Teil des UKW-Fächerfunkfeuers
FM > Frequency Modulation > Frequenz Modulation
FMS > Flight Management System > Flugmanagement-System
FNA > Final Approach > Endanflug
FOC > Full Operational Capability > Volle Betriebsbereitschaft
Follow > Folgen
Forecast > Vorhersage (Wetter)
FPL > Filed Flight Plan Message > Aufgegebene Flugplanmeldung
FPM > Feet Per Minute > Fuß pro Minute
FR, FROM > From (Anzeige bei VOR)
FREQ, FRQ > Frequency > Frequenz
FS > Flugsicherung
Fs > Fractostratus
FSAuftrV > Verordnung zur Beauftragung eines Flugsicherungsunternehmens
FSAV > Verordnung über die Flugsicherungsausrüstung der Luftfahrzeuge
FSBetrV > Verordnung über die Betriebsdienste der Flugsicherung
FSM > Flugsicherheitsmitteilung vom LBA
FSPAV > Verordnung über das erlaubnispflichtige Personal für die Flugsicherung und seine Ausbildung
ft > Foot, Feet > Fuß (0,3048 m)
Fuel > Kraftstoff (Benzin, Flugbenzin und Kerosin)
Fuel Consumption > Kraftstoff-Verbrauch
Fuel Flow Meter > Kraftstoff-Durchflußmeßgerät
Fuel Quantity Indicator > Kraftstoff-Vorratsanzeiger
FUS > Flugunfalluntersuchungsstelle
FVK > Flugverkehrskontrolle
FWW > Flugwetterwarte (Wetter)

G

G > Green > Grün
G/A > Ground-To-Air > Boden/Bord
G/A/G > Ground-To-Air and Air-To-Ground > Boden/Bord und Bord/Boden
GA > General Aviation > Allgemeine Luftfahrt
GAFOR > General Aviation Forecast > Flugwettervorhersage für die Allgemeine Luftfahrt
GAIN > Gain > Verstärkung (Antennen und Verstärker)
GAL > Gallon > Gallone
Gauge > Gerät (Instrument)
GC > Great Circle > Großkreis
GCA > Ground Controlled Approach > GCA-Anflug (Anflugverfahren)
Ge > German > Deutsch
Gear > Getriebe, Fahrwerk
GEN > General > Allgemeines, Abkürzung für den AIP-Teil „General" (Allgemeines)
GEO > Geographic > Geographisch
GHz > Giga-Hertz
GLD > Glider > Segelflugzeug
Glider > Segelflugzeug
GMT > Greenwich Mean Time > Mittlere Greenwich-Zeit
GND > Ground > Grund, Boden, Rollkontrolle
GOTO > Goto > „Gehe zu", Waypoint-Abruf, ähnliche Funktion wie Direct To
GP > Glidepath, Glideslope > Gleitweg
GPS > Global Positioning System > Satellitennavigationsverfahren mit 24 Satelliten
GPWS > Ground Proximity Warning System > Bodenannäherungs-Warnsystem
GRADU > Gradual, gradually > Allmählich, stufenweise
Ground Visibility > Bodensicht
GS > Glideslope, Glidepath > Gleitweg
GS > Ground Speed > Geschwindigkeit über Grund
Gyro > Kreisel
Gyro Horizon > Horizont, künstlicher
Gyroscopic Compass > Kreisel-Kompaß

H

h > Hour > Stunde
H24 > Ununterbrochener Tag- und Nachtbetrieb
Hangar > Flugzeughalle
HDG > Heading > Steuerkurs
Heading > Steuerkurs
Headphone > Kopfhörer
Height > Höhe
HEL > Helicopter > Hubschrauber
HF > High Frequency > Kurzwelle (3 - 30 MHz)
HGT > Height or Height above > Höhe, Höhe über
HI > High > Hoch (Anzeige, Schalterstellung)
HJ > Sunrise to Sunset > Sonnenaufgang bis Sonnenuntergang
HLD > Hold > Halten, einfrieren einer Anzeige
HLDG > Holding > Warteverfahren
HN > Sunset to Sunrise > Sonnenuntergang bis Sonnenaufgang
HOL > Holiday > Feiertag
Holding Pattern > Warteschleife
Holding Point > Rollhalt
Holding Procedure > Warteverfahren
Homer > Zielfluggerät
Homing > Zielflugverfahren
hPa > Hectopascal > Hektopascal
HR > Hours > Stunden
HS > Service verfügbar während der planmäßigen Verkehrszeiten
HSI > Horizontal Situation Indicator > Kurslageanzeiger
HX > Nicht ständig wirksam > Keine festgelegte Betriebszeit
Hz > Hertz

I

IAF > Initial Approach Fix > Hauptanflugfix
IAL > Instrument Approach and Landing Chart > Instrumentenanflug- und Landekarte
IAO > In And Out > Wechselnd in und aus den Wolken

IAS > Indicated Air Speed > Angezeigte Fluggeschwindigkeit
IATA > International Air Transport Association > Internationale Vereinigung der Linienfluggesellschaften
ICAO > International Civil Aviation Organisation > Internationale Zivilluftfahrt Organisation
Icing > Vereisen
ID, IDENT > Identification, Identifier > Identifizierung, Kennung
IFR > Instrument Flight Rules > Instrumentenflugregeln
IFR Flight > IFR-Flug
ILS > Instrument Landing System > Instrumenten-Landesystem
IM > Inner Marker > Platzeinflugzeichen
IMC > Instrument Meteorological Conditions > Instrumentenflugwetterbedingungen
Immediate > Sofort, unmittelbar
IMT > Immediately > Sofort
In > Inch
INCERFA > Uncertainty Phase > Ungewißheitssstufe
Indicator > Anzeiger
Initial > Anfänglich
INOP > Inoperative > Außer Betrieb
Ins > Inches > Zoll
INS > Inertial Navigation System > Trägheits-Navigationssystem
Instruction > Vorschrift, Anweisung
Instrument Flying > Instrumentenflug
Instrument Panel > Instrumentenbrett
INT > Intersection > Kreuzung (Rollbahnen, S/L-Bahnen)
Intend > Beabsichtigen
Intercom > Eigenverständigungsanlage
Interference > Störung
Interruption > Unterbrechung
Intersection > Kreuzung
INTL > International
ISA > International Standard Atmosphere > Internationale Standardatmosphäre
ISOL > Isolated > Isoliert
Issue > Herausgeben, Ausgabe
ITU > International Telecommunication Union > Internationale Fernmeldeunion

J

JAA > Joint Aviation Authorities > Zusammenschluß von 23 europäischen Staaten mit dem Ziel, gemeinsame Standards (JARs) zur Erhöhung der Sicherheit im Luftverkehr zu erarbeiten und einzuführen.
JAN > January > Januar
JAR > Joint Aviation Requirements > Europäische Luftverkehrs-Standards der JAA
Join > Einfliegen
JUL > July > Juli
JUN > June > Juni

K

Key > Taste, Schlüssel
kg > Kilogramme(s) > Kilogramm
kHz > Kilohertz
KIAS > Indicated Airspeed
km > Kilometre > Kilometer
km/h > Kilometres Per Hour > Kilometer je Stunde
Knob > Bedienknopf
KT, kt > Knot > Knoten (1,853 km)
kW > Kilowatt
KW > Kurzwelle

L

L > Left > Links (z.B. RWY 09L = Start-/Landebahn 09 Links)
l > Litres > Liter
L > Locator > Anflugfunkfeuer
Landig Area > Landebereich
Landing > Landung
Landing Flaps > Landeklappen
Landing Gear > Fahrwerk
Landing Light > Landescheinwerfer
Landing Roll > Ausrollen
Landing Speed > Landegeschwindigkeit

LASTFIX > Last Fix > Letzter bekannter Standort
LAT > Latitude > Geographische Breite
Lateral > Seitlich
Lateral Separation > Seitenstaffelung
lb > Pounds > Engl. Pfund
LBA > Luftfahrt-Bundesamt (Deutsche Luftfahrtbehörde)
LBZ > Luftfahrtberatungszentralen (Wetter)
LDA > Landing Distance Available > Verfügbare Landestrecke
LDG > Landing > Landung
LDI > Landing Direction Indicator > Landerichtungsanzeiger
LEFT > Left > Links
Left Turn > Linkskurve
Legend > Legende, Zeichenerklärung
Level > Ebene, Höhe, Niveau, Flughöhe
Lever > Hebel
LF > Low Frequency > Langwelle
LGT > Light or Lighting > Feuer, Befeuerung
LGTD > Lighted > Beleuchtet
Lift > Heben
Light > Leicht, Licht
Lightning > Blitz
Limited > Beschränkt
LL > Low Lead > Niedriger Bleigehalt im Kraftstoff; Bezeichnung für Flugbenzinsorte, z.B. 100 LL
LLZ > Localizer > Landekurssender
LM > Locator Middle > Anflugfeuer am Haupteinflugzeichen
LMT > Local Mean Time > Mittlere Ortszeit
LO > Locator, Outer > Anflugfunkfeuer am Voreinflugzeichen
LO > Low > Niedrig (Anzeige, Schalterstellung)
Load > Ladung
LOC > Localizer > Landekurssender
LOC > Locally > Örtlich
Log Book > Bordbuch
LON > Longitude > Längengrad
Longitudinal > Der Länge nach
Longitudinal Separation > Längsstaffelung
LOP > Line of Position > Standlinie
LORAN > Long Range Aid to Air Navigation > VLF-Navigationsverfahren
Loss of Power > Leistungsabfall
Low Range Radio Altimeter > Frequenz-Höhenmesser
LRG > Long Range > Große Reichweite
LRNZ > Airspace and Management Centre > Luftraumnutzungszentrale
LT > Left Turn > Linksdrehung
LT > Local Time > Mittlere Ortszeit
LTA > Lufttüchtigkeitsanweisung
LTB > Luftfahrttechnischer Betrieb
LTD > Limited > Begrenzt
LuftBauO > Bauordnung für Luftfahrtgerät
LuftBO > Betriebsordnung für Luftfahrtgerät
LuftGerPO > Prüfordnung für Luftfahrtgerät
LuftKostV > Kostenverordnung der Luftfahrtverwaltung
LuftPersV > Verordnung über Luftfahrtpersonal
LuftSiV > Luftsicherheitsverordnung
LuftVG > Luftverkehrsgesetz
LuftVO > Luftverkehrsordnung
LuftVZO > Luftverkehrs-Zulassungs-Ordnung
LW > Langwelle
LYR > Layer > Schichten

M

m > Metres > Meter
MAG > Magnetic > Magnetisch, mißweisend
Magnetic Compass > Magnet-Kompaß
Magnetic North > Mißweisend Nord
Magneto > Zündmagnet
Main Wheel > Hauptfahrwerk
MAINT > Maintenance > Wartung
Manifold Pressure > Ladedruck
Manifold Pressure Gauge > Ladedruckmesser
Manifold Pressure Indicator > Ladedruckanzeiger
Manoeuvring Area > Rollfeld
MAP > Aeronautical MAPs and Charts > Luftfahrtkarten
MAP > Manifold Air Pressure > Ladedruck
MAP > Mapping > Karteneinblendung (Video-Mapping)
MAR > March > März
Mark > Markierung

Marker Beacon Indicator > Markerempfängeranzeiger
Marshaller > Einwinker
Master Switch > Hauptschalter
MAX > Maximum > Höchst
MAY > May > Mai
MB > Magnetic Bearing > Mißweisende Peilung
mB > Millibar (alte Luftdruck-Maßeinheit)
MC > Magnetic Course > Mißweisender Kurs
MDA > Minimum Descent Altitude > Sinkflugmindesthöhe MSL
MDE > Mode > Betriebsart, Modus
MDH > Minimum Descent Height > Sinkflugmindesthöhe über der Schwelle oder Flugplatz
MEA > Minimum Enroute Altitude > Mindestreisehöhe über Meer
Meaning > Bedeutung
MED > Medium > Mittlere Empfindlichkeit, Lautstärke, Intensität usw.
MESZ > Mitteleuropäische Sommerzeit
MET > Abkürzung für den AIP-Teil „Aeronautical Meteorological Service" (Flugwetterdienst)
MET > Meteorological, Meteorology > Wetter, Flugwetterkunde (ICAO-Fachgebiet)
METAR > Meteorological Aerodrome Routine Report > Planmäßige Flugwettermeldung
MEZ > Mitteleuropäische Zeit
MF > Medium Frequency > Mittelwelle
MFD > Multifunction Display > Multifunktionsanzeige
MH > Magnetic Heading > Mißweisender Kurs
MHz > Megacycles Per Second > Mega-Hertz
MIL > Military > Militärisch
Min > Minute
Miss > Vermissen
Mixture Control > Gemischhebel
MKR > Marker Radio Beacon > Markierungsfunkfeuer
MLS > Microwave Landing System > Mikrowellen-Landesystem
MLS > Miles > Meilen (Seemeilen)
MM > Middle Marker > Haupteinflugzeichen (Teil des ILS)
mm > Millimeter
MN > Magnetic North > Mißweisend Nord
MNM > Minimum > Mindest
MNTN > Maintain > Beibehalten
MOC > Minimum Obstacle Clearance > Hindernismindestabstand
MOD > Mode > Modus, Betriebsart
MOD > Moderate > Mäßig
MOGAS > Super Petrol > Autobenzin (Super)
Monitor > Überwachen
Movement Area > Bewegungsfläche
MPH > Miles Per Hour > Meilen (1,609 km) pro Stunde
MPS > Metres Per Second > Meter pro Sekunde
MPW > Maximum Permissible Weight > Höchstzulässiges Gewicht
MRA > Minimum Reception Altitude > Niedrigste Empfangshöhe
MRVA > Minimum Radar Vectoring Altitude > Radarführungsmindesthöhe
MSA > Minimum Safe Altitude > Sicherheitsmindesthöhe MSL
MSG > Message > Meldung
MSL > Mean Sea Level > Mittlere Meereshöhe
MT > Magnetic Track > Mißweisender Kurs
MTOW > Maximum Take-Off Weight > Starthöchstgewicht
MW > Mittelwelle

N

N > North > Nord
N/A > Not Available > Nicht verfügbar
NAV > Navigation
Navigation Lights > Navigationslichter
NDB > Nondirectional Beacon > Ungerichtetes Funkfeuer
NE > North-East > Nord-Ost
Needle > Nadel (Zeiger)
Negative > Verneinen
NfL > Nachrichten für Luftfahrer
NGT > Night > Nacht
NM > Nautical Mile > Nautische Meile (1,852 km)
NML > Normal
NN > Normal Null, Mittlere Meereshöhe
NNE > North-North-East > Nord-Nord-Ost

NNW > North-North-West > Nord-Nord-West
NOSIG > NO SIGnificant Change > Keine bedeutende Veränderung (bei Landewetter-Vorhersage)
NOTAM > NOtice To AirMen > Nachrichten für Luftfahrer
Notice > Aufmerksamkeit, Bemerkung
NOV > November > November
Ns > Nimbostratus
NSC > No Significant Clouds > Keine signifikante Bewölkung
NSW > No Significant Weather > Keine signifikanten Wettererscheinungen
Number > Nummer, Zahl
NW > North-West > Nord-West

O

O/R > On Request > Auf Anforderung
OAT > Outside Air Temperature > Außenluft-Temperatur
OBS > Omni Bearing Selector > Azimutwählknopf (VOR-Bedienknopf)
OBSC > Obscure, Obscured > Undeutlich, unbekannt, verschleiert
OBST > Obstacle > Hindernis
OCA > Obstacle Clearance Altitude > Hindernisfreihöhe über Meeresspiegel
OCH > Obstacle Clearance Height > Hindernisfreihöhe über Flugplatz oder Schwelle
OCNL > Occasional > Gelegentlich
OCS > Obstacle Clearance Surface > Hindernisfreifläche
OCT > October > Oktober
Odd > Ungerade, seltsam
OFF > Off > Aus (Anzeige, Schalterstellung)
Offblock Time > Abblockzeit
Oil Pressure > Öldruck
Oil Pressure Indicator > Öldruckanzeiger
Oil Temperature > Öltemperatur
Oil Temperature Indicator > Öltemperaturanzeiger
OM > Outer Marker > Voreinflugzeichen (ILS-Teil)
OMEGA > VLF-Navigationsverfahren
ON > On > An (Anzeige, Schalterstellung)
On Duty > Im Dienst
On the Hour > Zur vollen Stunde
One-Eighty > 180-Grad
ONTRAC > VLF-Navigationsverfahren
OP HR > Opening Hours > Betriebszeiten
OPMET > Operational Meteorological Information > Flugmeteorologische Daten
OPS > Operations > Betrieb
OPS > Operations > Verfahren (ICAO-Fachgebiet)
OTP > On Top > Über den Wolken
Outbound > Wegfliegen
Output > Ausgangsleistung
Outside Air Temperature Indicator > Außenluft-Temperaturanzeiger
OVC > Overcast > Bedeckt (8/8)
Overhead > Genau darüber

P

P... > Prohibited Area > Sperrgebiet (mit näherer Bezeichnung)
Pa > Pascal (Druckeinheit)
Panel > Instrumentenbrett
PAPI > Precision Approach Path Indicator > Präzisions-Gleitwinkelbefeuerung
PAR > Precision Approach Radar > Präzisionsanflugradar
Parachute Jumping > Fallschirmspringen
Parking Position > Park-Position
PDI > Pictorial Deviation Indicator > Kurslageanzeiger
PERF > Performance > Leistungsfähigkeit
PERM > Permanent > Dauernd
PHPL > Privat Helicopter Pilot Licence > Privathubschrauberführerlizenz
Pitch Indicator > Längsneigungsanzeiger
Pitot Head > Staurohr
PN > Prior Notice Required > Vorherige Meldung erforderlich
PNI > Pictorial Navigation Indicator > Kurslageanzeiger
PNL > Panel > Instrumentenbrett

POB > Persons On Board > Personen an Bord
Pointer > Zeiger
POS > Position > Standort
Possible > Möglich
PPL A > Erlaubnis für Privatflugzeugführer
PPL B > Erlaubnis für Motorseglerführer
PPL C > Erlaubnis für Segelflugzeugführer
PPL D > Erlaubnis für Freiballonführer
PPL E > Erlaubnis für Privathubschrauberführer
PPR > Prior Permission Requested > Vorherige Genehmigung erforderlich
PR > Primary Radar > Primärradar
Preselect > Vorwählen (z.B. Frequenz)
Pressure > Druck
Pressure Gauge > Druckmesser
Pressure Indicator > Druckanzeiger
Prevent > Vorbeugen
Priority > Vorrang
PRKG > Parking > Parken
PROB > Probability > Wahrscheinlichkeit
PROC > Procedure > Verfahren
Proceed > Fortsetzen
Progress > Fortschritt
Prohibited Area > Luftsperrgebiet
PSN > Position
PTN > Procedure Turn > Verfahrenskurve
Pull > Ziehen
Push > Drücken
Push-Back > Zurückschieben
PWI > Proximity Warning Indicator > Annäherungswarnanzeiger
PWR > Power > Leistung, Kraft

Q

QDM > Magnetic Heading > Mißweisende Peilung zur Bodenstation
QDR > Magnetic Bearing > Mißweisende Peilung von der Bodenstation
QFA > Route weather forecast > Streckenwettervorhersage
QFE > Atmospheric pressure at aerodrome elevation > Der auf Stationshöhe herrschende Luftdruck
QFF > Atmospheric pressure reduced to sea level > Der auf Meereshöhe reduzierte Luftdruck
QFI > Magnetic orientation of runway > Mißweisende Richtung der Start-/Landebahn
QFU > Magnetic orientation of runway > Mißweisende Richtung der Start-/Landebahn
QNE > Altimeter subscale set to 1.013,2 hPa > Höhenmessereinstellung auf 1.013,2 hPa
QNH > Altimeter subscale setting to obtain elevation when on ground > Höhenmessereinstellung, um bei der Landung die Flugplatzhöhe zu erhalten; auf MSL reduzierter Luftdruckwert eines Ortes (nach ISA)
QTE > True Bearing > Rechtweisende Peilung zur Bodenstation

R

R > Red > Rot
R > Right > Rechts
R... > Radial > Leitstrahl (mit Kursangabe)
R... > Restricted Area (followed by identification) > Flugbeschränkungsgebiet (mit näherer Bezeichnung)
RAC > Rules of the Air and Air Traffic Control > Luftverkehrsregeln (ICAO-Fachgebiet)
RADAR > Radio Detecting And Ranging > Funkortung (Funkmessung), Radar (Primär-, Sekundär-, Wetter- und Bord-Radar)
Radar Altimeter > Radarhöhenmesser
Radio Altimeter > Impulshöhenmesser
Radio Frequency > Funkfrequenz
Radio Navigation > Funknavigation
RADOM > Radar Dome > Radarkuppel
Ramp > Vorfeld
Range > Bereich, Reichweite
Rate of Climb > Steig-Geschwindigkeit
RB > Relative Bearing > Funkseitenpeilung
RBI > Relative Bearing Indicator > ADF mit starrer Kompaßrose
RCC > Rescue Coordination Centre > SAR-Leitstelle

RCL > Runway Centre Line > Start- und Landebahn-Mittellinie
REC > Received, Receiver > Empfangen, Empfänger
Recall > Recall > Abruf, z.B. von gespeicherten Daten
Receiver > Empfänger
REF > Reference > Bezugnahme
Refuel > Auftanken
Registration Mark > Eintragungskennzeichen
Relay > Übertragung, vermitteln
Release > Loslassen, entlassen
Reliable > Zuverlässig
Remote Unit > Fernbedienung
REP > Reporting Point > Meldepunkt
Report > Bericht, melden
REQ > Request > Ersuchen
Require > Benötigen
Respond > Antworten
Restricted Area > Flugbeschränkungsgebiet
Return > Zurückkehren
REV > Reverse > Umgekehrt, Umkehrkurs
Revise > Berichtigen
RIF > Reclearance In Flight > Freigabeänderung während des Fluges
Right Turn > Rechtskurve
RMI > Radio Magnetic Indicator > ADF/VOR-Kombinationsanzeiger
RMK > Remark > Bemerkung
RNAV > Area Navigation > Flächennavigation
RNG > Range > Reichweite, Entfernung
ROFOR > ROute FORecast > Streckenwettervorhersage
RON > Receiving ONly > Nur Empfang
Rotating Beacon > Drehscheinwerfer
Route segment > Streckenabschnitt
Routing > Streckenführung
RPM > Revolutions Per Minute > Umdrehungen pro Minute
RPS > Revolutions Per Second > Umdrehungen pro Sekunde
RPT > Repeat or I repeat > Wiederholen, ich wiederhole
RQS > Request Supplementary Flight Plan Message > Anforderung für Flugplanergänzungsmeldung
RR > Reverse Route > Umkehrstrecke
RT > Right Turn > Rechtskurve
RTE > Route > Route, Strecke
RTF > Radiotelephone > Sprechfunkgerät
Rudder > Ruder, Seitensteuer
Rule > Regel, Vorschrift
Runway > Piste
Runway in Use > Betriebspiste
RVR > Runway Visual Range > Start- und Landebahnsicht
RWY > Runway > Start- und Landebahn

S

S > South > Süd
Safety > Sicherheit
Safety Belt > Anschnallgurt
SAR > Search And Rescue > Such- und Rettungsdienst
SAT > Static Air Temperature > Lufttemperatur (ungestaute Luft)
SATNAV > Satellitennavigation > Sammelbegriff für GPS und GLONASS
Sc > Stratocumulus
Scan > Abtasten, Suchen, automatisches (z.B. Sendersuchlauf in Empfangsanlagen)
Scanning Rate > Abtastgeschwindigkeit
Schedule > Zeitplan, Flugplan
Screen > Bildschirm (Raster, Netz)
Scroll > Rollen > Auf- und/oder Abwärtsbewegen in einem Display mit den Cursortasten
SCT > Scattered > Verstreut, vereinzelt (1/8-4/8)
SE > South-East > Süd-Ost
Seat > Sitz
SEC > Seconds > Sekunden
SEC > Security > Sicherheit (ICAO-Fachgebiet)
SEL > Select, Selector > Wählen, Drehknopf
SELCAL > SELective CALling System > Selektivrufsystem
Selector > Wählknopf
SENS > Sensitivity > Empfindlichkeit (Anzeige, Schalterstellung)
Sensor > Geber (Meß-, Empfangseinrichtung)
SEP > September > September

Separation > Trennung, Staffelung
Service > Dienst
Service Ceiling > Dienstgipfelhöhe
Serviceable > Benutzbar
Servo Control > Servo-Steuerung
SET > Set > Speichern, schalten
SEV > Severe > Stark
SFC > Surface > Oberfläche (Grund oder Wasser)
SID > Standard Instrument Departure > Standard-Instrumenten-Abflug
Side Stick > Seitlicher Steuerknüppel (Fly-By-Wire-System)
Sight > Sicht
SIGMET > SIGnificant METeorological Phenomena (signifikante Wettererscheinungen)
SIGWX > Significant Weather > Bedeutsame Wettererscheinungen
SIMUL > Simultaneous > Gleichzeitig
Simulator > Flight Simulator > Flugsimulator
Single Engine Aircraft > Einmotoriges Flugzeug
SKC > Sky Clear > Klarer Himmel
SKED > Scheduled > Planmäßig
SL > Sea Level > Meeres-Oberfläche
Slot > Zeitbereich, in dem ein Flugzeug starten oder landen darf
SM > Sea Mile > Seemeile
SMR > Surface Movement Radar > Bodenbewegungsradar
SN > Sensitivity > Empfindlichkeit (Anzeige, Schalterstellung)
SNOWTAM > Spezielles NOTAM über Winterwetterbedingte Gefahrenzustände am Flughafen
SPD > Speed > Geschwindigkeit
SPECI > Special Meteorological Report > Ausgewählte Luftfahrt-Sonderwettermeldung
SPECIAL > Special Meteorological Report > Sonderwettermeldung
Special VFR Flight > Sonder-VFR-Flug
Speed > Geschwindigkeit
Spell > Buchstabieren
SPL > Supplementary Flight Plan Message > Flugplanergänzungsmeldung
Squawk > Squawk (Bordseitiges XPDR-Code-Senden)
Squelch > Rauschsperre
SR > Sunrise > Sonnenaufgang
SRE > Surveillance Radar Element of PAR > Rundsichtradarteil für PAR
SS > Sunset > Sonnenuntergang
SSE > South-South-East > Süd-Süd-Ost
SSR > Secondary Surveillance Radar > Sekundärradar
SSW > South-South-West > Süd-Süd-West
St > Stratus
STA > Scheduled Time of Arrival > Planmäßige Ankunftszeit
Stabilizer > Trimmung
Stall > Überziehen
Stall Speed > Überziehgeschwindigkeit
Stall Warning System > Überziehwarnanlage
Standard Atmosphere > Standardatmosphäre
STAR > Standard Arrival Route > Standard-Anflugstrecke
Starter > Anlasser
Start-Up > Anlassen
STBY > Stand-By > Bereitschaft
STD > Scheduled Time of Departure > Planmäßige Abflugzeit
STD > Standard
Steer > Steuern
STF > Stratiform > Stratusförmig
Stick > Steuerknüppel
STOL > Short Take-Off and Landing > Kurzstart und Kurzlandung
Straight-In-Approach > Geradeaus-Anflug
Strip > Streifen
Suction > Sog (Unterdruck)
Suction Indicator > Unterdruckanzeiger
Sun > Sunday > Sonntag
Sunrise > Sonnenaufgang
Sunset > Sonnenuntergang
Surface Wind > Bodenwind
Surveillance Radar > Rundsichtradar
SVCBL > Serviceable > Benutzbar, einsetzbar
SVFR > Special VFR > Sonder-VFR
SW > South-West > Süd-West
SWC > Significant Weather Chart > Karte markanter Wettererscheinungen
Switch > Schalter, schalten
Switch Off, On > Ausschalten, Einschalten

SWY > Stopway > Stoppbahn
SYNOP > Synoptische Beobachtungen, Grundlage zur Erstellung der Wetterkarten

T

T > Temperature > Temperatur
t > Ton(s) > Tonne(n)
TA > Transition Altitude > Übergangshöhe
TACAN > **TAC**tical **A**ir **N**avigation > UHF taktische Flugnavigationshilfe
TAF > Terminal Aerodrome Forecast > Flughafen-Wettervorhersage
Tail-Light > Hecklicht
Take-Off > Start, starten
Take-Off-Clearance > Starterlaubnis
Take-Off-Mass > Startgewicht
Take-Off-Power > Startleistung
TAR > Terminal Area Surveillance Radar > Platzrundsichtradar, Nahverkehrsbereichsradar
TAS > True Air Speed > Wahre Eigengeschwindigkeit
TAT > Total Air Temperature > Lufttemperatur (gestaute Luft)
Taxi > Rollen
Taxistrip > Rollstreifen
Taxiway > Rollbahn
TB > True Bearing > Rechtweisende Peilung
TCAS > Traffic Alert and Collision Avoidance System > Zusammenstoßwarnsystem
TDZ > Touchdown Zone > Aufsetzzone
TEMP > Temperature > Temperatur
TEMPO > Temporary > Vorübergehend
Terminal > Abfertigungsgebäude
Terminal Control Area > Nahverkehrsbereich
Test > TST > Test (Anzeige, Schalterstellung)
TFC > Traffic > Verkehr
TGL > Touch-And-Go-Landing > Aufsetzen und Durchstarten
TH > True Heading > Rechtweisender Steuerkurs
THR > Threshold > Schwelle
TIL > Until > Bis
TKOF > Take-Off > Start
TMA > Terminal Area > Nahverkehrsbereich
TML > Terminal
TMR > Timer
TN > True North > Rechtweisend Nord
TO/FROM Indicator > TO/FROM-Anzeiger (bei VOR)
TODA > Take-Off Distance Available > Verfügbare Startstrecke
TOP > Cloud Top > Wolkenobergrenze
TORA > Take-Off Run Available > Verfügbare Startlaufstrecke
Touch Down > Aufsetzen des Flugzeuges
Touch Down Zone > Aufsetzzone
TP > Turning Point > Kursänderungspunkt
TR > Track > Kurs über Grund
TRA > Temporary Reserved Airspace > Zeitweilig reservierter Luftraum
Tracking > Verfolgen von Satelliten durch den GPS-Empfänger.
Traffic Alert and Collision Avoidance System > TCAS > Zusammenstoßwarnsystem
TRANS > Transmitter > Sender
Transceiver > Sende/Empfangsgerät, Kunstwort aus **Trans**mitter und Re**ceiver**
Transmitter > Sender
Transponder > Transponder
TREND / GRADU > Gradually > Allmähliche Änderung (mehr als 1/2 Stunde)
TREND / INTER > Intermittent > Häufige, kurzfristige Änderung
TREND / PROB % > Probability % > Wahrscheinlichkeitsgrad in % eines in der TAF-Meldung enthaltenen Wetterelements
TREND / RAPID > Rapid > Schnelle Änderung (innerhalb von max. 1/2 Stunde)
TREND / TEMPO > Temporary > Zeitweise Änderung (max. 1 Stunde)
TREND > Landewettervorhersage
True Air Speed > Eigengeschwindigkeit
True Heading > Rechtweisender Steuerkurs
True Track > Rechtweisender Kurs über Grund
TSO > Technical Standard Order > Technische Spezifikation der FAA für die Luftfahrt (Luftfahrzeuge, Avionik usw.).
TST > Test (Anzeige, Schalterstellung)
TT > True Track > Rechtweisender Kurs über Grund

TTFF > Time to First Fix > Zeit bis zum ersten Fixpunkt
TTG > Time To Go > Restzeit zum Zielort
TTS > Time To Station > Flugzeit zur Funkstation
TURB > Turbulence > Böigkeit, Turbulenz
Turn-and-Bank Indicator > Wendezeiger
TVOR > Terminal VOR > Flugplatz-VOR
Twin Engine Aircraft > Zweimotoriges Flugzeug
TWR > Tower > Kontrollturm
TWY > Taxiway > Rollbahn, Rollweg
TYP > Type of aircraft > Luftfahrzeugmuster

U

U/S > Unserviceable > Unbrauchbar
UAC > Upper Area Control Centre > Bezirkskontrollstelle für den oberen Luftraum
UDF > UHF Direction-Finding Station > Dezimeterwellen-Peilstelle
UFN > Until Further Notice > Bis auf weiteres
UHF > Ultra High Frequency > Dezimeterwelle
UIC > Upper Information Centre > Zentrale für das obere Fluginformationsgebiet
UIR > Upper Flight Information Region > Oberes Fluginformationsgebiet
Uncertainty Phase > Ungewißheitsstufe
UNL > Unlimited > Unbegrenzt
UNREL > Unreliable > Unzuverlässig
Unrestricted > Unbeschränkt
Unserviceable > Unbrauchbar
Until > Bis
Unusable > Nicht verwendbar
Update > Aktualisierung, z.B. von Karten, EDV-Programmen, Databases usw.
Upper Control Area > Oberer Kontrollbezirk
Usable > Nutzbar
UTA > Upper Control Area > Oberer Kontrollbezirk
UTC > Universal Time Coordinated > Weltzeit

V

V > Geschwindigkeit
Vacate > Verlassen
VAL > Visual Approach and Landing Chart > Sichtanflug- und Landekarte
VAR > Magnetic Variation > Ortsmißweisung
Variable > Veränderlich
VASIS > Visual Approach Slope Indicator System > Gleitwinkelbefeuerungssystem
VDC > Volts Direct Current > Voltangabe bei Gleichstrom
VDF > VHF Direction Finder > UKW-Peiler
Velocity > Geschwindigkeit
Verify > Prüfen
Vertical > Senkrecht
Vertical separation > Höhenstaffelung
VFR > Visual Flight Rules > Sichtflugregeln
VFR Flight > VFR-Flug
VHF > Very High Frequency > Ultrakurzwellen
VIA > By way of > Über
Violation > Verstoß
VIS > Visibility > Sicht
VLF > Very Low Frequency > Längstwelle
VMC > Visual Meteorological Conditions > Sichtwetterbedingungen
VNAV > Vertical Navigation > Höhennavigation
VOL > Volume > Lautstärke
VOLMET > Meteorological Information for Aircraft in Flight > Wetterinformationen für Luftfahrzeuge im Fluge
VOR > Very High Frequency Omnidirectional Radio Range > UKW-Drehfunkfeuer
VORTAC > VOR + TACAN > Kombinationsanlage VOR und TACAN
VOT > Test VOR
VRB > Variable > Veränderlich
VS > Vertical Speed > Steig- oder Sinkfluggeschwindigkeit
VSA > Visual Reference to the Ground > Erdsicht
VSI > Vertical Speed Indicator > Variometer
VSP > Vertical Speed > Vertikalgeschwindigkeit

W

W > West
W > White > Weiß
WAFS > World Area Forecast System > Weltgebietsvorhersagesystem
WARN, WRN > Warning > Warnung
Warning Light > Warnlampe
Waypoint > WP
WCA > Wind Correction Angle > Luvwinkel
WDI > Wind Direction Indicator > Windrichtungsanzeiger
Weather Forecast > Wettervorhersage
Weather Radar > Wetterradar
Weather Report > Wettermeldung
Weight > Gewicht
Wheel > Rad
Wind Direction > Windrichtung
Wing > Tragfläche
WMO > World Meteorological Organization > Weltorganisation für Meteorologie
WNW > West-North-West > West-Nord-West
WP, WPT > Waypoint > Wegepunkt
WRN > Warning > Warnung
WSW > West-South-West > West-Süd-West
WX > Weather > Wetter

XYZ

XPDR > Transponder
XTE > Cross Track Error > Kursablage, Kursversatz
XX... > Heavy (used to qualify weather phenomena such as rain, e.g. heavy rain = XXRA) > Stark, schwer (zur Bezeichnung von Wettererscheinungen wie z.B. starker Regen = XXRA)
Y > Yellow > Gelb
yd > Yard > Yards
YD > Yaw Damper > Gierdämpfer
Z > Zulu-Time > Zulu-Zeit (UTC, GMT)
ZM > Z-Marker > Teil des UKW-Fächerfunkfeuers

Anschriften

Bundesministerium für Verkehr

Bundesministerium für Verkehr
Abt. Luft- und Raumfahrt
Robert-Schuman-Platz 1
53175 Bonn

Bundesministerium für Verkehr
Außenstelle Berlin
Krausenstraße 17-20
10117 Berlin

Eurocontrol

Europäische Organisation für Flugsicherung
EUROCONTROL, Generaldirektion
Rue de la Fusee 96
B-1130 Brüssel - Belgien

EUROCONTROL Maastricht UAC
Horsterweg 11
NL-6191-RX Beek (LB) Niederlande

Central Flow - Management Unit (CFMU)
Rue de la Fusee 96
B-1130 Bruxelles - Belgien

Flugplanungssoftware

Flight Planner 4.0
ifos GmbH
Ahastraße 5
64285 Darmstadt

LAS 4.1
Otto Fahsig EDV
Stadtweg 10
83404 Ainring

Moving Terrain
Air Navigation Systems GmbH
Bunzlauer Str. 23
D-80992 München

NavBox ProPlan
NaviSoft
Sonnenplatz 2
CH-8536 Hüttwilen

Pilot´s Workshop VFR
Riedel Computer Systeme
Horn 30
25421 Pinneberg

PreFlight 3.0
Eisenschmidt GmbH
Flugplatz
63329 Egelsbach

Flugsicherung

DFS Deutsche Flugsicherung GmbH
Hauptverwaltung
Kaiserleistraße 29-35
63067 Offenbach

DFS Deutsche Flugsicherung GmbH
Büro der Nachrichten für Luftfahrer
Kaiserleistraße 29-35
63067 Offenbach

DFS Deutsche Flugsicherung GmbH
NOTAM-Zentrale
Stützeläckerweg 12-14
60489 Frankfurt

DFS Deutsche Flugsicherung GmbH
Test- und Erprobungszentrum
Richard-Strauss-Allee 13
60598 Frankfurt

DFS Flugsicherungsakademie
Paul-Ehrlich-Straße 37
63225 Langen

Region Mitte

DFS Deutsche Flugsicherung GmbH
Paul-Ehrlich-Str. 33
63225 Langen

DFS Deutsche Flugsicherung GmbH
Niederlassung Karlsruhe
Rintheimer Querallee 6
76131 Karlsruhe

DFS Deutsche Flugsicherung GmbH
Niederlassung Saarbrücken
Flughafen
66131 Ensheim

DFS Deutsche Flugsicherung GmbH
Niederlassung Stuttgart
Flughafen
70629 Stuttgart

Region Nord

DFS Deutsche Flugsicherung GmbH
Flughafendamm 45
28199 Bremen

DFS Deutsche Flugsicherung GmbH
Niederlassung Hamburg
Flughafen Hamburg - Gebäude 335
22335 Hamburg

DFS Deutsche Flugsicherung GmbH
Niederlassung Hannover
Petzelstr. 80
30669 Hannover

Region Ost

DFS Deutsche Flugsicherung GmbH
Postfach 420653
12066 Berlin

DFS Deutsche Flugsicherung GmbH
Flughafen Tegel
13405 Berlin

DFS Deutsche Flugsicherung GmbH
Nebenstelle Schönefeld
Postfach 47
12508 Berlin

DFS Deutsche Flugsicherung GmbH
Niederlassung Dresden
Königsbrücker Landstr. 159
01109 Dresden

DFS Deutsche Flugsicherung GmbH
Niederlassung Erfurt
Flughafen
99092 Erfurt

DFS Deutsche Flugsicherung GmbH
Niederlassung Leipzig
Flughafen
04029 Leipzig

Region Süd

DFS Deutsche Flugsicherung GmbH
Nordallee 34
85356 München

DFS Deutsche Flugsicherung GmbH
Niederlassung Nürnberg
Flughafenstraße 100
90411 Nürnberg

Region West

DFS Deutsche Flugsicherung GmbH
Kiesheckerweg 250
40468 Düsseldorf

DFS Deutsche Flugsicherung GmbH
Niederlassung Köln/Bonn
Heinrich-Steinmann-Straße
51147 Köln

DFS Deutsche Flugsicherung GmbH
Niederlassung Münster/Osnabrück
Flughafen
48268 Greven

Flugwetterdienst

Zentralstelle

Deutscher Wetterdienst - Zentralamt
Frankfurter Straße 135
63067 Offenbach

Luftfahrtberatungszentralen und Flugwetterwarten

Deutscher Wetterdienst
Flugwetterwarte Berlin-Schönefeld
Flughafen
12527 Berlin

Deutscher Wetterdienst
Flugwetterwarte Berlin-Tegel
Flughafen Tegel
13405 Berlin

Deutscher Wetterdienst
Luftfahrtberatungszentrale Berlin
Platz der Luftbrücke 2
12101 Berlin

Deutscher Wetterdienst
Flugwetterwarte Bremen
Flughafendamm 45
28199 Bremen

Deutscher Wetterdienst
Flugwetterwarte Dresden-Klotzsche
Flugzeugwerft
01109 Dresden

Deutscher Wetterdienst
Flugwetterwarte Düsseldorf
Flughafen
40474 Düsseldorf

Deutscher Wetterdienst
Flugwetterwarte Erfurt
Binderslebener Landstraße
Flughafen
99092 Erfurt

Deutscher Wetterdienst
Luftfahrtberatungszentrale Offenbach
Kaiserleistraße 42
63067 Offenbach

Deutscher Wetterdienst
Flugwetterwarte Frankfurt
FAG-HBK 10/T1, Flughafen-Gebäude 200
60549 Frankfurt

Deutscher Wetterdienst
Flugwetterwarte Hamburg
Flughafen, Terminal 4
22335 Hamburg

Deutscher Wetterdienst
Flugwetterwarte Hannover
Flughafen
30855 Langenhagen

Deutscher Wetterdienst
Flugwetterwarte Köln/Bonn
Flughafen
51147 Köln-Bonn

Deutscher Wetterdienst
Flugwetterwarte Leipzig/Halle
Postfach 18
04029 Leipzig

Deutscher Wetterdienst
Flugwetterwarte München
Allgemeine Luftfahrt
Flughafen
85356 München

Deutscher Wetterdienst
Flugwetterwarte Münster/Osnabrück
Flughafen
48268 Greven

Deutscher Wetterdienst
Flugwetterwarte Nürnberg
Flughafen
90411 Nürnberg

Deutscher Wetterdienst
Flugwetterwarte Saarbrücken
Flughafen
66131 Saarbrücken

Deutscher Wetterdienst
Flugwetterwarte Stuttgart
Flughafen
70629 Stuttgart

Luftfahrt-Bundesamt

Zentralstelle

Luftfahrt-Bundesamt (LBA)
Lilienthalplatz 6 (Flughafen)
38108 Braunschweig

Außenstellen

Luftfahrt-Bundesamt / Außenstelle Berlin
Flughafen Schönefeld
12527 Berlin

Luftfahrt-Bundesamt
Flughafen, Kieshecker Weg 250
40468 Düsseldorf

Luftfahrt-Bundesamt
Flughafen, FAC Ebene 5 C/D
60549 Frankfurt

Luftfahrt-Bundesamt
Weg beim Jäger
Flughafen, Geb. 347
22335 Hamburg

Luftfahrt-Bundesamt
München Flughafen, Bürogebäude N 2
85356 München

Luftfahrt-Bundesamt
Stuttgart Flughafen,
CQ-Bau, 4. OG
70629 Stuttgart

Flugunfalluntersuchung

Flugunfalluntersuchungsstelle beim
Luftfahrt-Bundesamt
Lilienthalplatz 6 (Flughafen)
38108 Braunschweig

Luftfahrtzubehör

Eisenschmidt GmbH
Flugplatz
63329 Egelsbach

Friebe Luftfahrt-Bedarf GmbH
Flughafen Neuostheim
68163 Mannheim

Jeppesen GmbH
Frankfurter Straße 233
63263 Neu-Isenburg

Schorr Aviation Multimedia
Jahnstraße 2
96231 Staffelstein

Siebert-Luftfahrtbedarf
Rektoratsweg 40
48159 Münster

Luftfahrtzeitschriften

Aerokurier Redaktion
Ubierstr. 83
53173 Bonn

Fliegermagazin
Chiemgaustr. 109
81549 München

Fliegerrevue
Magazin für Luft- und Raumfahrt
FlugVerlag Berolina GmbH
Schönhauser Allee 6-7
10119 Berlin

Flug Revue
Vereinigte Motor-Verlage
Leuschnerstr. 1
70174 Stuttgart

Pilot und Flugzeug
Bayerwaldstr. 28
94350 Falkenfels

Luftfahrt-Verbände

AOPA Germany
Verband der Allgemeinen Luftfahrt e.V.
Außerhalb 27
63329 Egelsbach-Flugplatz

Deutscher Aero Club
Bundesgeschäftsstelle
Hermann-Blenk-Str. 28
38108 Braunschweig

Vereinigung Cockpit e.V.
Lerchesbergring 24
60598 Frankfurt

Militärische Flugsicherung

Amt für Flugsicherung der Bundeswehr
Insterburger Straße 4-6
60487 Frankfurt

Luftfahrtbehörden der Länder

Baden-Württemberg

Ministerium für Umwelt und
Verkehr Baden-Württemberg
Hauptstätter Straße 67
70178 Stuttgart

Regierungspräsident Stuttgart
Ruppmannstr. 21
70565 Stuttgart

Regierungspräsident Karlsruhe
Schloßplatz 1-3
76131 Karlsruhe

Regierungspräsident Freiburg
Gartenstraße 25-27
79098 Freiburg

Regierungspräsident Tübingen
Konrad-Adenauerstr. 20
72072 Tübingen

Bayern

Bayerisches Staatsministerium für
Wirtschaft, Verkehr und Technologie
Prinzregentenstraße 28
80538 München

Regierung von Mittelfranken
Luftamt Nordbayern
Flughafenstraße 100
90411 Nürnberg

Regierung von Oberbayern
Luftamt Südbayern
Maximilianstraße 39
80538 München

Berlin

Senatsverwaltung für Bauen,
Wohnen und Verkehr
Referat IX B (Luftfahrt)
An der Urania 4-10
10787 Berlin

Brandenburg

Ministerium für Stadtentwicklung,
Wohnen und Verkehr
Dortustraße 30-34
14467 Potsdam

Brandenburgisches Landesamt
für Verkehr und Straßenbau (BLVS)
Flughafen Berlin-Schönefeld
12521 Berlin

Freie Hansestadt Bremen

Senator für Häfen, überregionalen Verkehr
und Außenhandel, Luftfahrtbehörde
Kirchenstraße 4-5a
28195 Bremen

Freie Hansestadt Hamburg

Wirtschaftsbehörde - Amt für Häfen, Dienstleistungen und Wirtschaftsinfrastruktur
Alter Steinweg 4
20459 Hamburg

Hessen

Hessisches Ministerium für Wirtschaft,
Verkehr und Landesentwicklung
Kaiser-Friedrich-Ring 75
65185 Wiesbaden

Regierungspräsident Darmstadt
Wilhelminenstraße 1-3
64278 Darmstadt

Regierungspräsident Kassel
Dr.-Fritz-Hoch-Haus, Steinweg 6
34117 Kassel

Mecklenburg-Vorpommern

Wirtschaftsministerium
Bleicher Ufer 13
19053 Schwerin

Niedersachsen

Niedersächsisches Ministerium für
Wirtschaft, Technologie und Verkehr
Friedrichswall 1
30159 Hannover

Bezirksregierung Braunschweig
Bohlweg 38
38022 Braunschweig

Bezirksregierung Weser-Ems
Theodor-Tantzen-Platz 8
26122 Oldenburg

Nordrhein-Westfalen

Ministerium für Wirtschaft und
Mittelstand, Technologie und Verkehr
Breite Straße 27
40213 Düsseldorf

Bezirksregierung Düsseldorf
Dezernat 53 - Luftfahrt
40474 Düsseldorf

Bezirksregierung Münster
Dezernat 53 - Luftfahrt
48143 Münster

Rheinland-Pfalz

Ministerium für Wirtschaft, Verkehr,
Landwirtschaft und Weinbau
Stiftstraße 9
55116 Mainz

Bezirksregierung Koblenz
Stresemannstr. 3-5
56068 Koblenz

Bezirksregierung Rheinhessen-Pfalz
Friedrich-Ebert-Straße 14
67433 Neustadt a.d.Weinstr.

Saarland

Ministerium für Umwelt,
Energie und Verkehr
Halbergstr. 50
66119 Saarbrücken

Sachsen

Sächsisches Staatsministerium
für Wirtschaft und Arbeit
Budapester Str. 5
01069 Dresden

Regierungspräsident Dresden
Luftverkehrsamt Sachsen
Flughafenstraße 100
01109 Dresden

Sachsen-Anhalt

Ministerium für Wohnungswesen,
Städtebau und Verkehr
Tessenowstr. 10
39114 Magdeburg

Schleswig-Holstein

Minister für Wirtschaft,
Technik und Verkehr
Düsternbrooker Weg 94
24105 Kiel

Thüringen

Ministerium für Wirtschaft
und Infrastruktur
Max-Reger-Str. 4-8
99096 Erfurt

Thüringer Landesverwaltungsamt
Carl-August-Allee
99423 Weimar

Search And Rescue

Search And Rescue (SAR)
Zentrale SAR-Stelle
SAR-Koordinierungsausschuß
Postfach 4820
48027 Münster

Search And Rescue (SAR)
SAR-Einrichtungen ersten Grades
SAR-Bereich Goch
SAR-Leitstelle Münster
Postfach 4820
48027 Münster

Search And Rescue (SAR)
SAR-Einrichtungen ersten Grades
SAR-Bereich Glücksburg
SAR-Leitstelle Glücksburg
Postfach 1163
24956 Glücksburg

Websites

Zusätzlich zu den Anschriften auf den vorangegangenen Seiten sind auf dieser Seite einige URL-Adressen von Luftfahrt-Websites in alphabetischer Reihenfolge veröffentlicht. Nach dem Namen der Firma, der Behörde oder der Organisation ist die zugehörige URL genannt. Die Websites wurden entsprechend dem Thema dieses Handbuchs und den gelegentlichen Verweisen in den Handbuch-Texten ausgewählt. Die Veröffentlichung bestimmter Firmen-URLs ist keine Bevorzugung gegenüber möglichen Mitbewerbern.

Aerokurier .... http://www.aerokurier.rotor.com
Air Navigation Systems GmbH (Moving Terrain) .... http://www.moving-terrain.de
Aopa Germany .... http://www.aopa.de
Beechcraft Vertrieb und Service .... http://www.beechcraft.de
BMV Bundesministerium für Verkehr .... http://www.bmvbw.de
Bundesamt für Kartographie und Geodäsie .... http://www.potsdam.ifag.de
Cessna Aircraft .... http://www.cessna.textron.com
DAeC Deutscher Aero Club .... http://www.daec.de
DFS Deutsche Flugsicherung GmbH .... http://www.dfs.de
DGON Deutsche Gesellschaft für Ortung und Navigation .... http://www.dgon.de
Diamond Aircraft .... http://www.diamond-aircraft.de
DLR Deutsches Zentrum für Luft- und Raumfahrt .... http://www.dlr.de
DWD Deutscher Wetterdienst .... http://www.dwd.de
Eisenschmidt GmbH .... http://www.eisenschmidt.de
Eurocontrol .... http://www.eurocontrol.be
Fahsig EDV (LAS) .... http://www.fahsig.de
Fliegermagazin .... http://www.fliegermagazin.de
Fliegerrevue .... http://www.fliegerrevue.de
Flugrevue .... http://www.flug-revue.rotor.com
GIBS GPS-Informations- und Beobachtungssystem .... http://www.gibs.leipzig.ifag.de
ICAO International Civil Aviation Organization .... http://www.icao.org
Ifos GmbH (Flight Planner 4.0) .... http://www.ifos.de
JAA Joint Aviation Authorities .... http://www.jaa.nl
Jeppesen GmbH .... http://www.jeppesen.com
LBA Luftfahrt-Bundesamt .... http://www.lba.de
Luftfahrt-Suchmaschine Aeroseek .... http://www.aeroseek.de
Luftfahrt-Suchmaschine Bellnet .... http://www.bellnet.com/suchen/sport/fliegen.htm
Luftfahrt-Suchmaschine Landings .... http://www.landings.com.
Luftrecht-Online Dieter von Elm .... http://www.luftrecht-online.de
Meteosat Wetterbilder .... http://www.met.fu-berlin.de/wetter/meteosat/satt.jpg
Mooney Aircraft .... http://www.mooney.com
Pilot und Flugzeug .... http://www.pilotundflugzeug.de
Piper Aircraft .... http://www.newpiper.com
Riedel Computer Systeme (Pilot´s Workshop VFR) .... http://www.riedel-online.de

Literatur- und Quellenhinweise

Anderson, E. G.:
Plane Safety and Survival
Aero Publishers, Fallbrook, USA, 1978

Bachmann, Faber, Senftleben:
Gefahrenhandbuch für Piloten
Motorbuch Verlag Stuttgart, 1981

Bachmann, P.:
Flugzeug-Instrumente
Motorbuch Verlag, Stuttgart 1992

Bachmann, P.:
Handbuch der Satelliten-Navigation
Motorbuch Verlag, Stuttgart 1995

Bachmann, P.:
Privatpilotenbibliothek Band 6:
Wetterhandbuch für Piloten
Motorbuch Verlag, Stuttgart 1996
Privatpilotenbibliothek Band 7:
Sprechfunkzeugnisse für Piloten
Motorbuch Verlag, Stuttgart 1997
Privatpilotenbibliothek Band 8:
GPS für Piloten
Motorbuch Verlag, Stuttgart 1997
Privatpilotenbibliothek Band 9:
Cockpit Instrumente
Motorbuch Verlag, Stuttgart 1998
Privatpilotenbibliothek Band 10:
Internet für Piloten
Motorbuch Verlag, Stuttgart 1998
Privatpilotenbibliothek Band 11:
Fliegen unter extremen Bedingungen
Motorbuch Verlag, Stuttgart 1999
Privatpilotenbibliothek Band 12:
Flugmedizin für Piloten und Passagiere
Motorbuch Verlag, Stuttgart 1999

Birch, N.H. & Bramson A.E.:
Pilot´s Guide to Flight Emergency Procedures

Brinkman, D. (Hrsg.):
Jane's Avionics
Jane's Information Group, Coulsdon (GB) 97

Buck, Robert N.:
Weather Flying
Macmillan Publishing, New York 1977

Deutsches Luftrecht
Luftverkehrsgesetz, LuftVG
Gesetz über das Luftfahrtbundesamt
Flugunfall-Untersuchungs-Gesetz, FlUUG
Luftverkehrsordnung, LuftVO
Luftverkehrszulassungsordnung, LuftVZO
Verordnung über Luftfahrtpersonal, LuftPersV
Luftrecht-Online, Dieter von Elm, Rheinbach 1999

DFS Deutsche Flugsicherung GmbH Büro Nachrichten für Luftfahrer:
ICAO-Karten 1:500.000 Deutschland
Büro NfL, 2000

Eichenberger, W.:
Flugwetterkunde
Motorbuch Verlag, Stuttgart 1995

FAA Federal Aviation Authorities
FAR / AIM Federal Aviation Regulations / Aeronautical Information Manual
Aviation Supplies + Academics, Inc.
Newcastle, WA, USA 1999

Flughandbücher:
Beechcraft Bonanza V 35 B
Beech Aircraft Corporation, Wichita/Kansas, USA, 1978
Cessna 172 Reims Rocket
Cessna Aircraft Company
Wichita/Kansas, USA, 1971
Ruschmeyer R90 230 RG
Ruschmeyer Aircraft Production, Melle 1992

Flugplanungssoftware:
Flight Planner 4.0
Ifos GmbH, Darmstadt 2000
Preflight 3.0
Lüdert, Oberursel 1998
Pilot´s Workshop VFR
Riedel Computer Systeme, Pinneberg 1999

Foster, T.R.V.:
Aircraft Owner's Handbook
Van Nostrand Reinhold, New York 1978

Griffin, J.W.:
Cold Weather Flying
Tab Books, USA 1979

IIMorrow Inc.:
Apollo Precedus Benutzerhandbuch
IIMorrow Inc., Salem, USA, 1995

Jeppesen Sanderson, Inc.:
Airway Manual EUR-04
Jeppesen GmbH, Neu Isenburg 1999

Jeppesen Sanderson, Inc.:
Bottlang Airfield Manual
Jeppesen GmbH, Neu Isenburg 1999

Luftfahrthandbuch (AIP VFR):
Bundesrepublik Deutschland
DFS Deutsche Flugsicherung, Frankfurt

Mies, J.:
Privatpilotenbibliothek Band 1: Gefahrenhandbuch
Motorbuch Verlag, Stuttgart 1994, 1998
Privatpilotenbibliothek Band 2: Flugnavigation
Motorbuch Verlag, Stuttgart 1994, 1998
Privatpilotenbibliothek Band 3: Funknavigation
Motorbuch Verlag, Stuttgart 1995, 1999
Privatpilotenbibliothek Band 4: Luftrecht
Motorbuch Verlag, Stuttgart 1995
Privatpilotenbibliothek Band 5: Flugtechnik
Motorbuch Verlag, Stuttgart 1996, 1999

Mondey, D. (Hrsg.):
The International Encyclopedia of Aviation
Crown Publishers Inc., New York 1977

Müller, B. H. C.:
Flugmedizin für die ärztliche Praxis
Kirschbaum Verlag, Bad Godesberg 1973

Nesbitt, P. H. et al.:
A Pilot´s Survival Manual
Van Nostrand Reinhold, New York 1978

Autor

Peter Bachmann (Jahrgang 1942) studierte nach dem Abitur Wirtschaftswissenschaften (J.W.v.-Goethe-Universität, Frankfurt).

Nach dem Studium war er fünf Jahre lang Geschäftsführer in drei großen deutschen Verlagen. 1975 gründete er einen eigenen Verlag und ein betriebswirtschaftliches Beratungsbüro. Bis heute sind in diesem Verlag weit über 100 Publikationen, vorwiegend über Luftfahrt-Themen, erschienen.

Daneben werden seit 1975 im Beratungsbereich des Verlages Wirtschaftlichkeitsanalysen über ein- und zweimotorige Privat- und Geschäftsreiseflugzeuge erstellt.

Neben diesem Know-How über die betriebswirtschaftlichen Aspekte in der Luftfahrt stehen die praktischen Erfahrungen aus ca. 3.500 VFR- und IFR-Flugstunden als Pilot und Co-Pilot seit 1973.

Vor diesem Hintergrund ist das vorliegende Handbuch entstanden.

Bisherige Veröffentlichungen des Autors im Motorbuch Verlag:

Einmotorige Flugzeuge
Bilder, Daten, Kosten (1976 und 1978)

Ein- und zweimotorige Flugzeuge
Bilder, Daten, Kosten (1980, 1991, 1993)

Flugzeuginstrumente
Typen, Technik, Funktion (1992)

Handbuch der Satelliten-Navigation
GPS - Technik, Geräte, Anwendung (1993)

Luftfahrtberufe
Voraussetzungen, Ausbildung, Perspektiven (1994)

Internationale Flughäfen Europas
Pläne - Daten - Fakten (1995)

Wetter
Privatpiloten-Bibliothek, Band 6, (1996)

Sprechfunkzeugnisse für VFR-Piloten
Privatpiloten-Bibliothek, Band 7, (1997)

GPS für Piloten
Privatpiloten-Bibliothek, Band 8, (1997)

Cockpit-Instrumente
Privatpiloten-Bibliothek, Band 9, (1998)

Internet für Piloten
Privatpiloten-Bibliothek, Band 10, (1998)

Fliegen unter extremen Bedingungen
Privatpiloten-Bibliothek, Band 11, (1999)

Flugmedizin für Piloten und Passagiere
Privatpiloten-Bibliothek, Band 12, (1999)